今日から
モノ知り
シリーズ

トコトンやさしい

自動車の化学の本

自動車の技術と歴史を化学的な側面から紹介。自動車燃料や自動車エンジン、タイヤ、電池、プラスチック材料など、その歴史、原理、原料、つくり方、種類、利用法、新しい技術動向などについて、わかりやすく解説。

井沢 省吾

B&Tブックス
日刊工業新聞社

はじめに

読者の皆様は10月23日が何の日かご存知でしょうか?10月23日は、「化学の日」なのです。イタリアの化学者で「分子説」を唱えたアボガドロ（1776〜1856）の貢献を称えて命名されたアボガドロ定数N_Aは、6・02×10の23乗です。この数は、1モルの物質中に存在する分子や原子の数を意味します。この10と23という数字に由来して、10月23日を「化学の日」と日本化学学会などが平成25年に制定しました。とっつきにくいイメージがある化学ですが、物質の構造や性質を研究する化学抜きにしては、自動車やエレクトロニクス分野の新素材開発、バイオテクノロジーの進展などは語れません。そこで少しでも化学に親しんでもらおうと、化学の日を制定したのです。

自動車産業は現在の日本にとって大黒柱、なくてはならない存在になっています。その自動車が誕生する際に、あるいはその後の急速に技術的進展を遂げてきた歴史において、化学がそれに対してどのような貢献してきたのかを、わかりやすく解説することが本書のねらいです。自動車の歴史やしくみ、最近では電気自動車、ハイブリッドカー、燃料電池車に関する書籍は世間に溢れるばかり多く出版されています。また化学についても酸化と還元、電気化学、有機化学など各分野で多くの良書が生まれています。しかし、クルマと化学の接点に関する書物は皆無に近く、本書ではここにターゲットを当てて、おもしろおかしく解説します。本書を、日本全国のクルマおよび化学のファンの皆様、またファンとはいかなくても少しでもクルマと化学にご関心のある皆様方に是非ご購読して頂き、楽しいひと時を過ごして頂くことが筆者の願いであります。そして今以上にクルマと化学にご興味を持って頂けるようになれば望外の喜びです。

目次 CONTENTS

第1章 地球環境にやさしい自動車用燃料の化学

1 自動車の燃料は、石油が原料 「石油は、再生不可能なバイオ原料」……8

2 自動車の燃料をつくる石油精製プラント 「プラスチックの原料と潤滑油も同時にできる」……10

3 儲かるガソリンを原油からより多く収穫する方法 「ガソリンは枝分かれ炭化水素のブレンド品」……12

4 プレミアムガソリンとは 「高オクタン価に改良する三つの秘策」……14

5 〝軽〟自動車の燃料ではない〝軽油〟 「すぐ燃えるには、まっすぐな分子が好ましい」……16

6 LPGを〝プロパンガス〟と呼ばないで! 「LPGエンジン」……18

7 M85はガソリンとメタノールの混合燃料 「クリーンエネルギーで再注目」……20

8 メタン(天然ガス)は採れるよ、いつまでも! 「期待の燃料〝燃える氷〟メタンハイドレート」……22

9 お酒の成分と同じエタノール燃料 「T型フォードで百年前に使われていた」……24

10 カーボンニュートラルなバイオエタノール 「食用植物のアルコール発酵でつくられる」……26

11 セルロースを原料とするバイオエタノール 「食料と競合しない未来の燃料」……28

12 水割りは厳禁、ストレートだけ! 「バイオエタノールの混合燃料としての留意点」……30

13 酵母に感謝!! なぜアルコールは発酵するのか 「微生物が生きるための必死な生命活動」……32

第2章 燃費向上を支える自動車潤滑油の化学

14 〝油〟〝断〟大敵、潤滑油を破断させてはダメ! 「潤滑の基本、「流体潤滑」と「境界潤滑」」……36

15 潤滑油は石油4兄弟の末っ子 「潤滑油も〝母なる石油〟から生まれる」……38

16 ベースオイルを調味料でドッピングして潤滑油に！「調味料は酸化防止剤、防錆剤、摩擦調整剤」……40
17 心臓エンジンを守るエンジンオイルの役割「人間にたとえれば「血液」」……42
18 オートマチックトランスミッション油「動力を伝えるのがATFの最大のミッション」……44

第3章 自動車エンジン誕生を支えた化学の底力

19 黎明期のクルマの歴史、史上最初の交通事故とは？「蒸気自動車→電気自動車→内燃機関自動車」……48
20 アリストテレスの四元素説「自然は〝真空〟をきらう？」……50
21 ボイルの法則の発見「「蒸気機関」の基本原理」……52
22 「マグデブルグの公開実験」「馬をも止める大気圧の威力」……54
23 真空の研究から生まれた大気圧機関「ワットの蒸気機関さらに蒸気自動車に発展」……56
24 世界初のクルマ、蒸気自動車の興隆と衰退「外燃機関から内燃機関へパラダイムシフト」……58
25 ラボアジエの「燃焼理論」の発見「「内燃機関」の基本原理」……60
26 最初は2ストロークのガスエンジンで始まった「内燃機関の誕生」……62
27 〝オット〟驚くオットーの4ストロークエンジンの発明「ダイムラーとベンツが自動車用に改良」……64

第4章 自動車の安全を守るタイヤのゴム材料

28 植物由来天然ゴムと石油由来合成ゴム、どちらが優秀？「ゴムはどのようにつくられるのか？」……68
29 ゴムとプラスチックは何が違うのか？「ゴムの分子は変幻自在に形を変える！」……70

30 ばねとゴムでは伸縮の原理が「月とスッポン」ほど違う「エネルギー弾性とエントロピー弾性」……72
31 日本の自動車タイヤの起源は〝地下足袋〟「タイヤ1位ブリヂストンを興した石橋正二郎」……74
32 ハイブリッド車のタイヤはハイブリッドゴム「合成ゴムの種類「汎用ゴム」と「特殊ゴム」」……76
33 タイヤの歴史は5千年、空気入り自動車タイヤの歴史は120年「ミシュランタイヤの走りは最高級の『三つ星』?」……78

第5章 自動車を美人に化かす塗料の化学

34 塗料とは4成分混合系のカルテット「車のイメージをいかに色彩として表現するか」……82
35 塗膜はこのように形成される「有機溶剤塗料と水性エマルション塗料」……84
36 自動車ボディ塗装のお色直しは3回「下塗り、中塗り、上塗り」……86
37 環境にやさしい自動車塗装とは「VOCとCO_2の排出抑制に向けて」……88
38 真っ赤なポルシェはなぜ赤く見えるのか?「〝色〟とは何か?「光の3原色の原理」」……90

第6章 電池の歴史と電気自動車EV・ハイブリッド車HEV用電池の化学

39 100年前に流行した電気自動車「蒸気自動車、電気自動車、ガソリン車の戦い」……94
40 バクダッド電池は本当にあったのか?「古代人が金めっきの電源に使った?」……96
41 カエルの解剖で発見したガルバーニ電池「きっかけは、夫人病気療養のカエル料理」……98
42 「動物電気説」ではなく「金属電気説」「ナポレオンが賞賛、世界初のボルタの電池」……100
43 起電力が低下しないダニエル電池「十二月十一日は電池の日」……102

第7章 進化する燃料電池と次世代革新電池の化学

44 湿った電池から乾いた電池へパラダイムシフト 「日本の「乾電池王」は誰だ?」……104

45 使い捨て電池から充電できる電池へ 「「再生可能」は燃料より電池の方が先輩」……106

46 アイドルが立ち止まる?・アイドリングストップ車用鉛電池 「高電圧化が進む自動車用電源」……108

47 リチウムイオン電池で注目される水島博士と吉野博士 「リチウム(Li)イオン二次電池開発の歴史」……110

48 電池の中を駆け回る?・リチウムイオンLi^+ 「リチウムイオン電池の動作原理とは?」……112

49 三度目の正直?・電動化の機運 「電動車の興隆と衰退の歴史」……114

50 ハイパワーで長距離走れる電池を目指して 「300km走れるEV用リチウムイオン電池とは!」……116

51 まるで〝集団お見合い〟のような電気二重層 「異符号の電荷層が向かい合って電荷を蓄積」……118

52 電気二重層キャパシタは電池?・コンデンサ? 「リチウムイオン電池の良きライバル!」……120

53 「水の電気分解」の逆、燃料電池の発電原理 「活物質水素と酸素を補充し続ける開放系装置」……124

54 最近注目の『エネファーム』で使われている燃料電池 「「エネルギー」と「ファーム(農場)」の造語」……126

55 自動車用の本命、固体高分子型燃料電池PEFC 「高分子膜と電極と白金触媒は、三位一体に!」……128

56 MIRAIは、自動車の未来を切り開くか? 「排出物は水だけ、究極のエコカー燃料電池車」……130

57 ポストリチウムイオン電池は何だ? 「リチウム・硫黄電池と金属・空気電池」……132

第8章 自動車の軽量化を支えるプラスチック材料とその成形技術

58 ノーベル賞を取ったポリプロピレン樹脂の重合技術「バンパーなど車に最も多く用いられている樹脂」……136
59 自動車をより高性能にするエンプラ「分子構造を工夫して耐熱性向上」……138
60 「アルミより軽く、鉄より強い」炭素繊維「自動車軽量化の主役」……140
61 熱は通すが電気は通さない〝えこひいき〟な材料「ハイブリッド車を支えるハイブリッド材料」……142
62 「流す・形にする・固める」が成形技術の基本「「形にする」方法は、多種多様」……144
63 プラスチック成形の原点、押出し成形「マカロニをつくる方法で車のモールもできる」……146
64 樹脂成形法のエース、射出成形法「射出成形機でも自動車と同様に進む電動化」……148
65 古代からあるブロー成形でハイテク燃料タンクをつくる「三次元の中空形状の製品をつくる方法」……150
66 BMWの電気自動車にも使われたRTM「炭素繊維強化樹脂CFRPの成形技術(1)」……152
67 燃料電池車MIRAIの水素タンクの製造方法FW「炭素繊維強化樹脂CFRPの成形技術(2)」……154
68 航空機をつくるオートクレーブ法で車ができるか?「炭素繊維強化樹脂CFRPの成形技術(3)」……156

【コラム】

●カール・ベンツ〜自動車の産みの親……34
●ゴッドリープ・ダイムラー〜マイバッハとの二人三脚……46
●フェルナンド・ポルシェ(1875〜1951)〜20世紀最高の天才自動車設計者……66
●Charles RollsとHenry Royceが創ったロールス・ロイス……80
●イタリア最大の企業グループ、FIAT〜その創業者ジュヴァンニ・アニェッリ……92
●ルイ・ルノー(1877〜1944)〜ヨーロッパ最大の自動車会社ルノーの創業者……122
●自動車の育ての親ヘンリー・フォード〜自動車大量生産方式(フォードシステム)を確立……134
●GM中興の祖、アルフレッド・スローン〜モデルチェンジとフルラインナップ戦略……158

第1章

地球環境にやさしい自動車用燃料の化学

1 自動車の燃料は、石油が原料

石油は、再生不可能なバイオ原料

　自動車燃料としてはメタノールやエタノールも一部使われていますが、ガソリン、軽油およびＬＰＧ（Liquefied Petroleum Gas 液化石油ガス）の三つが現在の主流です。これらは石油由来の燃料です。石油の成因については各種成因説が提案されてきましたが、生物と関係があるとする有機成因説と、ないとする無機成因説に大別できます。

　ここでは、多くの支持者を集めている有機成因説を紹介します。生物の体を構成していた有機物は、その生物の死後、水などにより運ばれて海の底に堆積します。そこで多くの場合にはバクテリア（微生物）と水の影響で分解され、二酸化炭素と水になります。しかし分解を免れた有機物は泥の中に埋もれ、泥とともに地下深くに埋没されます。その過程で、泥は比重が大きくなり固まって泥岩になります。泥岩に含まれる有機物は、互いに化学結合して大きな有機物の塊が形成されます。これをケロジェンと呼びます。地下深くなるに従い温度は高くなり、大きく成長したケロジェンは今度は逆に熱分解され、二酸化炭素と水になります。数千メートルより深くなると、ケロジェンからは二酸化炭素と水以外に、炭化水素が放出されるようになります。この炭化水素こそが石油の主成分なのです。ケロジェンから放出された炭化水素は、岩石の割れ目を通って移動し、砂岩や石灰岩の微細な空隙にたどり着き、そこに集まるようになります。移動距離は数百キロメートルに達すると言われています。このようにして炭化水素が濃縮されて集合しているところを「石油鉱床」と呼び、液体状のものを「油田」、気体状のものを「ガス田」と呼びます。石油の可採年数（その時点での技術で、採算の合うコストで採掘可能な年数）は、石油価格が上がれば伸びるという特性があり、１バーレル2ドルであった１９７０年の可採年数は35年、１バーレル１００ドル前後の今日では52年となっています。

要点BOX

- 自動車の燃料は、石油が主な原料
- 石油の成因は、生物と関係があるとする有機成因説が有力

自動車用燃料の種類と原料

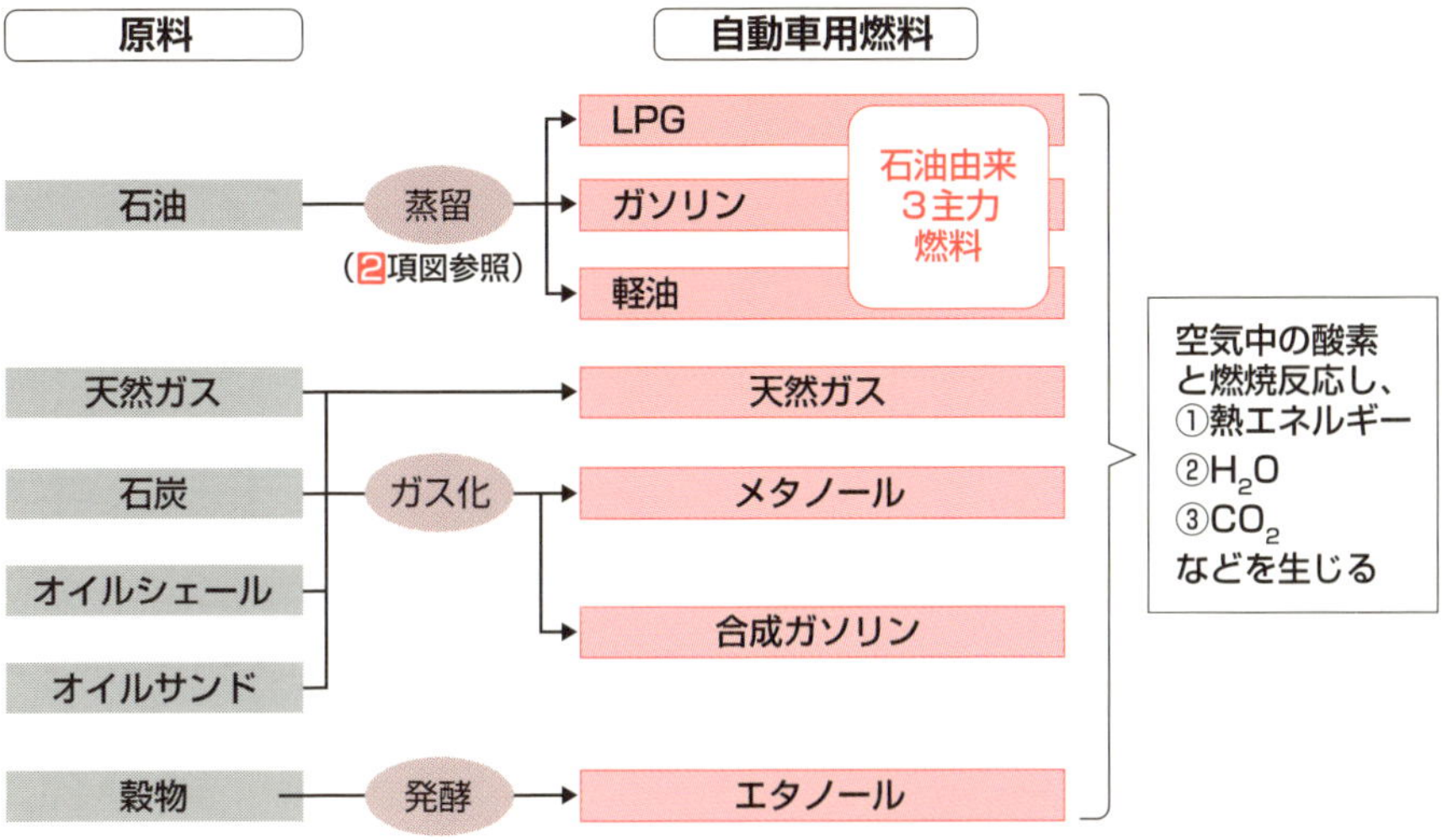
原料
自動車用燃料
石油
蒸留
（2項図参照）
LPG
ガソリン
軽油
石油由来
3主力
燃料
天然ガス
石炭
ガス化
オイルシェール
オイルサンド
天然ガス
メタノール
合成ガソリン
穀物
発酵
エタノール
空気中の酸素
と燃焼反応し、
①熱エネルギー
②H_2O
③CO_2
などを生じる

油田のでき方と地層中での油田の様子

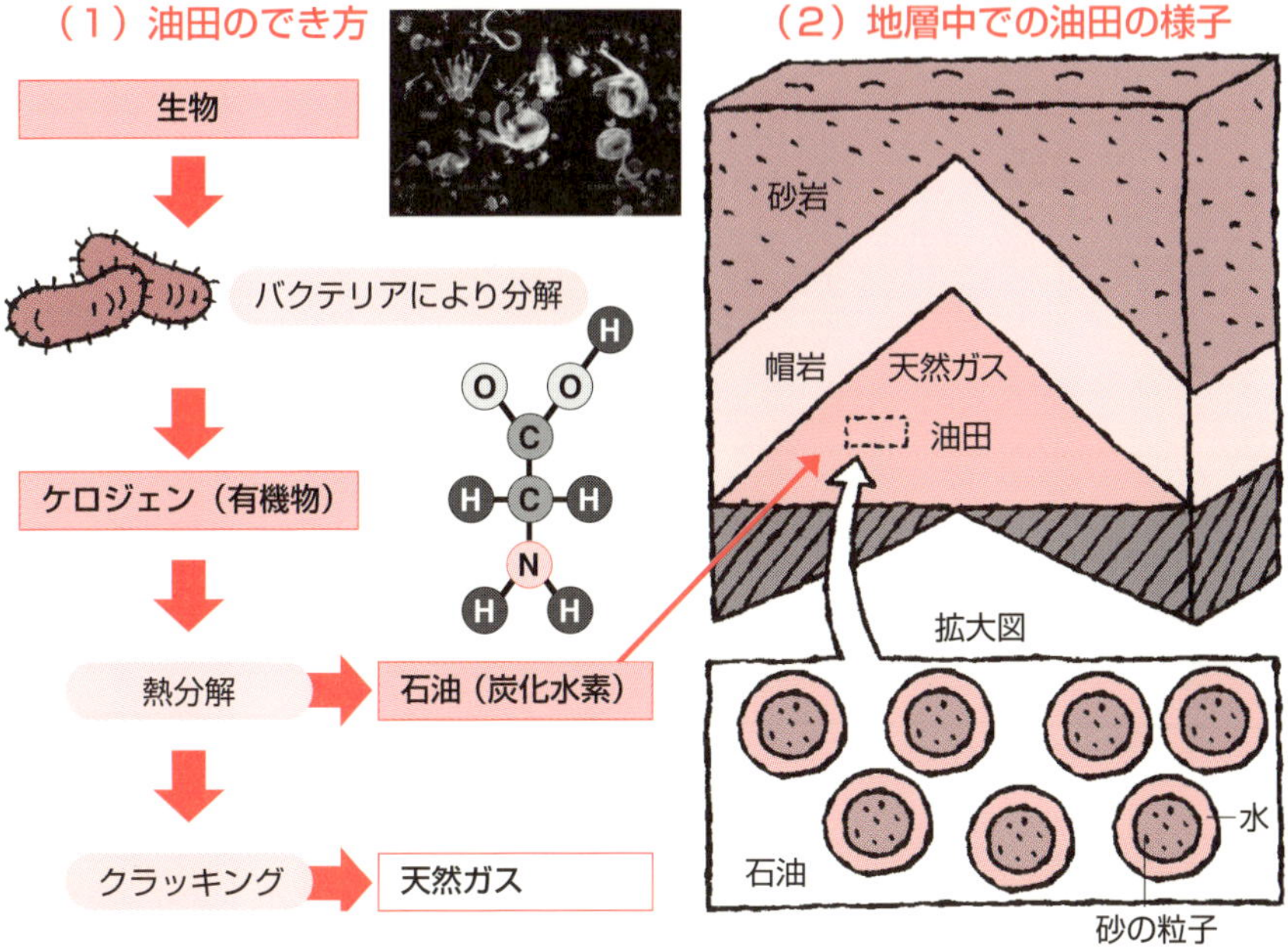
（1）油田のでき方
生物
バクテリアにより分解
ケロジェン（有機物）
熱分解
石油（炭化水素）
クラッキング
天然ガス
（2）地層中での油田の様子
砂岩
帽岩
天然ガス
油田
拡大図
水
石油
砂の粒子

2 自動車の燃料をつくる石油精製プラント

プラスチックの原料と潤滑油も同時にできる

原油（油田から採掘したままの状態で、精製されていない石油）の組成は、炭素数50以下の低分子炭化水素化合物の混合物で、脂肪族飽和炭化水素（パラフィン）と脂環式飽和炭化水素（シクロパラフィン）が多くを占めます。芳香族化合物は少なく、二重結合を有する脂肪族不飽和炭化水素類（オレフィン）は含まれていません。原油の成分としては、自動車用ガソリンおよび石油化学原料ナフサに適した成分は20％以下、LPG（液化石油ガス）に適した成分は1％にすぎず、50％以上が重油などの重質分です。また不純物として硫黄成分、窒素成分の他に、バナジウムやニッケルなどの30種類の金属成分が微量に含有されています。

石油精製とは、飽和炭化水素を主成分としながらも、複雑な混合物である原油から、製品価値の高いガソリン、軽油などの輸送機関の燃料と、石油化学工業の原料となるナフサ（熱分解によって、エチレンやプロピレンを生成する）および芳香族化合物（ベンゼン、トルエン、キシレン）、そして潤滑油をつくることです。国内に13箇所の石油化学コンビナートがあり、その最初の工程として石油精製プラントが稼動しています。自動車の燃料であるガソリンや石油化学原料のエチレンやベンゼンは、原油の中にそのままの分子構造では含まれていません。従って、原油を「分別」する蒸留工程だけでは得られず、蒸留工程の後に化学反応をさせます。石油の精製工程で得られる製品の中で、ガソリンが最も高い利益が得られるため、原油からいかに多くのガソリンを収穫するのかが、石油精製工程の目標になります。原油に含まれる塩分は、その後の精製工程の装置を腐食させるので、最初に除去します。その後常圧蒸留によりガス・軽質ナフサ・重質ナフサ・灯油・軽質軽油を順に収穫して、蒸留できない残油が残ります。残油を減圧下で再び蒸留して潤滑油を得ます。

要点BOX

- ●原油は、飽和炭化水素が主成分
- ●石油を精製して、輸送機関の燃料、石油化学原料及び潤滑油をつくる

石油精製工程での分子のイメージ図

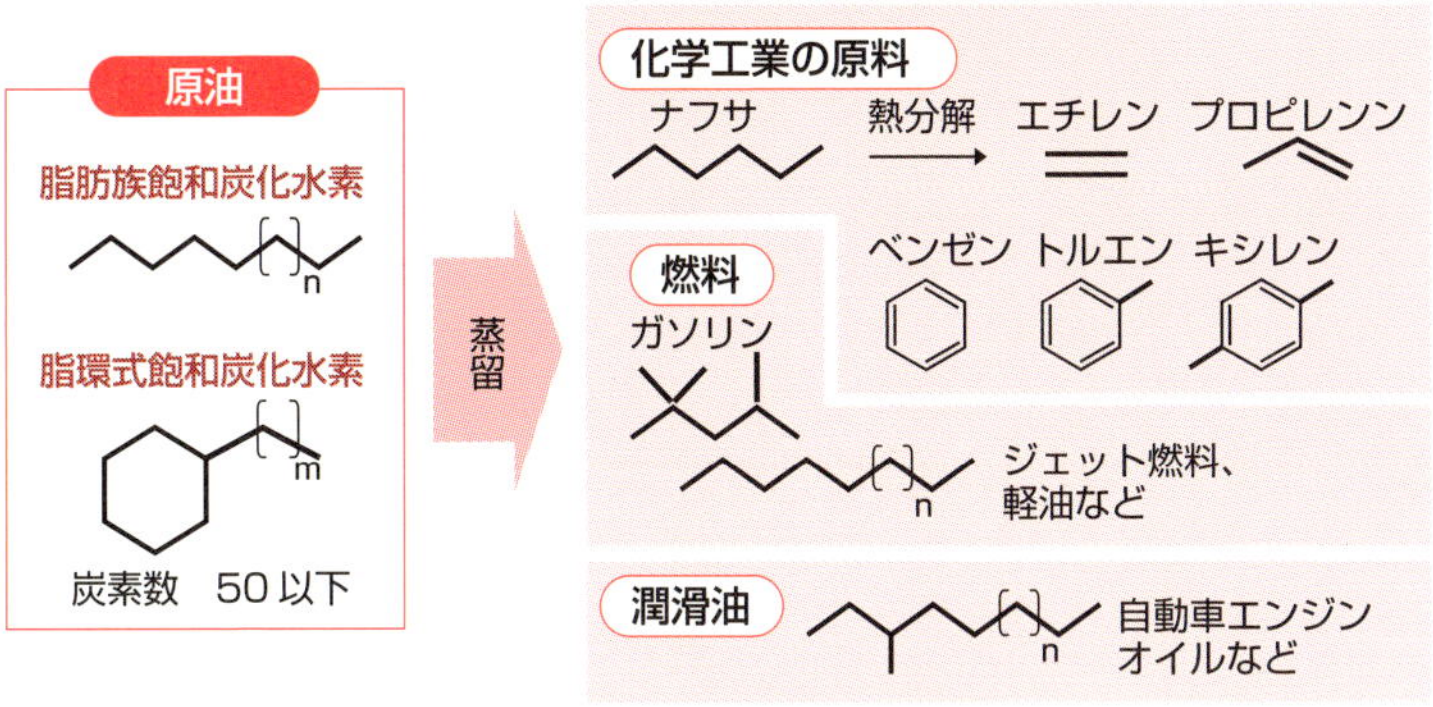
原油
脂肪族飽和炭化水素
n
脂環式飽和炭化水素
m
炭素数　50 以下
蒸留
化学工業の原料
ナフサ
熱分解
エチレン
プロピレンン
ベンゼン
トルエン
キシレン
燃料
ガソリン
n
ジェット燃料、
軽油など
潤滑油
n
自動車エンジン
オイルなど

各燃料の代表的性状

燃料	LPG	ガソリン	ジェット燃料	灯油	軽油	重油
炭素数	3～4	5～10	8～12	10～14	14～20	20～50
沸点(℃)	−40～0	30～200	140～250	200～300	200～350	300以上
比重	0.5～0.63	0.7～0.75	0.75～0.85	0.77～0.85	0.83～0.88	0.9～1.0

石油精製工程の概要（自動車の燃料をつくる工程）

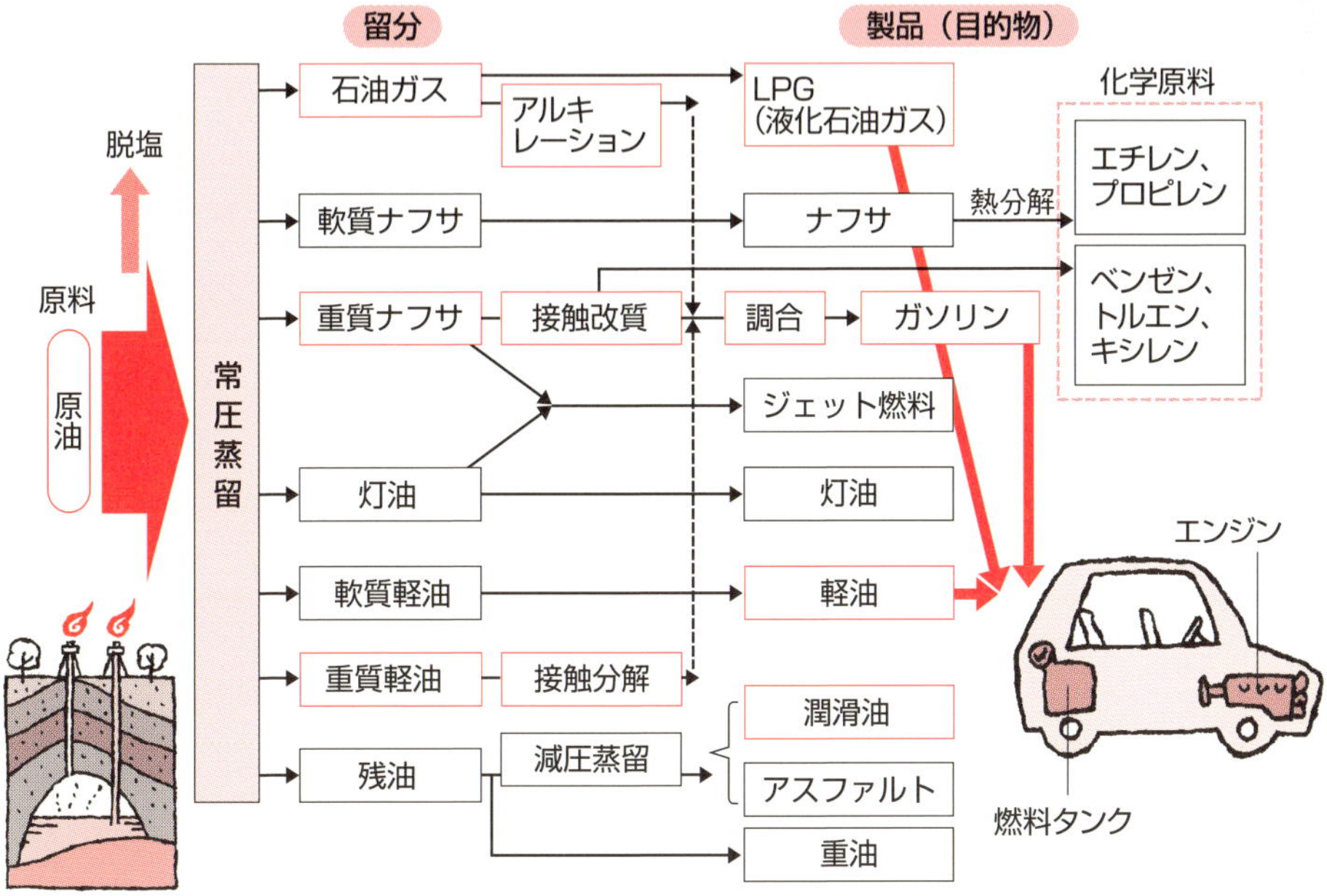
留分
製品（目的物）
脱塩
原料
原油
常圧蒸留
石油ガス
アルキレーション
LPG
（液化石油ガス）
化学原料
軟質ナフサ
ナフサ
熱分解
エチレン、
プロピレン
重質ナフサ
接触改質
調合
ガソリン
ベンゼン、
トルエン、
キシレン
ジェット燃料
灯油
灯油
軟質軽油
軽油
エンジン
重質軽油
接触分解
潤滑油
残油
減圧蒸留
アスファルト
重油
燃料タンク

3 儲かるガソリンを原油からより多く収穫する方法

ガソリンは枝分かれ炭化水素のブレンド品

ガソリンは、炭素数が5～10程度で枝分かれの多い飽和炭化水素と芳香族化合物の混合物です。「オクタン価」が高いイソオクタンに近い構造のものを、多く含むものが高品質のガソリンです。4サイクルエンジン（吸入・圧縮・爆発・排気）において、燃料に求められる性能は「高温下で少し時間を置いた後に力強く燃える」ことです。この性能は、「自己着火のしにくさ」あるいは「エンジンのノッキングの起こりにくさ」と表現でき、オクタン価という数値で定量化されています。オクタン価が大きい燃料はノッキングが起こりにくく良いとされます。オクタン価0とオクタン価100の基準物質は**図1**に示すように、それぞれn-ペンタンとイソオクタンと定められています。実際のガソリンのオクタン価は、標準テストエンジンでノッキングを起こす値を試験して測定し、この値がたとえばイソオクタン70％とn-ペンタン30％の混合物と同じ値を示せば、このガソリンのオクタン価は70となります。オクタン価は、パラフィン＜オレフィン＜芳香族の順に高くなります。

ガソリンの主原料となる重質ナフサは直鎖構造なので、イソオクタンのように枝分かれ構造にするためには、分子構造を改造する必要があります。この工程が、「接触改質」（**図2**）で、枝分かれ化と同時に石油化学工業の重要な原料であるベンゼンなどの芳香族化合物と水素が生成されます。またガソリンの量不足を補うために重質軽油を分解し、炭層数を減少させるのが「接触分解」という工程で、石油精製で最も重要なプロセスです（**図3**）。さらに、石油ガスの炭素数4のイソブタンと炭素数4のブチレンから酸触媒を用いて炭素8の枝分かれの多いオクタンを合成するやり方が3番目の方法です。この方法でつくられたものをアルキレートガソリンといいます（**図4**）。

ガソリンはこれら三つの方法で製造されたものをブレンドして製品とされます。

要点BOX

- ●ガソリン分子は枝分かれの多い飽和炭化水素
- ●ガソリンは三つの方法で製造される
- ●接触改質、接触分解、アルキレーション

図1　オクタン価の基準物質

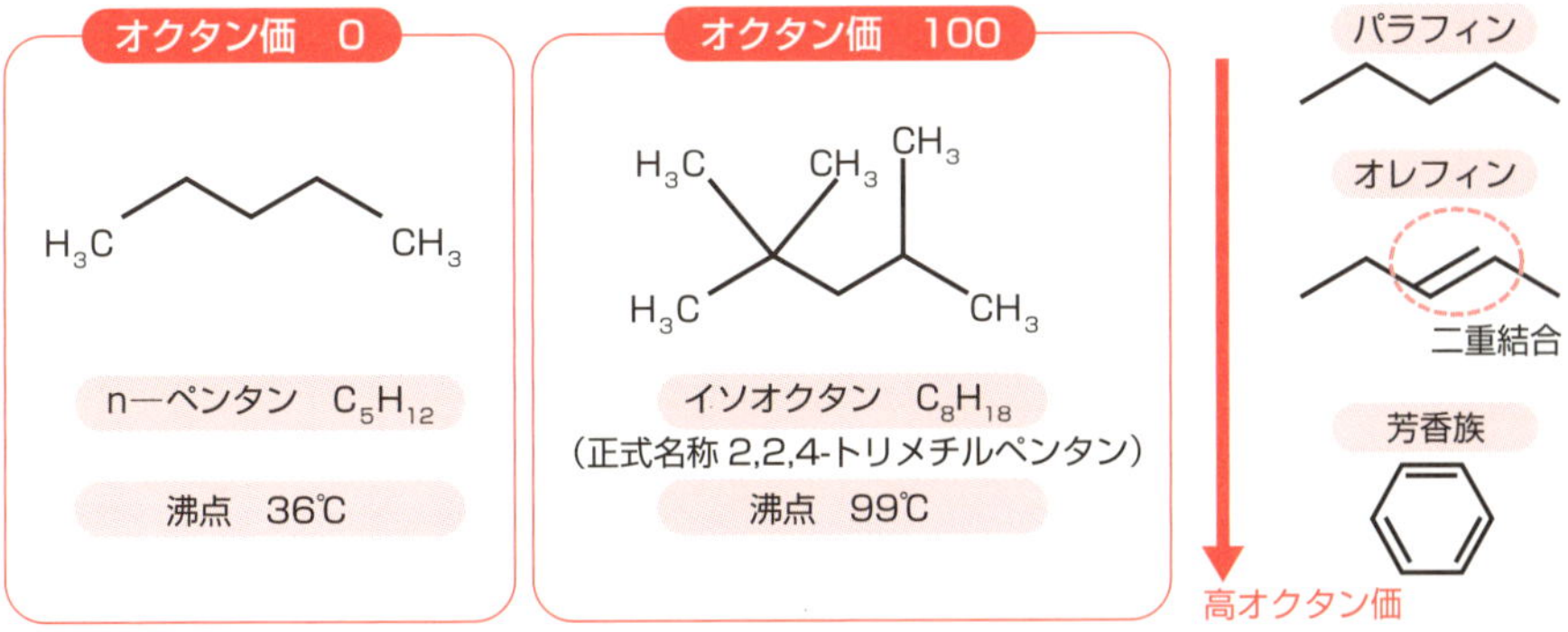

オクタン価　0
H3C
CH3
n―ペンタン　C5H12
沸点　36℃
オクタン価　100
H3C
CH3
CH3
H3C
CH3
イソオクタン　C8H18
（正式名称 2,2,4-トリメチルペンタン）
沸点　99℃
パラフィン
オレフィン
二重結合
芳香族
高オクタン価

図2　接触改質（炭素数変化なし）

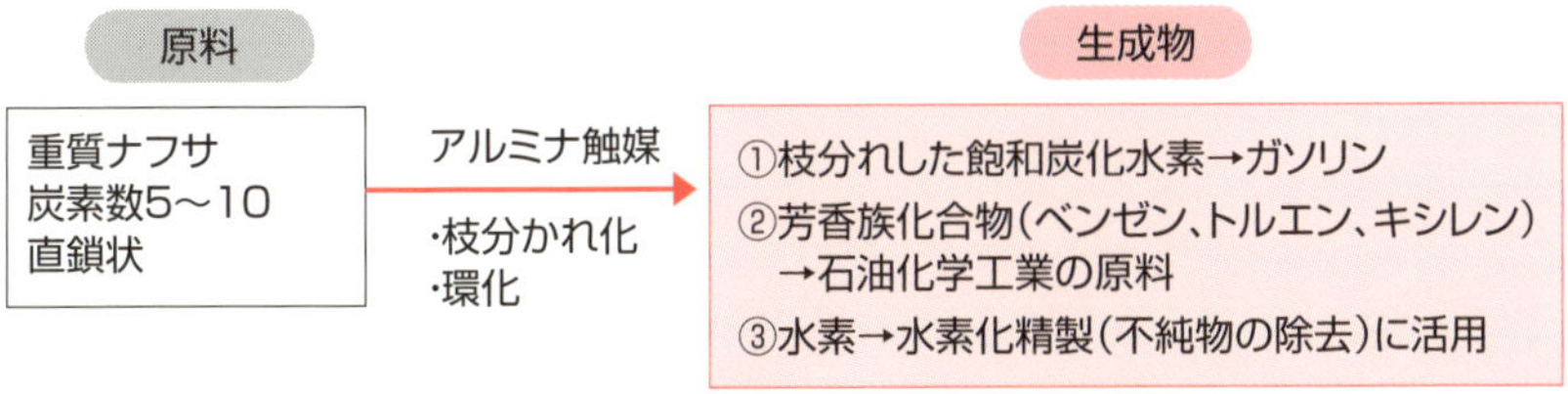

原料
重質ナフサ
炭素数5～10
直鎖状
アルミナ触媒
·枝分かれ化
·環化
生成物
①枝分れした飽和炭化水素→ガソリン
②芳香族化合物（ベンゼン、トルエン、キシレン）
→石油化学工業の原料
③水素→水素化精製（不純物の除去）に活用

図3　接触分解（炭素数変化減少）

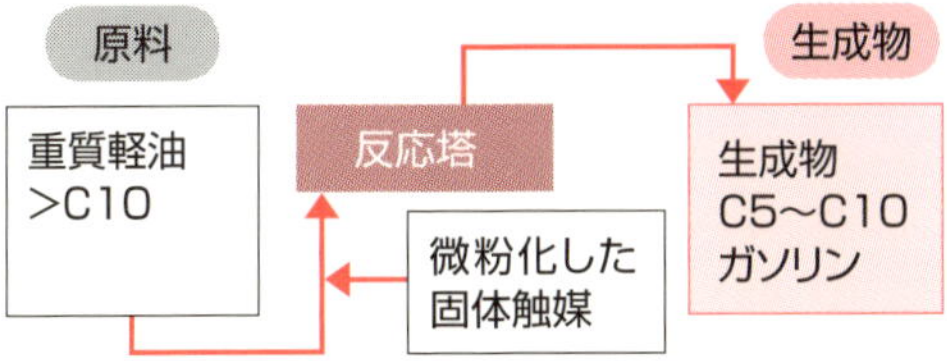

原料
重質軽油
>C10
反応塔
微粉化した
固体触媒
生成物
生成物
C5～C10
ガソリン

気化させた原料を、微粉化した固体触媒を一緒に
反応塔の下から導入して分解反応させる。

図4　アルキレーション工程（炭素数増加）

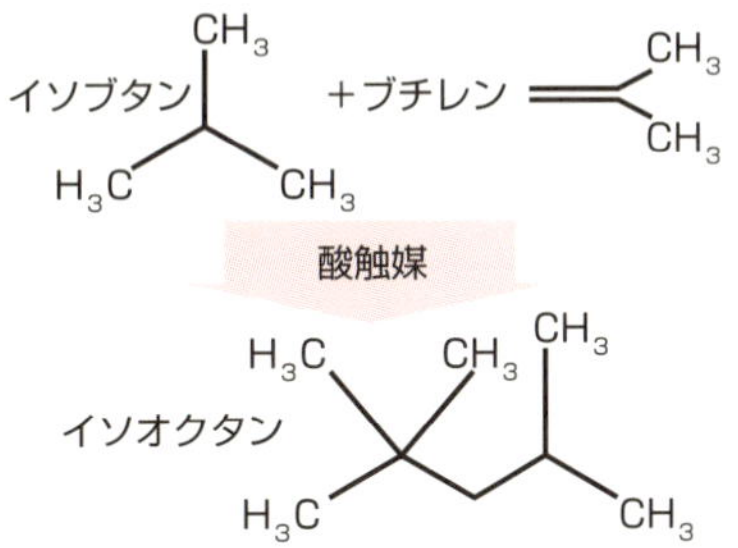

CH3
イソブタン
H3C
CH3
＋ブチレン
CH3
CH3
酸触媒
H3C
CH3
CH3
イソオクタン
H3C
CH3

ガソリンの三つの製造方法

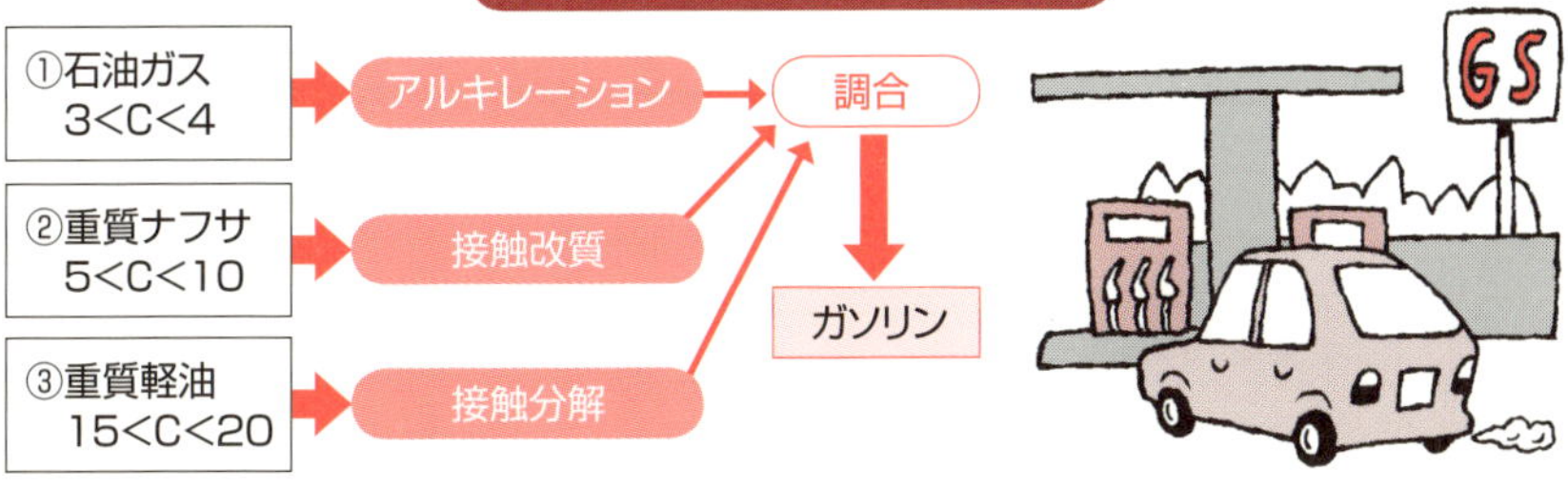

①石油ガス
3<C<4
アルキレーション
②重質ナフサ
5<C<10
接触改質
③重質軽油
15<C<20
接触分解
調合
ガソリン
GS

4 プレミアムガソリンとは

高オクタン価に改良する三つの秘策

国内において、レギュラーガソリンのオクタン価は91前後です。それに対して「ハイオク」とか「プレミアムガソリン」と呼ばれているものの多くは98〜100です。

オクタン価を向上させる方法には三つあります。一つ目は直鎖飽和炭化水素である原油を、イソオクタン（オクタン価100）のような枝分れの多い飽和炭化水素に分子構造を変えることです。そしてよりオクタン価の高いものを選別して基油にします。枝分れ化する方法には、前項で説明したように蒸留後の留分の炭素数の違いにより、①アルキレーション②接触改質③接触分解の三方法があります。

オクタン価を向上させる二つめの方法は、オクタン価の高い芳香族炭化水素（ベンゼン、トルエン、キシレンなど）をブレンドすることです。しかし芳香族は比重が大きく、ガソリンエンジンで必要な始動性能、加速性能が劣るため添加率に限度があります。また近年ベンゼンの有害性が問題視されるようになり、低ベンゼン化の動きがあります。国内では出光興産が市販自動車ガソリンとして低ベンゼンガソリン（ベンゼン含有率1％以下）を販売したのをきっかけに、他社も足並みを揃えています。

オクタン価を向上させる三つめの方法は、アンチノック剤またはオクタン価向上剤とよばれる化学物質を少量添加することです。この添加剤は、炭化水素のラジカル（不対電子をもつ）分子を発生しやすく、ノックの原因となるヒドロキシラジカル（・OH）を補足することにより、ノックを抑える原理です。

以前は四エチル鉛などの有機鉛化合物を添加した有鉛ガソリンが自動車ガソリンとして使われてきましたが、有害として規制され国内では1987年までに完全に無鉛化されました。有機マンガン化合物も規制されています。現在ではこれらに代わり、エチルtert-ブチルエーテル（ETBE）などのエーテル系化合物が主に用いられています（12項参照）。

要点BOX

- 枝分れの多い分子構造の飽和炭化水素に改質
- 芳香族炭化水素をブレンドする
- アンチノック剤を添加する

プレミアムガソリンをつくる方法

(1) 直鎖炭化水素→枝分かれの多い炭化水素に変える

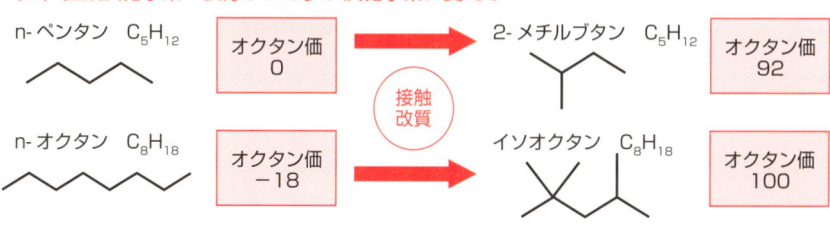

n- ペンタン　C_5H_{12}

オクタン価 0

→ 2- メチルブタン　C_5H_{12}

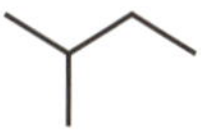

オクタン価 92

接触改質

n- オクタン　C_8H_{18}

オクタン価 −18

→ イソオクタン　C_8H_{18}

オクタン価 100

(2) オクタン価の高い芳香族炭化水素をブレンドする

①ベンゼン　C_6H_6

オクタン価 99

②トルエン　C_7H_8

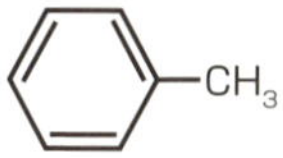

オクタン価 121

③p- キシレン　C_8H_{10}

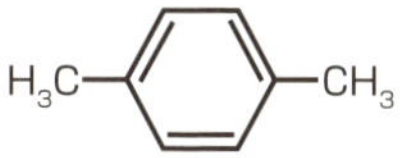

オクタン価 146

(3) アンチノック剤(オクタン価向上剤)を添加する

ノックの原因となるヒドロキシラジカル(・OH)を補足するアンチノック剤を添加し、ノックを抑制する。

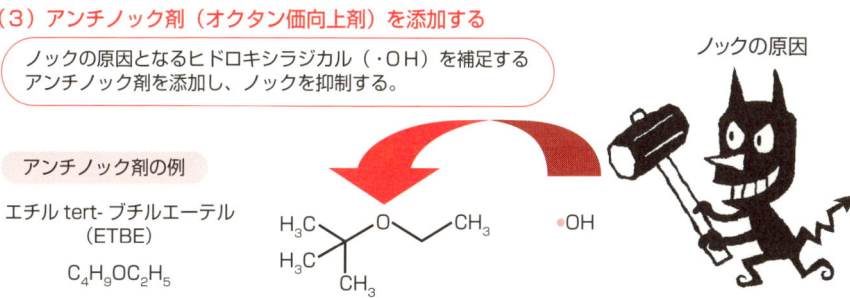

ノックの原因

アンチノック剤の例

エチル tert- ブチルエーテル
(ETBE)

$C_4H_9OC_2H_5$

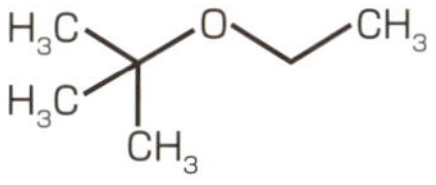

5 〝軽〟自動車の燃料ではない〝軽油〟

すぐ燃えるには、まっすぐな分子が好ましい

軽油とは、2項に示したように原油から精製される石油製品の一種で、ディーゼルエンジンの燃料として用いられます。軽油の名前は重油に対してつけられたもので、「軽自動車用の燃料」という意味ではありません。最近はセルフ式ガソリンスタンドで、軽自動車に軽油を給油してしまう誤給油が後を絶たないようです。軽油はガソリンよりも炭素数が2倍ほど多い燃料です。ディーゼルエンジンは、燃料消費量が少ないことから世界的に見てもトラックやバスの多くに、また乗用車の中でも車両重量の重いRV車に使われています。ガソリン機関とディーゼル機関の比較表を左上図に示します。ガソリン機関よりも圧縮比を高めた空気に、霧状の軽油を噴射し自己着火させるのがディーゼル機関の基本です。点火装置がないので、いかに速やかに燃焼するかという性能が、燃料に求められます。そのためには直鎖状の飽和炭化水素が適しており、枝分れの多い飽和炭化水素が適しているガソリン機関とは逆の関係にあります。原油はもともと直鎖状の炭化水素が主成分であるので、蒸留した軽質軽油をそのまま使用できます。ガソリンのように直鎖分子を枝分れ分子に改造する工程は不要なので、その分安価です。自己着火のしやすさを定量化したのが「セタン価」で、ガソリンにおけるオクタン価に相当する値です。直鎖のヘキサデカンのセタン価を100、枝分れのイソセタンのセタン価を15と定めます。セタン価0がオクタン価100に相当します。一般の自動車用軽油のセタン価は40～55程度です。ニトロ化合物を入れてセタン価を3程度上げたものを「プレミアム軽油」と呼びます。ディーゼル機関から排出される浮遊粒子状物質には、発がん性をもつ有機化合物が含まれており問題になります。これを除去する触媒が開発されましたが、硫黄分がこの触媒の活性を落とすため、軽油中の硫黄濃度は現在10ppm以下と厳しく規制されています。

要点BOX

- ●ディーゼル機関は、速やかな燃焼性能が必要
- ●C14～20の直鎖飽和炭化水素が好ましい
- ●オクタン価⇔セタン価

ガソリン機関とディーゼル機関の比較表

	ガソリン機関	ディーゼル機関
燃料	ガソリン	軽油
炭素数	5～10	14～20
代表特性	オクタン価	セタン価
適した分子構造	枝分かれが多い飽和炭化水素	直鎖の飽和炭化水素
点火方式	火花点火（点火プラグ方式）	圧縮自己着火
燃料供給方式	燃料と空気の予備混合方式・吸入空気量を制御	筒内噴射方式・燃料噴射量を制御
圧縮比	9～12.5	17～23

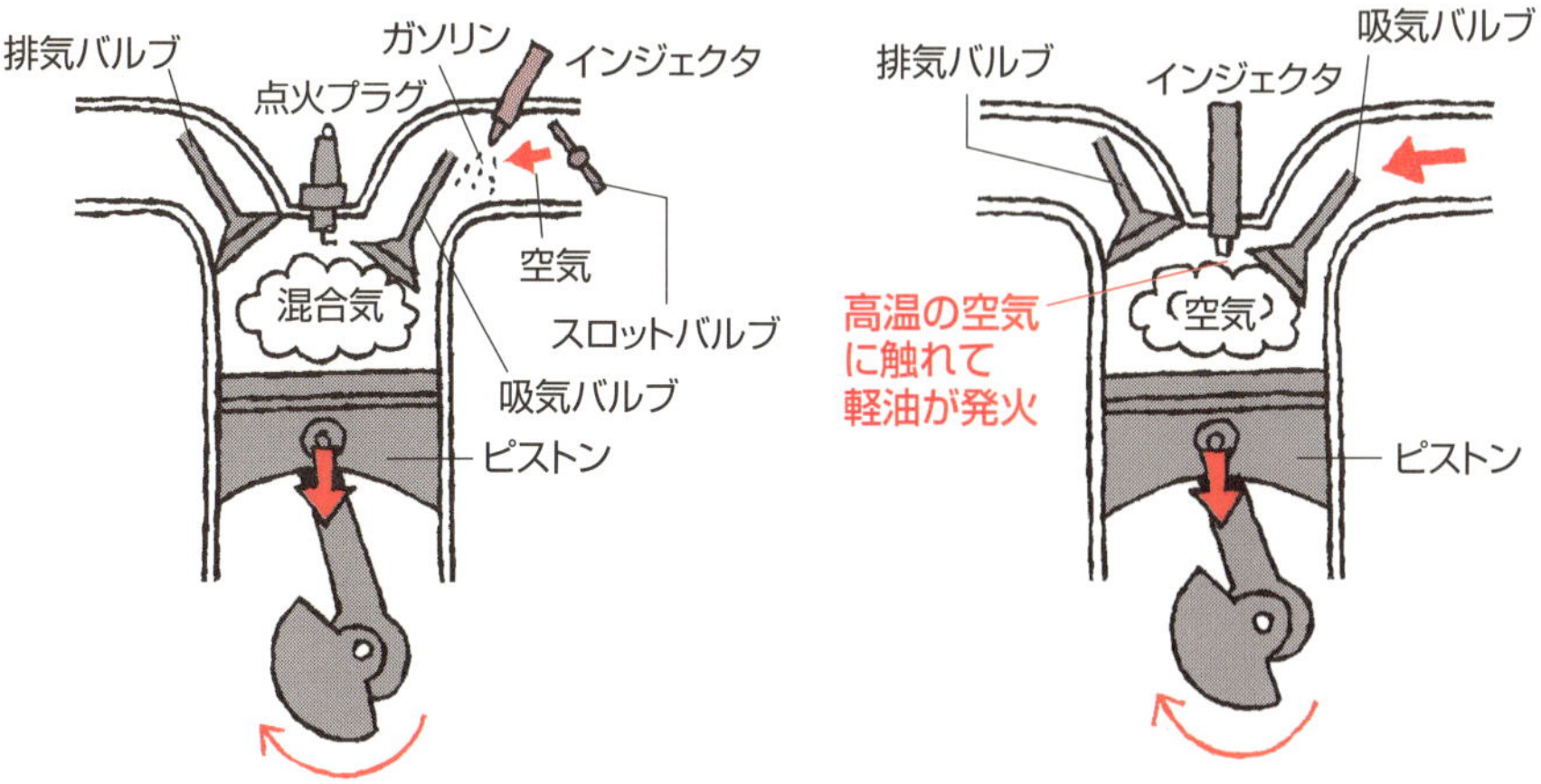

排気バルブ
ガソリン
インジェクタ
点火プラグ
空気
混合気
スロットバルブ
吸気バルブ
ピストン
排気バルブ
インジェクタ
吸気バルブ
高温の空気に触れて軽油が発火
空気
ピストン

セタン価の基準物質

分子名	n−ヘキサデカン（セタン）	イソセタン
分子式	$C_{16}H_{34}$	$C_{16}H_{34}$
分子量	226.4	226.4
分子構造	直鎖状 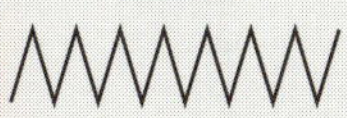	枝分れが多い 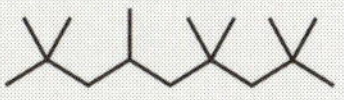
セタン価	100	15
沸点（℃）	287	240
比重	0.89	0.79

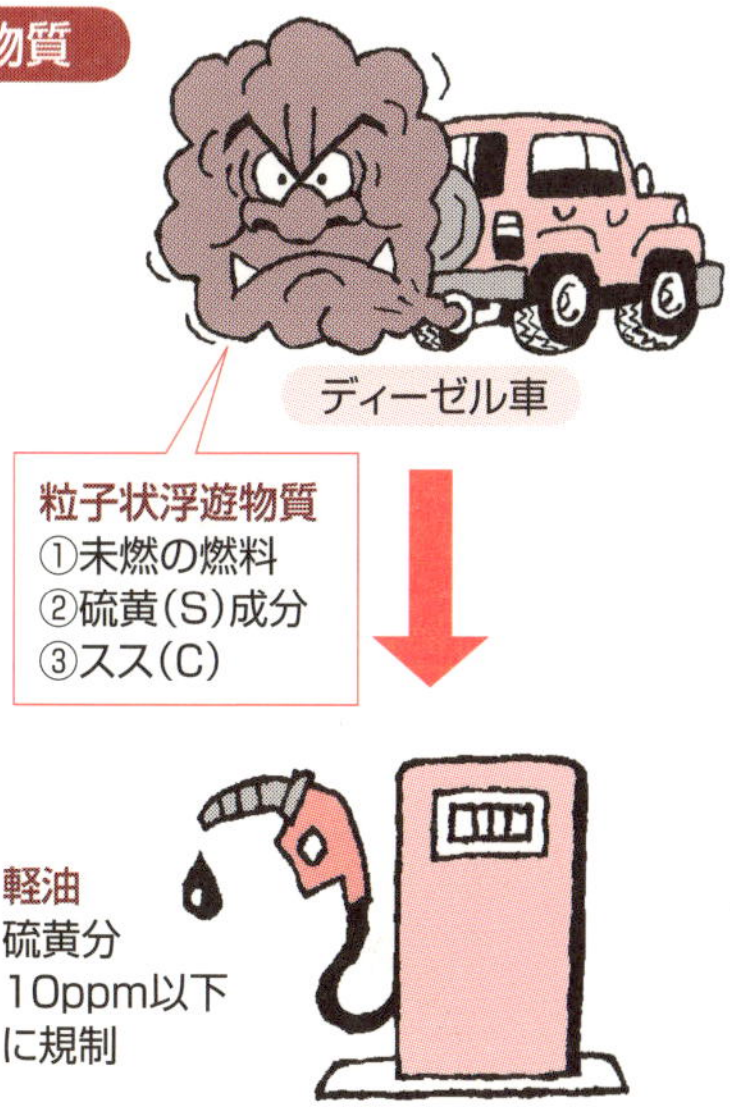

ディーゼル車
粒子状浮遊物質
①未燃の燃料
②硫黄（S）成分
③スス（C）
軽油
硫黄分
10ppm以下
に規制

6 LPGを〝プロパンガス〟と呼ばないで！

LPGエンジン

LPG（液化石油ガス）とは、ブタンとプロパンを主成分とした、石油由来3主力燃料の一つです（1項参照）。ただし、完全な石油生成物ではなく、天然ガスなど石油以外に由来するものが約半分を占めます。

都市ガスの施設のない地域で通称〝プロパンガス〟として日常生活の燃料として用いられています。LPGはブタンをより多く含んでおり、〝プロパンガス〟と呼ぶのは正しくありません。LPGは常温において1MPa程度の圧力で液化し、体積が250分の1となって可搬性が向上します。沸点はn-ブタンが-0.5℃、プロパンが-42℃であるため、国内において夏季は安価なブタン系を使用し、冬季には沸点の低いプロパンを混入したものを使用します。LPGの長所は硫黄成分を含まないため、エンジンの腐食・磨耗が少なく排気触媒の耐久性が長くなることです。エンジン本体の構造は、ガソリンエンジンと差異はありません。

LPGエンジンの燃料システムは、燃料タンク、LPGを蒸発させる蒸発器、燃料を注入するインジェクターなどで構成されます。LPGの輸送は少量の場合（10～50KG）はボンベで、大量の場合はLPG専用船やタンクローリーが使用されます。LPG専用のLPガススタンドが、国内に約2千箇所存在します。LPGエンジンは国内では主にタクシー（全タクシーの95%に相当する約23万台が搭載）に用いられているほか、フォークリフトなどの作業車にも使われています。トルコとポーランドではこの10年間で約10倍に急増しています。LPG車にはガソリン車と同等の排ガス規制が設けられています。LPGのオクタン価は105程度でハイオクガソリンより高いです。LPGは硫黄成分を含まないクリーンな燃料として認知が進み、ディーゼルエンジンへの適用も研究されています。また、LPGは、最近話題を呼んでいる燃料電池方式の家庭用コジェネレーションシステム（54項参照）の燃料としても使われます。

要点BOX
- ●LPGはブタンとプロパンが主成分
- ●硫黄成分を含まないクリーンな燃料

LPGエンジンの主な用途とLPG車の構造例

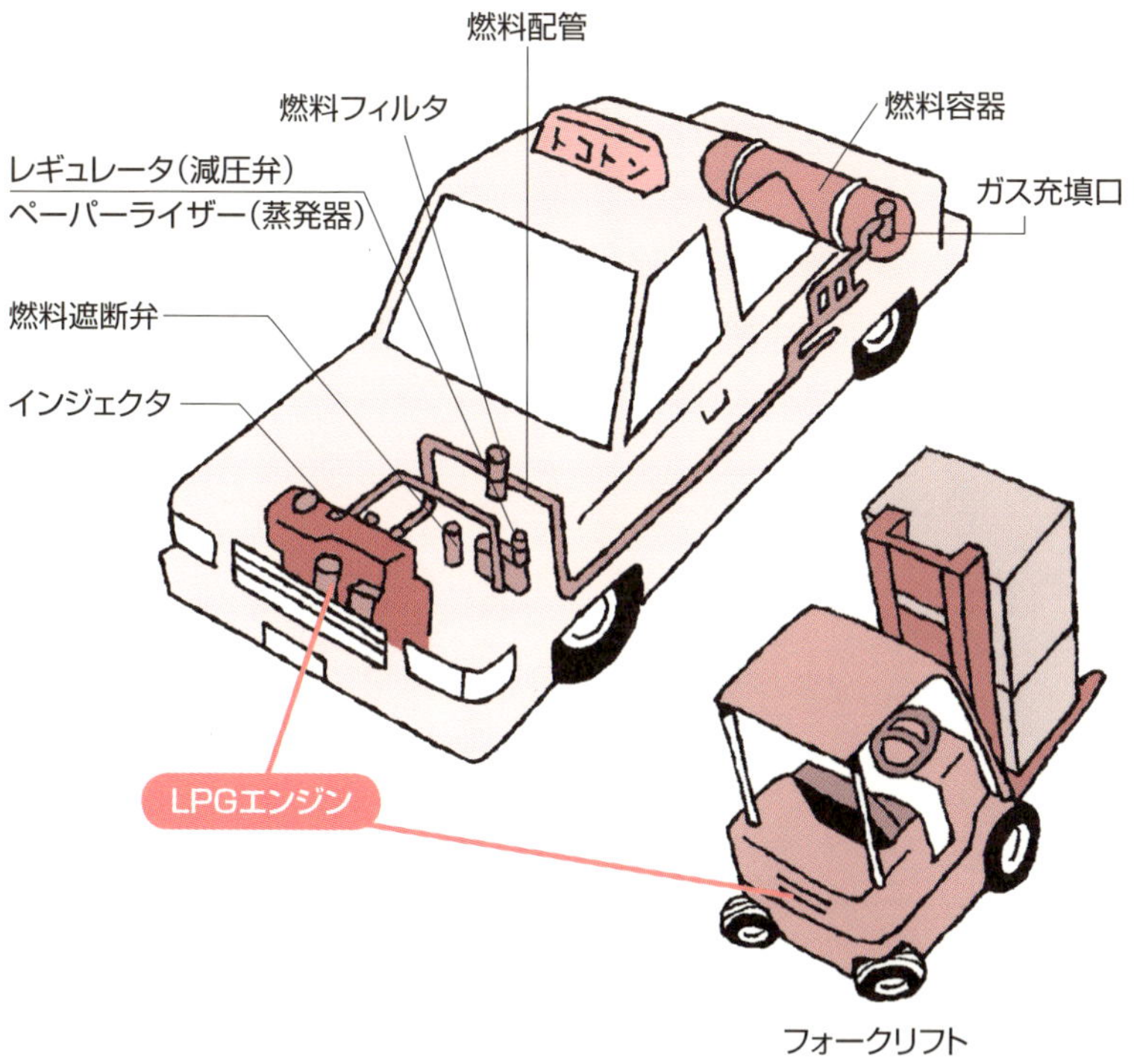
燃料配管
燃料フィルタ
燃料容器
トコトン
レギュレータ(減圧弁)
ペーパーライザー(蒸発器)
ガス充填口
燃料遮断弁
インジェクタ
LPGエンジン
フォークリフト

LPG液化石油ガスの成分とその主な性状

分子名	プロパン	n−ブタン
分子式	C_3H_8	C_4H_{10}
分子量	44.0	58.1
分子構造	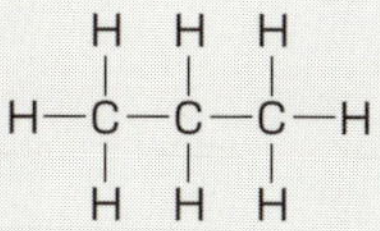	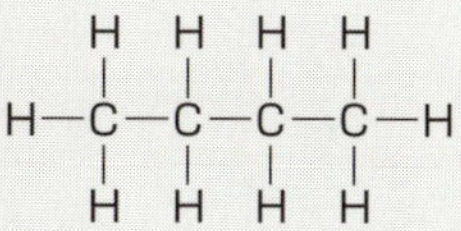
オクタン価	130	90
	ブタンとプロパンの混合比率が8:2のときオクタン価は、105	
沸点(℃)	−42.1	−0.5
液比重	0.51	0.58

7 M85はガソリンとメタノールの混合燃料

クリーンエネルギーで再注目

メタノールは1970年代の2回の石油危機以降に、最初に注目された「石油代替燃料」です。また1994年に策定された新エネルギー大綱をきっかけに、メタノール車などクリーンエネルギー自動車の普及拡大が政策として掲げられました。ところがメタノール車の普及は当初期待されたほどの広がりが見られませんでした。メタノールの材料価格が高価なことと、ガソリン車の技術革新が進み環境規制への対応が可能になったことが理由です。

しかし最近メタノールはCO_2排出量の削減効果のある再生可能な燃料として、再び注目されています。メタノールを、非食料である木や雑草などのバイオマスから製造する研究が始まっています。また燃料電池自動車の水素源の一つとしても考えられています。メタノールの分子式はCH_3OHで質量の50%は酸素のため、燃焼時にすす（炭素微粒子）をほとんど排出せず、燃焼ガス中に水分が多いためNOx濃度を低く抑えることができます。メタノールのオクタン価はLPGよりもさらに高いですが、腐食性があり燃料タンクなどの燃料系部品に腐食対策が必要となります。また気化潜熱が大きく蒸気圧が低いので、エンジンの始動性を悪化させます。さらに重量当たりの発熱量はガソリンの半分程度のため、同一走行距離では約2倍の燃料タンクが必要になります。

メタノールエンジンには、吸気管から予混合気を供給して火花点火させるオットー式とシリンダー内に燃料噴射して着火装置などにより着火させるディーゼル式の2種類があります。オットー式の場合は、エンジンの始動性の悪さを補うために、ガソリンを混合したM85（メタノール成分が85%）が現在主に用いられています。一方ディーゼル式に適用する場合には、メタノールはセタン価が3と低く自己着火しにくいため、着火装置や高圧縮化装置などが新たに必要となることが、実用化を阻んでいます。

要点BOX

- ●NOxを低く抑えることができる
- ●しかし燃料系部品に腐食対策が必要
- ●ガソリンと混合したM85が用いられている

メタノール製造方法

現在

$$CO + 2H_2 \xrightarrow{ZnO、CuO} CH_3OH$$

天然ガスの部分酸化で製造した一酸化炭素 CO と、水素とを、250℃×100 気圧で反応させる。触媒として ZnO と CuO を用いる。

将来

人間の食料ではない木や雑草などのバイオマスからメタノールを製造する研究が始まっている。

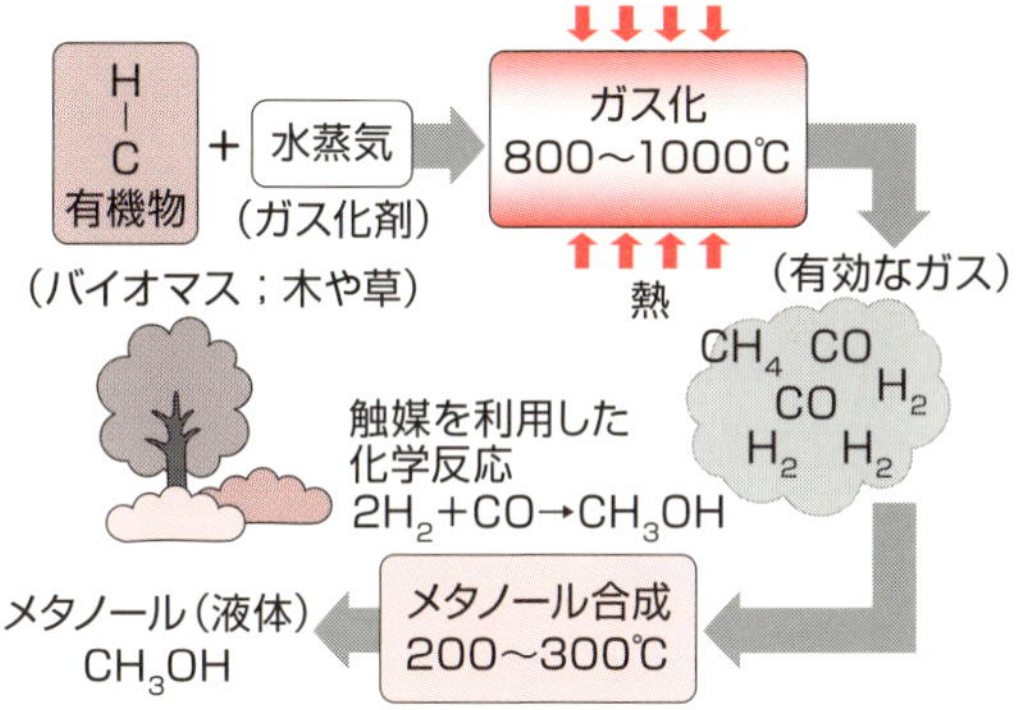
H
C
有機物
＋
水蒸気
（ガス化剤）
（バイオマス；木や草）
ガス化
800～1000℃
熱
（有効なガス）
CH4 CO
CO H2
H2 H2
触媒を利用した
化学反応
2H2+CO→CH3OH
メタノール合成
200～300℃
メタノール（液体）
CH3OH

腐食対策が必要な主な燃料系部品（＊印）

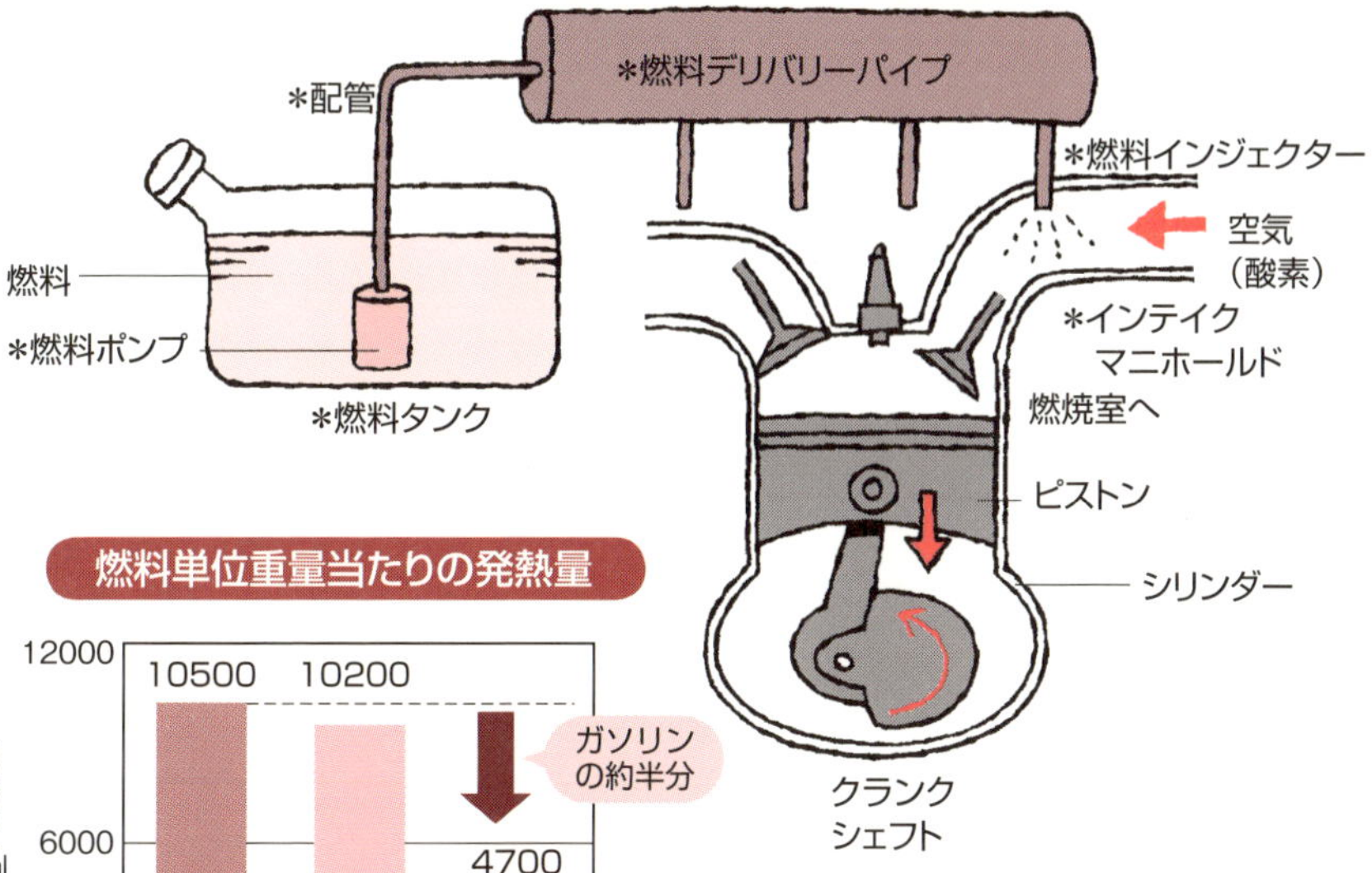
＊配管
＊燃料デリバリーパイプ
＊燃料インジェクター
空気
（酸素）
＊インテイク
マニホールド
燃焼室へ
燃料
＊燃料ポンプ
＊燃料タンク
ピストン
シリンダー
クランク
シャフト

燃料単位重量当たりの発熱量

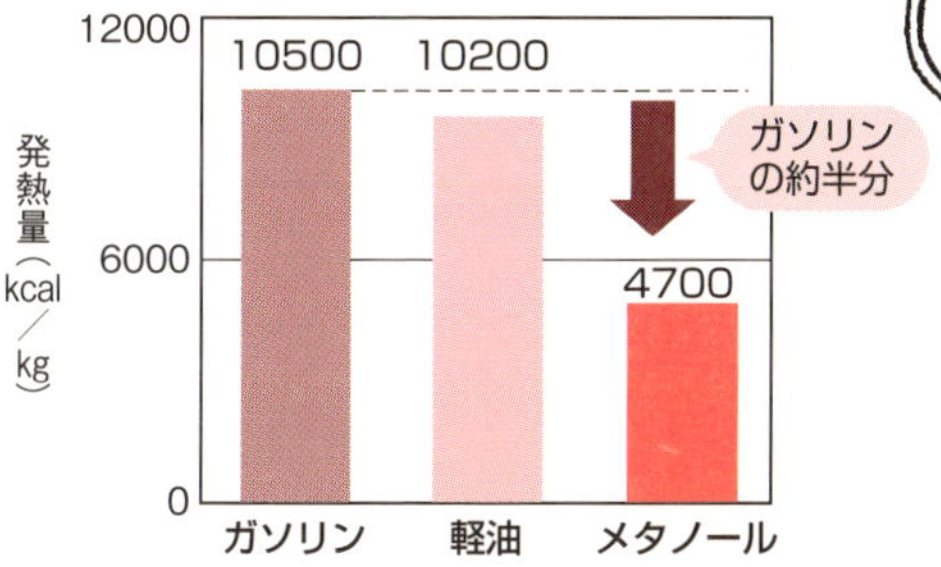
12000
6000
0
発熱量（kcal／kg）
10500
10200
4700
ガソリン
の約半分
ガソリン
軽油
メタノール

8 メタン（天然ガス）は採れるよ、いつまでも！

期待の燃料〝燃える氷〟メタンハイドレート

本項の主人公はメタン（前項はメタノール）です。圧縮天然ガス（Compressed Natural Gas）とは、高い圧力で圧縮された天然ガスのことです。CNG自動車は、2013年度には国内で約4万台販売されています。天然ガスとは、天然に産する炭化水素のガスで、左上図のように地殻にガス単独で存在する①ガス田ガスと石油と共存する②油田ガスがあります。天然ガスの組成はメタンが主成分ですが、エタン、プロパン、ブタンも微量含まれており、産出する場所によってその割合は異なります。天然ガスは硫黄分やその他の不純物を含まないため、燃やしてもSO_xやススをほとんど発生しません。地球温暖化の原因物質の一つであるCO_2の排出量もガソリンよりも約25%少なく、同時に光化学スモッグや酸性雨の原因となるNO_xの排出量も少ないです。天然ガスは世界各地に広く豊富に埋蔵されています。埋蔵量は2012年時点で約187兆m^3（在来型のみ）が確認されており、年間生産量で割った可採年数は石油とほぼ同等の55年です。

また、これまで商業生産が難しいと考えられていたシェールガスなどの非在来型ガスも、近年の採掘技術の進歩により、欧米・中国などで採掘され始めました。シェールガスとは、薄片状に剥がれやすい頁岩（シェール）の微細な割れ目に封じ込められた天然ガスのことです。アメリカでは2008年に、非在来型天然ガスの生産量が国内ガス生産量の50%を超えています。

一方、日本周辺には、メタンハイドレート（メタンを中心にして周囲を水分子が囲んだ形になっている固体結晶で、〝燃える氷〟とも呼ばれる）の存在が確認されています。日本は2013年に世界で初めて〝燃える氷〟の試験採掘に成功しています。天然ガスは新しいガス田が次々に発見されており、シェールガスなどの非在来型ガスを含めると、回収可能な埋蔵量は約250年と言われています。

要点BOX

- ●CNGとは高い圧力で圧縮された天然ガス
- ●天然ガスはメタンが主成分
- ●非在来型を含めると、可採年数は250年

天然ガスとは

ガス田ガス、油田ガス（在来型）

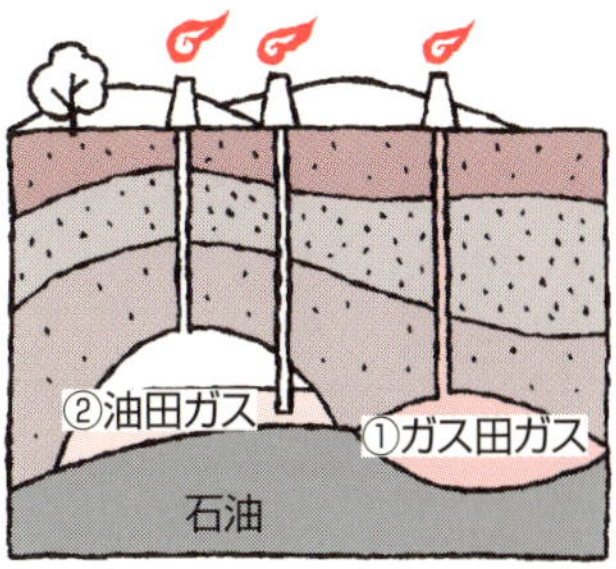

②油田ガス
①ガス田ガス
石油

シェールガス（非在来型）

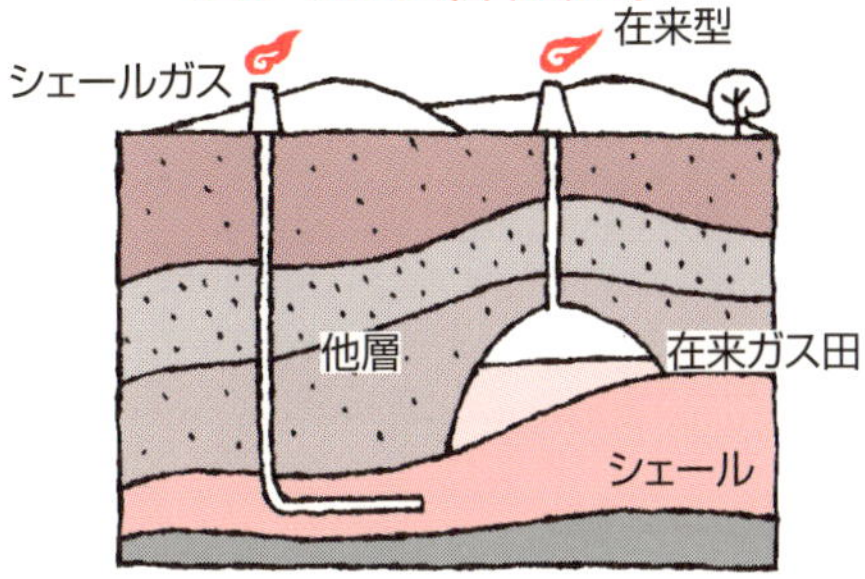

在来型
シェールガス
他層
在来ガス田
シェール

メタンハイドレート（非在来型）

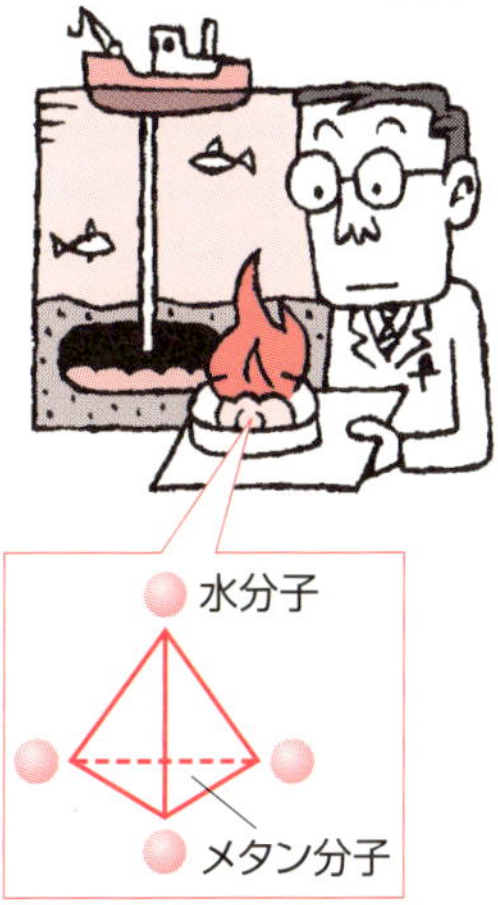

水分子
メタン分子

産地による成分違い

（単位　%）

産地	メタンCH_4	エタンC_2H_6	プロパンC_3H_8	その他
アラスカ	99.81	0.07	0	0.12
ブルネイ	89.83	5.89	2.92	1.36
アブダビ	82.07	15.86	1.86	0.21

天然ガスの特徴

燃料自体の CO_2 排出量（軽油を 100 とする）

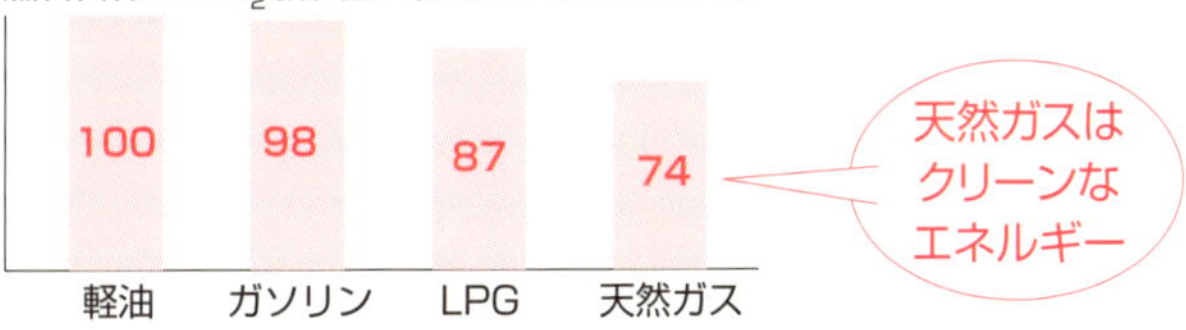

100
98
87
74
軽油
ガソリン
LPG
天然ガス
天然ガスは
クリーンな
エネルギー

天然ガス、石油の地域別確認埋蔵量構成比と可採年数

天然ガス　可採年数約55年

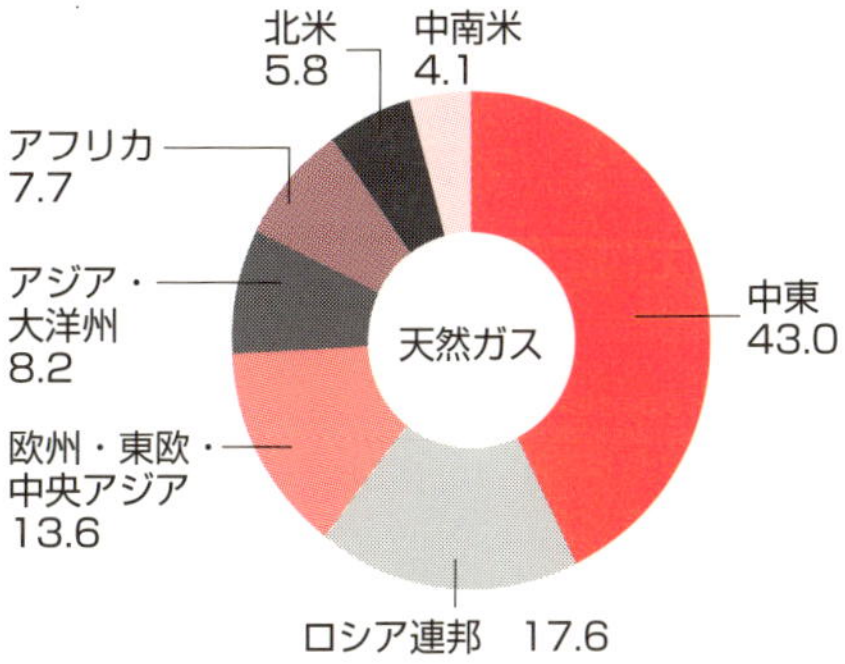

天然ガス
北米
5.8
中南米
4.1
アフリカ
7.7
アジア・
大洋州
8.2
欧州・東欧・
中央アジア
13.6
中東
43.0
ロシア連邦　17.6

石油　可採年数約52年

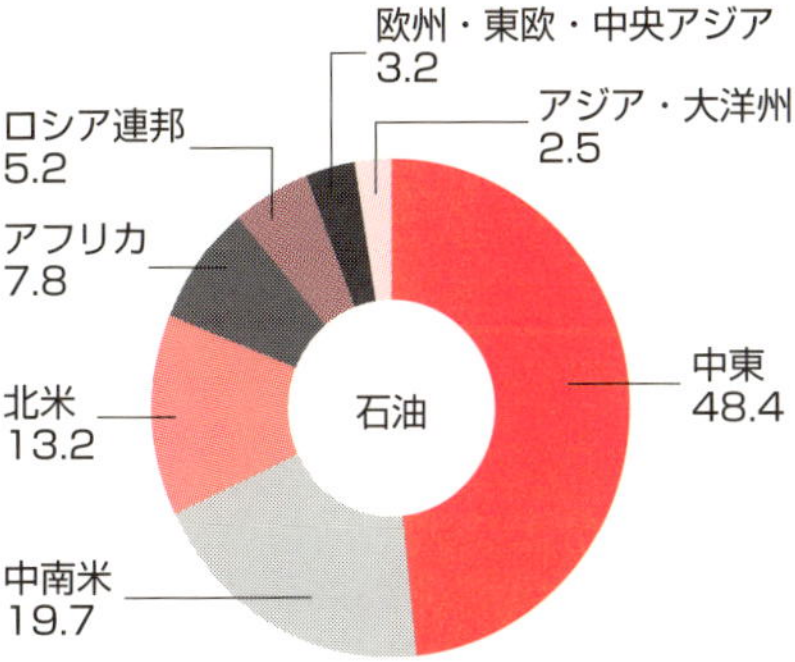

石油
欧州・東欧・中央アジア
3.2
ロシア連邦
5.2
アジア・大洋州
2.5
アフリカ
7.8
北米
13.2
中南米
19.7
中東
48.4

9 お酒の成分と同じエタノール燃料

T型フォードで百年前に使われていた

自動車が世の中に登場し始めた当時、エタノールは自動車燃料として使用されていました。1908年に発売され、以降1927年まで基本的なモデルチェンジのないまま約1500万台生産されたフォード・モデルTは、燃料としてガソリン以外にもオクタン価の高いエタノールも使っていました。当時のフォード社ではエンジンのことを「パワープラント（動力発生装置）」と呼んでいたそうです。大量生産方式で車社会を築いたヘンリー・フォードは「エタノールこそが将来の有望な燃料である！」と言っていたそうです。フランスでも1920年代にはサトウダイコンで作ったエタノールを使っていました。しかしその後、ゼネラルモーターズ（GM）の子会社に勤めるトマス・ミジリーという名の技術者が、テトラエチル鉛をガソリンに添加することでエンジンがノッキングを起こさなくなることを発見します。そしてGMが石油会社と共にこの有鉛ガソリンを推奨するようになると、エタノール燃料は舞台のすみに追いやられてしまい、ガソリン全盛の時代に突入したのです。

ところでお酒やビールのアルコール成分もエタノールです。エタノールは胃や小腸で吸収されて血液中に入り、肝臓に運ばれ、ここでアルコール脱水素酵素によってアセトアルデヒドに変換されます。二日酔いの原因はこのアセトアルデヒドです。これは更にアルデヒド脱水素酵素により、無害な酢酸に変換され、最終的には二酸化炭素と水に分解されます。この体内でのエタノール→アセトアルデヒド→酢酸→二酸化炭素と水、という3段階で行われている化学反応を、酵素の働きをいっさい借りずに、エタノールと空気（酸素）を高温下で酸化反応（燃焼）させて、熱エネルギーを得るのがエタノールエンジンの作動原理です。

原油価格高騰及び地球環境保護を背景に、石油代替燃料としてエタノールが最近再び注目を集めています。

要点BOX

●エタノールはお酒のアルコール成分と同じ
●酵素の力を借りずにエタノールを燃焼
●最近再び注目を集めているエタノール燃料

ヘンリー・フォード

ヘンリー・フォード（1863～1947年アメリカ）は、自動車会社フォード・モーターの創設者。コンベア生産方式による大量生産技術を確立し、アメリカの多くの中流の人たちが購入できる自動車を開発した。カール・ベンツは自動車の産みの親。ヘンリー・フォードは自動車の育ての親。

フォード・モデルT

T型フォードは、コンベア流れ作業による大量生産技術により、累計1,500万台生産された。自動車技術はもとより、労働、経済、文化、政治など各方面に計り知れない影響を及ぼした。安価な製品を大量生産しつつ労働者の高賃金を維持する「フォーディズム」を象徴する車である。

人体内でのエタノールの分解反応

①エタノール→アセトアルデヒド

エタノール

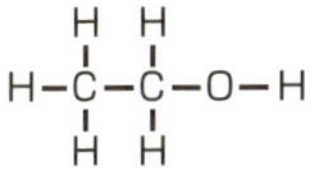

→ アルコール脱水素酵素

二日酔いの原因物質

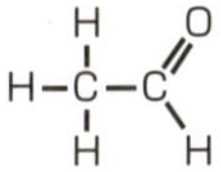

アセトアルデヒド

②アセトアルデヒド→酢酸

アセトアルデヒド

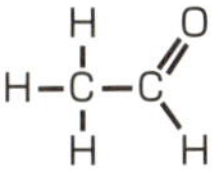

→ アルデヒド脱水素酵素

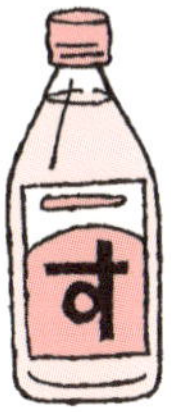

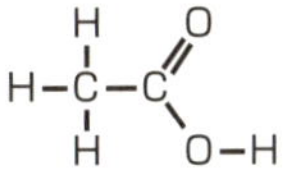

酢酸

③酢酸の分解

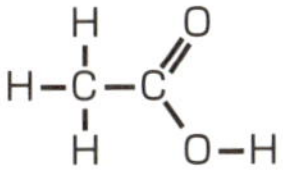

$+ \ 4(O) \rightarrow 2CO_2 + 2H_2O$

エタノールの燃焼反応（エタノールエンジン）

$C_2H_6O + 3O_2 \rightarrow 3H_2O + 2CO_2 +$ 熱エネルギー

10 カーボンニュートラルなバイオエタノール

食用植物のアルコール発酵でつくられる

現在世界市場に出回っているエタノールは、95％がアルコール発酵によって製造されています。残り5％は、工業的に天然ガス・石油などの化石燃料から得られたエチレンを、水と反応させ有機合成していますが（左上図）、この方法で製造された「合成エタノール」はCO_2削減の点ではガソリンよりも劣るため、自動車の燃料として使う意味がありません。

バイオマスエタノール（またはバイオエタノール）とは、サトウキビやトウモロコシなどのバイオマス（生物由来の資源）を発酵させ、蒸留して製造されるエタノールを指します。合成エタノールに対する言葉は「発酵エタノール」で、バイオマスエタノールという言葉は、エネルギー源として植物の再生可能性（種を植えればまた生える）を念頭において用いられます。植物の炭素は、すべて空気中のCO_2を植物が光合成によって固定化したもので、エタノールが自動車エンジンの燃焼で発生するCO_2は大気に還元するだけで、新たに増加させるものではないとみなされます。バイオマスエタノールの原料は、理論的には炭化水素を含む生物由来の資源であれば何でもよいです。しかし生産効率の面から糖質あるいはデンプン質を多く含む植物資源が選好されており、現在、左中図に示すような農産物が原料として利用されています。自動車燃料としては90〜95％以上のエタノール純度が要求されます。特にガソリンに混合する場合には相分離を防ぐために水の除去が必要で、99％以上のエタノール純度（無水エタノール）が要求されます。

トウモロコシから無水エタノールを製造する方法を左下図に示します。最初に水と硫酸を加えてデンプンをブドウ糖に分解（糖化）します。その後酵母によるアルコール発酵で低濃度エタノール溶液を生成し、それを濃縮・蒸留して95％程度へ高濃度化します。最後に分子篩（ふるい）などで脱水して、無水エタノールを得ます。

要点BOX

- ●植物はまた植えることで再生可能
- ●世界市場の95％は発酵エタノール
- ●バイオエタノールはカーボンニュートラル

「合成エタノール」の製造方法

①石油からエチレンをつくる

石油（ナフサ） → エチレンプラント → エチレン C_2H_4

②エチレンからエタノールをつくる

有機合成法

$C_2H_4 + H_2O \rightarrow C_2H_5OH$

エチレン　　エタノール

「バイオエタノール」の原料となる主な農作物

糖質原料

・サトウキビ

・サトウダイコン（甜菜）

デンプン質原料

・トウモロコシ

・ジャガイモ

・サツマイモ

・こうりゃん

・麦

・キャッサバ

「無水バイオエタノール」の製造方法

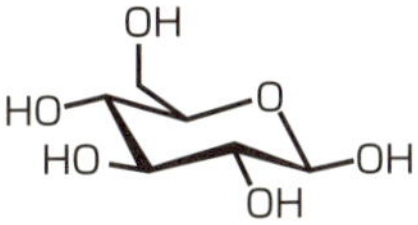

グルコース → エタノール ＋ 二酸化炭素

$C_6H_{12}O_6 \rightarrow 2C_2H_5OH + 2CO_2$

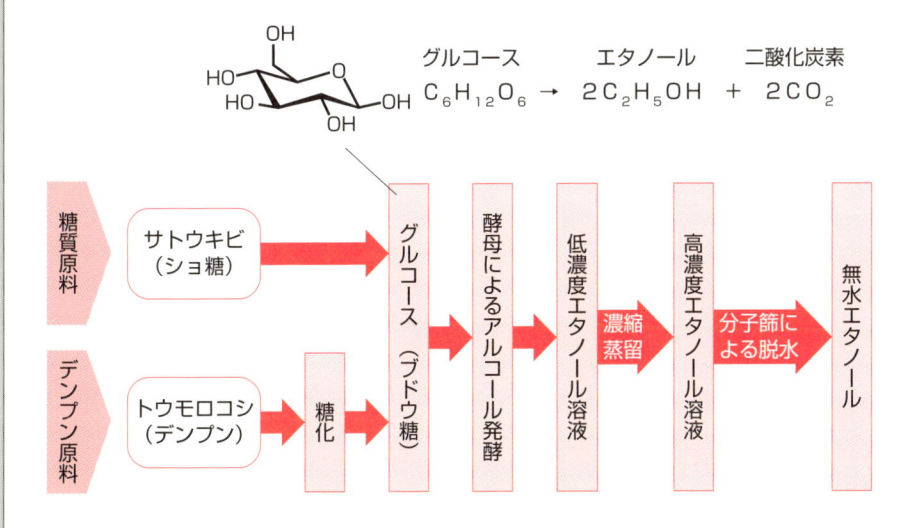

糖質原料：サトウキビ（ショ糖） → グルコース（ブドウ糖）

デンプン原料：トウモロコシ（デンプン） → 糖化 → グルコース（ブドウ糖）

グルコース（ブドウ糖） → 酵母によるアルコール発酵 → 低濃度エタノール溶液 →（濃縮蒸留）→ 高濃度エタノール溶液 →（分子篩による脱水）→ 無水エタノール

11 セルロースを原料とするバイオエタノール

食料と競合しない未来の燃料

前項で説明したトウモロコシなどからつくられるバイオエタノールにも問題があります。原料となる農作物は食料でもあるので、トウモロコシなどが不足して値段が高騰することが懸念されます。そこで現在、食料とは競合しない廃木材（左上図）などを原料とするバイオエタノールの研究が盛んに行われています。バイオマスからセルロースを分離して、セルロースを酵素で糖分に分解し、微生物（酵母）によってエタノールに変換する方法です。この技術が実用化されれば、バイオエタノールの供給量・コストは大幅に改善される見通しです。

研究事例をいくつか紹介します。バイオエタノール・ジャパン・関西㈱では、C6糖であるブドウ糖が重合したセルロースと、C5糖（主にキシロース）が重合したヘミセルロースをそれぞれ最初に糖化させます。次にアメリカのフロリダ大学が開発したZymomonas mobilis由来の遺伝子を組み込んだ大腸菌Ko11を用いてC5糖を発酵させ、またC6糖は酵母を用いて発酵させています（左下図）。木材の残り25％の成分グリニンはペレットにしてボイラー燃料に使います。秋田県では熱水処理により稲わらを糖化する実験プラントを平成21年に建築しました。粉砕処理したわらを1段目の装置で有機酸とともに200℃・3分間の処理でヘミセルロースを糖化してC5発酵させたあと、2段目の装置で200℃・10秒間の処理でセルロースを糖化してC6発酵させます。理化学研究所は2010年に「シロアリの腸内にいるにセルロースを糖質分に分解する酵素セルラーゼを網羅的に取得し、そのゲノム（遺伝子情報）を調べ、腸内で行われている高効率な糖化システムを明らかにした」と発表しました。またある自動車会社は、熱帯地方の非食用の植物ネピアグラスを原料とし、遺伝子組み換え技術を用いた酵母で、糖分の83％をエタノールに変換する研究を進めています。

要点BOX

- 非食料を原料とするバイオエタノールが有望
- 発酵が困難なセルロースをいかに発酵させるのかがキーテクノロジー

木質バイオマスの成分

リグニン
植物の導管・繊維など細胞壁間に蓄積される高分子。
複雑な三次元網目構造を形成している。

セルロース　$[C_6H_7O_2(OH)_3]_n$
植物の細胞壁の主成分

木質バイオマス
廃木材
稲わら
ネピアグラス

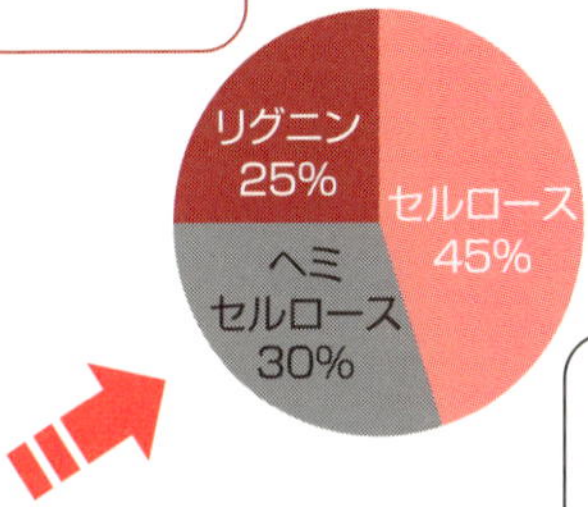

リグニン 25%
セルロース 45%
ヘミセルロース 30%

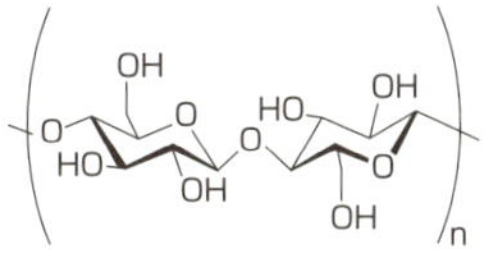

OH
O
HO
O
OH
HO
OH
O
OH
n

ヘミセルロース　$[C_5H_8O_4]_n$
植物の木質化した部分に多量にふくまれる糖分（多糖類）

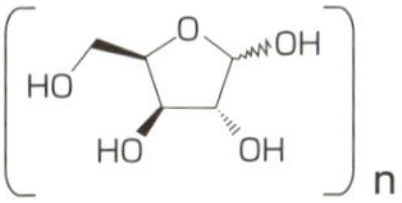

O
OH
HO
HO
OH
n

セルロースを原料とするエタノールの製造方法

従来法
食料原料
人間の酵素でも糖化可能
・サトウキビ
・トウモロコシ
・ジャガイモ
・大麦
糖化
酵母で
C6糖分を発酵
開発法
非食料原料
人間の酵素では糖化不可
・廃木材
・稲わら
・ネピアグラス
・剪定木
分離
セルロース
糖化
酵母でC6
糖分を発酵
ヘミセルロース
糖化
大腸菌
Ko11でC5
糖分を発酵
バイオマスエタノール

12 水割りは厳禁、ストレートだけ！

バイオエタノールの混合燃料としての留意点

バイオエタノールを自動車燃料として用いる場合、エタノールのみで使用することもガソリンと混合して使用することもできます。一般的にはガソリンと混合して用います。その場合、エタノールの混合比率によって例えばE10とは、エタノールを容積比で10％含む混合燃料であることを意味します。またエタノール混合燃料ではありませんが、バイオエタノールから生成されたエチルターシャルブチルエーテル（ETBE）というオクタン価向上剤をガソリンに混合したものも、広い意味ではバイオエタノールの燃料利用の一形態とされています（上図右）。

バイオエタノールを燃料とするエンジンは、構造的には純粋なガソリンを燃料とするものと同じです。特にエタノールを低濃度で混合した燃料の場合、純粋なガソリンを燃料として利用ことを想定したエンジンで燃焼させても、問題は生じないとされています。例えば現在アメリカで走行しているガソリンエンジン自動車においては、E10までは許容できるとされています。ブラジルで現在販売されている標準的な自動車用エタノール・ガソリン混合燃料はE20です。これに対して日本では上限がE3という政府規制があります。欧州では上限規制がE3～5のところが多いです。エタノールの混合比率が高くなると、エンジンの圧縮比や燃焼の点火システムを変更する必要がでてきます。エタノールはガソリンよりもオクタン価が高い半面、単位重量当たり発熱量が4割程度小さいためです。またメタノールと同様に腐食対策が必須となります。

エタノールとガソリンの混合燃料では、水分が入るとエタノールは相溶性の悪いガソリンと分離して水に溶けてタンクの底に溜り、エンジントラブルを引き起こすため、水を混入させない厳格な管理が求められます。

E10の混合燃料に水が混入したときの、自動車燃料タンク内での相分離の様子を左下図に示します。

要点BOX

- エタノールとガソリンの混合燃料が主流
- エタノール混合比率上限は国により異なる
- 混合燃料では、水分混入は厳禁

バイオエタノールとガソリンの混合燃料

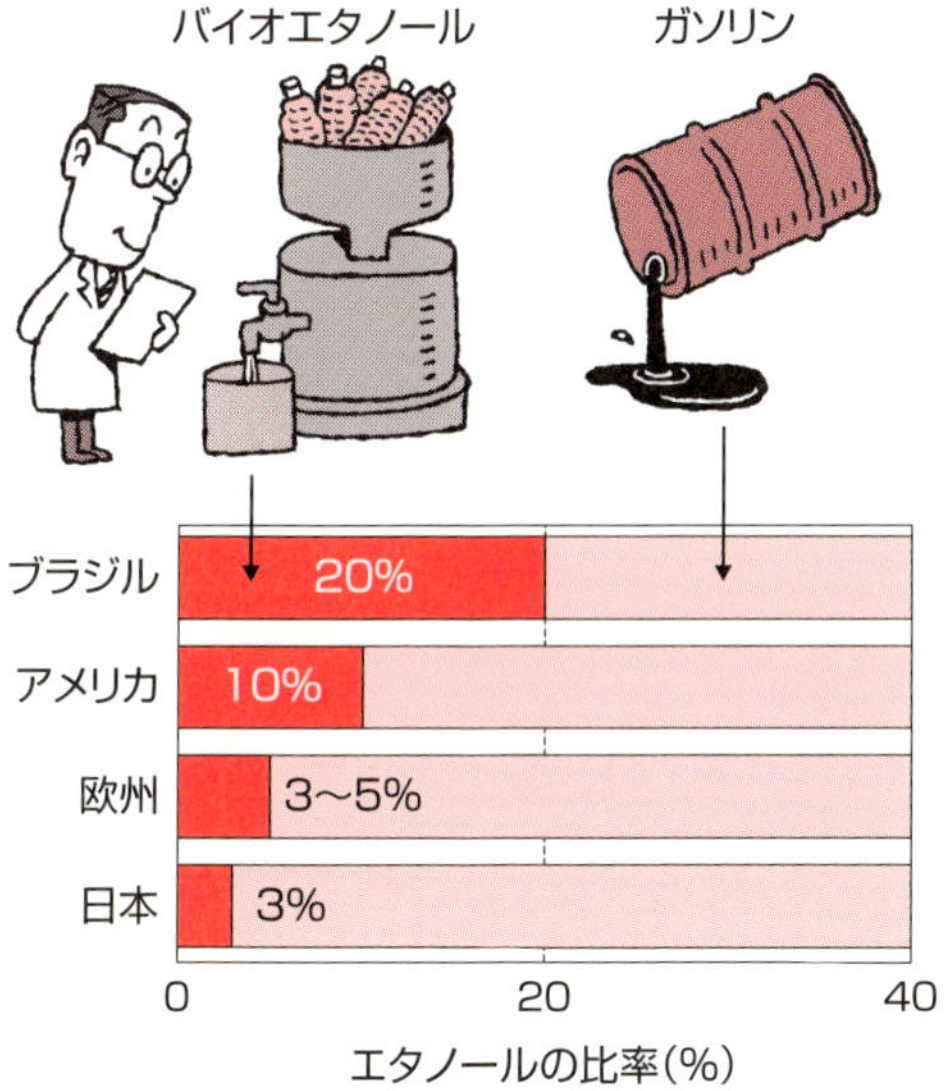

バイオエタノール
ガソリン
ブラジル
20%
アメリカ
10%
欧州
3~5%
日本
3%
0
20
40
エタノールの比率(%)

バイオETBEとは

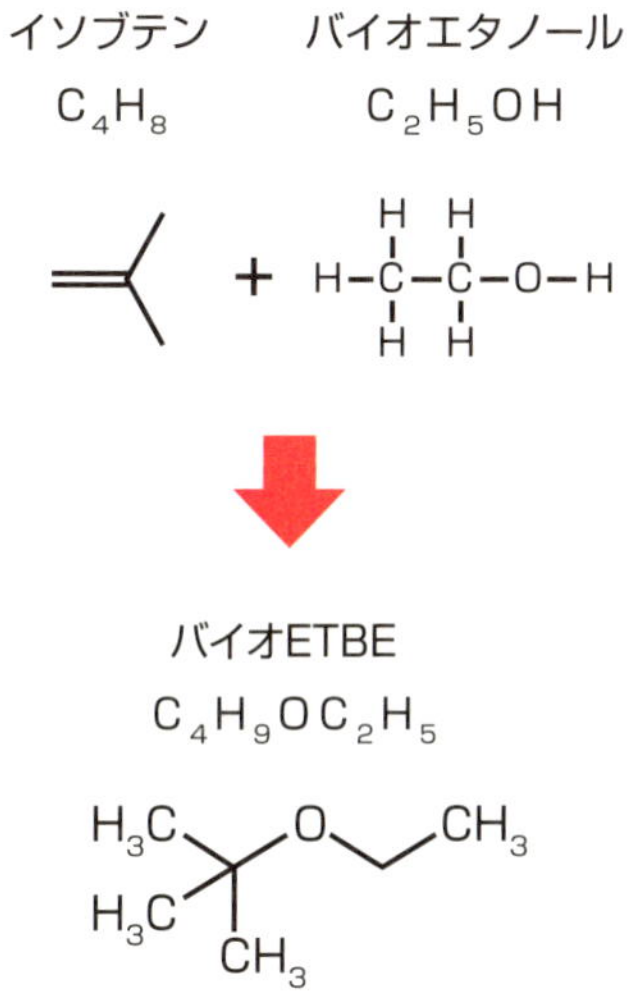

イソブテン
C_4H_8
バイオエタノール
C_2H_5OH
+
H H
H–C–C–O–H
H H
バイオETBE
$C_4H_9OC_2H_5$
H_3C
O
CH_3
H_3C
CH_3

混合燃料に水が混入したときの自動車タンク内での相分離の様子

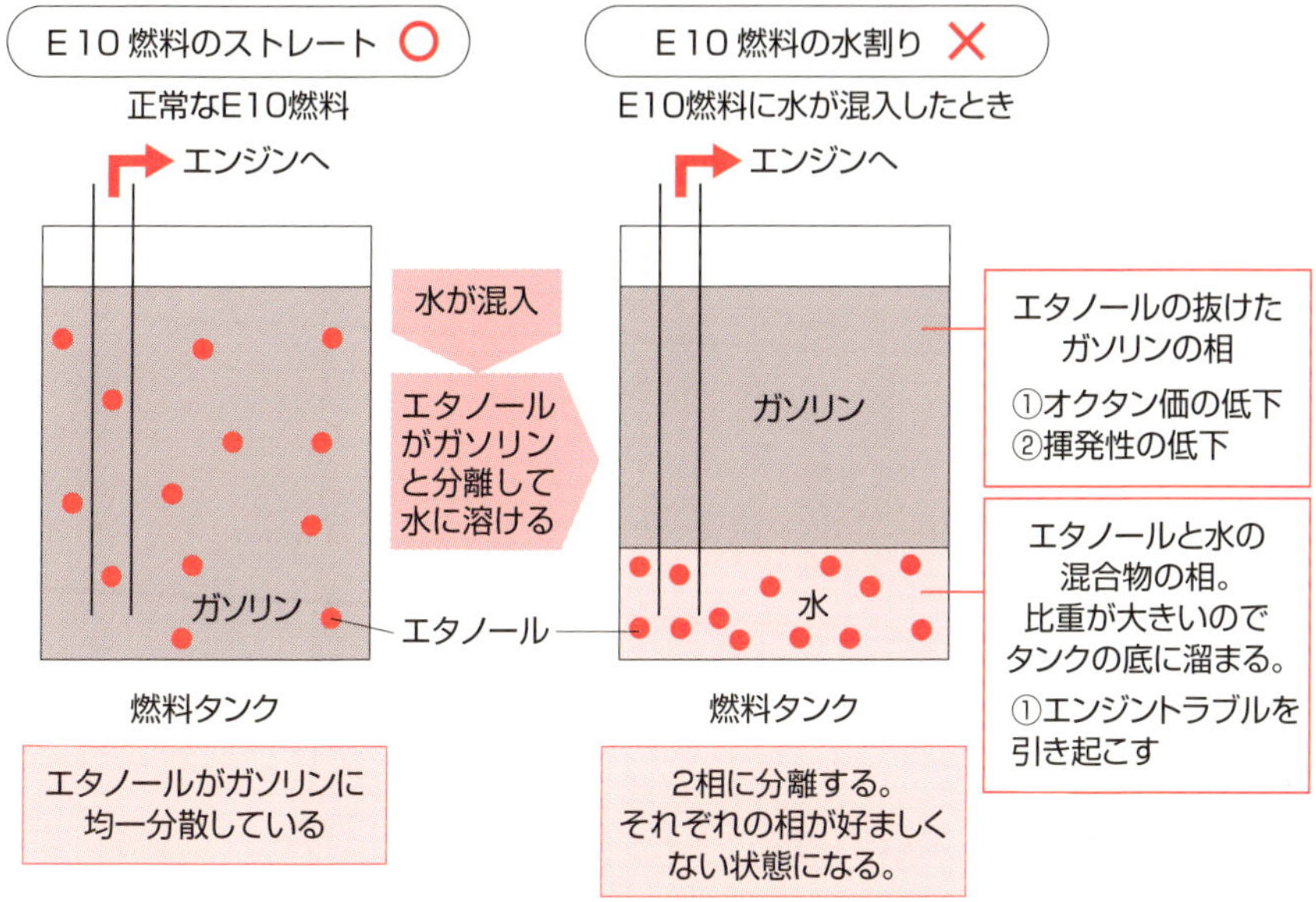

E10燃料のストレート ○
正常なE10燃料
エンジンへ
ガソリン
燃料タンク
エタノールがガソリンに均一分散している
水が混入
エタノールがガソリンと分離して水に溶ける
エタノール
E10燃料の水割り ×
E10燃料に水が混入したとき
エンジンへ
ガソリン
水
燃料タンク
2相に分離する。それぞれの相が好ましくない状態になる。
エタノールの抜けたガソリンの相
①オクタン価の低下
②揮発性の低下
エタノールと水の混合物の相。比重が大きいのでタンクの底に溜まる。
①エンジントラブルを引き起こす

13 酵母に感謝!! なぜアルコール発酵するのか

微生物が生きるための必死な生命活動

第1章の締めの項として、アルコール発酵についてもう少し深く立ち入ってみましょう。アルコール発酵とは、酵母（微生物）がブドウ糖などの糖分を食べてそれを分解し、エネルギーを得るという生命活動に不可欠な新陳代謝のプロセスのことです（(1)式）。人間もそうですが、酵母も生物なので生きていくためにはエネルギーが必要です。

人間は食べ物から得たブドウ糖を呼吸で得た酸素により酸化（燃焼）させて熱エネルギーを得ています（(2)式）。そうして得た熱エネルギーを(3)式に基づきATP（アデノシン三リン酸）に、化学エネルギーとして保存します。ATPやADP（アデノシン二リン酸）をつくっているリン酸結合は、高エネルギーリン酸結合と呼ばれ、エネルギーを多く保存することができます。ATPに蓄えられたエネルギーは、私たちが運動するときにはリン酸結合を1本切ってADPになり、(4)式に基づきの31 kJのエネルギーを放出します。私たちの体はこのように化学エネルギーを熱エネルギーに変えて、体温を維持するなどの生命活動をしています。

酵母は、ブドウ糖を食べてそれを分解して熱エネルギーを得ています。その熱エネルギーをATP⇔ADPで循環させる機構は人間と同じです。酵母は生きていくためにブドウ糖を食べて分解します。その過程で排出されるエタノールを、人間は自動車燃料やお酒として、ありがたく利用させてもらっているのです。

酵母に感謝!! ほとんどすべての酒類は酵母によるアルコール発酵で生産されています。酵母（サッカロマイセス・セルビシエ）は、ブドウ糖やショ糖を分解できますが、デンプンを分解（糖化）することができません。ワインとブランデーはブドウの果汁に含まれるブドウ糖を発酵させます。

ビールはデンプンを麦芽に含まれる酵素アミラーゼによって、日本酒はデンプンを麹によって糖化し、酵母による発酵を行います。

要点BOX

- ●酵母はブドウ糖を食べてエネルギーを得る
- ●そのときの排出物がエタノール
- ●酵母はデンプンを分解できない

アルコール発酵とは

酵母は、ブドウ糖を食べて、エタノールとCO_2に分解し、熱エネルギーを得る

$$C_6H_{12}O_6 \rightarrow 2C_2H_5OH + 2CO_2 + \text{エネルギー} \cdots\cdots (1)$$

人間は、 呼吸で得た酸素で、ブドウ糖を燃焼し、熱エネルギーを得る

$$C_6H_{12}O_6 + 6O_2 \rightarrow 6H_2O + 6CO_2 + \text{エネルギー} \cdots\cdots (2)$$

化学エネルギー 生体内でのエネルギー循環（酵母と人間）

熱エネルギー →

（3）式
熱エネルギーを獲得し、化学エネルギーとして蓄積する。

ATP（アデノシン三リン酸）

ADP（アデノシン二リン酸）

（4）式
蓄積した化学エネルギーを熱エネルギーとして消費する。

→ 熱エネルギー → 生命活動

吸熱反応　下から上へ　（3）式

ADPの分子構造

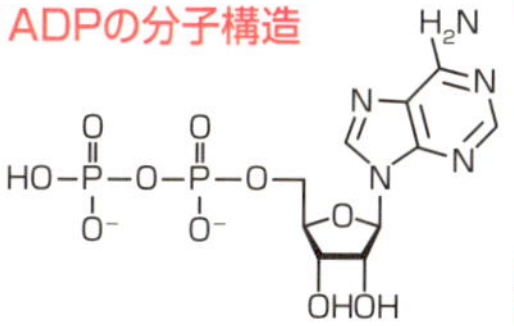

$$ATP + H_2O - 30.6\,kJ$$
$$\uparrow\downarrow$$
$$ADP + H_3PO_4$$

発熱反応　上から下へ　（4）式

ATPの分子構造

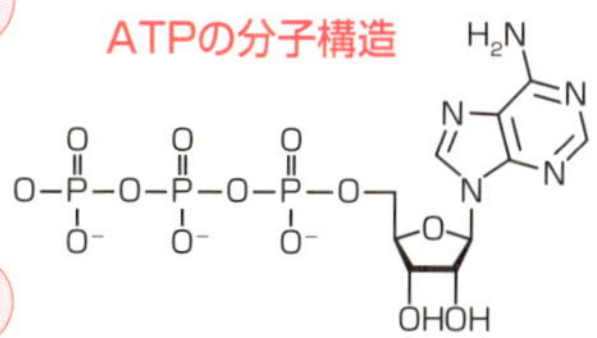

アルコール発酵の方法

原料	発酵の方法				製品
サトウキビ（ショ糖）	酵母 →			バイオエタノール	自動車燃料
ブドウ（ブドウ糖）	酵母 →			バイオエタノール	ワイン
大麦（デンプン）	麦芽 →	麦芽糖	酵母 →	バイオエタノール	ビール
白米（デンプン）	麹（こうじ） →	ブドウ糖	酵母 →	バイオエタノール	日本酒

Column

カール・ベンツ～自動車の産みの親

読者の皆様は、自動車にも誕生日があることをご存知でしょうか?1886年1月29日が自動車の誕生日と言われています。その日は、ドイツの技術者カール・ベンツ（1884～1929）が世界で初めて完成させた原動機付き三輪車に、当時のドイツ政府から特許がおりた日なのです。

当時のドイツは、プロイセンを中心としていくつかの諸国が1871年にドイツ帝国に統一された直後で、近代化が急速に進められていました。イギリスで18世紀末に始まった産業革命が、約百年の時間をかけてドイツにも波及し、蒸気機関の導入などの成果が実を結び始めた頃です。交通手段においても、蒸気機関車に次ぐ新しい乗り物への期待が、とても大きい時代でした。そのニーズに応えるかたちで、4サイクルの内燃機関に可能性を見い出して、ガソリン自動車を発明し、自動車産業という大イノベーションの緒を起こしたのがカール・ベンツです。

彼の父親は、当時花形職業であった蒸気機関車の機関士でした。父親の影響を受け彼もエンジニアを志し、地元カールスルーエの工業大学に入学して内燃機関を学んだ後に独立。1878年に2サイクルエンジンを完成させると、研究の対象は自動車に向かっていきました。その後世界初の実用的な4サイクルガソリンエンジンの自動車を発明し、妻のベルタと共に自動車メーカーベンツ社の基盤を築きました。

技術の歴史ではたまに見うけられますが、不思議なことに同時代にしかも同じドイツで、ゴッドリープ・ダイムラーとヴェルヘルム・マイバッハが同様な発明をしていたのです。お互いに相手のことは知らなかったようです。

カール・ベンツは1879年にエンジンについての最初の特許を、1886年1月29日に自動車に関する最初の特許を取得しました。この日が、自動車の誕生日となったのです。ベンツ社は1926年にダイムラー社と合併します。

第2章

燃費向上を支える自動車潤滑油の化学

14

〝油〟〝断〟大敵、潤滑油を破断させてはダメ！

潤滑の基本、「流体潤滑」と「境界潤滑」

有史以来、人類は摩擦力と深く関わってきました。古代エジプトでは、ピラミッドを造るとき巨石を運ぶころを用い、さらにころにより滑るようにオリーブ油を使ったと言われています。摩擦は人間の生活には欠かすことのできない現象ですが、自動車エンジンのような機械にとっては、あまりありがたいものではありません。摩擦が大きいとエネルギーを損失したり、機械部品が磨耗したりするからです。

そこでこすれ合う面と面との直接接触を防ぎ、摩擦を減らす目的でその間に入れるものが潤滑油です。潤滑油を用いた潤滑は「流体潤滑」と「境界潤滑」の2つに大別できます。流体潤滑では二つの面が厚い油膜で分けられ、境界潤滑では二つの面が接触しそうになっています。流体潤滑を応用したのが「すべり軸受」で、自動車エンジンのクランクシャフトなどに用いられています。油断とは、気を許して必要な注意を怠ること、を言いますが、油断して〝油〟（潤滑油）を〝断〟つと、固体同士の摩擦が生じてしまいます。そして二面間に強い凝着が起こり、ついには「焼きつく」という現象が起こります。

摩擦係数が二面間に作用する荷重、二面間の相対速度および潤滑油の粘度によってどのように変化するのかを示す曲線を「ストライベック曲線」といいます。左下図に示すように、流体潤滑の領域において粘度は小さいほうが有利です。点Aから徐々に粘度を下げていきます。すると曲線に沿って点Bに向かい摩擦係数も徐々に小さくなります。流体潤滑の理論通りにいけば原点Oに限りなく近づくはずですが、実際はそうはなりません。粘度を下げすぎるとB点から混合潤滑の領域に入りC点に向けて摩擦力は急上昇します。粘度が小さすぎると油膜が「破断」してしまい、固体同士の接触が始まるからです。C点を越えると、境界潤滑の理論に基づき潤滑油の粘度よりも、摩擦面材質の性質と表面状態が支配的要因になります。

要点BOX

●潤滑油を面と面の間に入れて摩擦を減らす
●流体潤滑では粘度が小さいほど摩擦は小さい
●度を過ぎると油膜破断が生じ摩擦は急増する

潤滑油による潤滑の形態

(1)流体潤滑

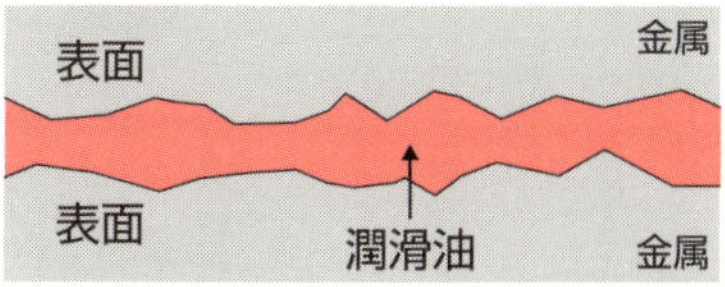
表面
金属
表面
潤滑油
金属

(2)境界潤滑

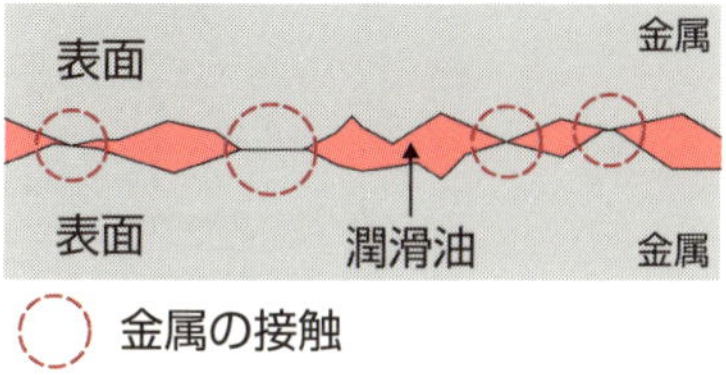
表面
金属
表面
潤滑油
金属
金属の接触

(3)混合潤滑

流体潤滑と混合潤滑が入り混じった形態。

流体潤滑の例　「すべり軸受」

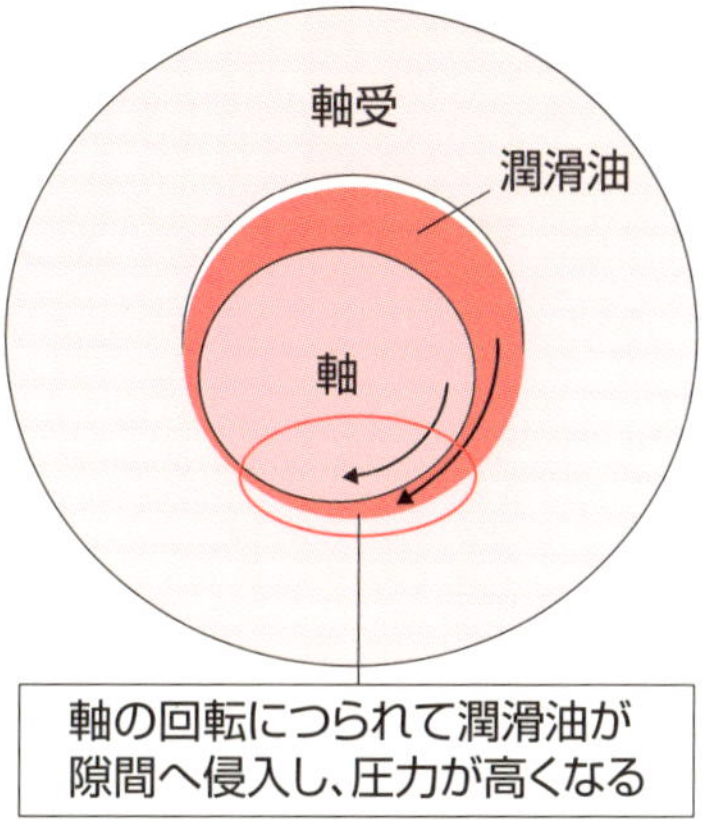
軸受
潤滑油
軸
軸の回転につられて潤滑油が
隙間へ侵入し、圧力が高くなる

自動車
エンジン
ピストン
クランク
シャフト

ストライベック曲線

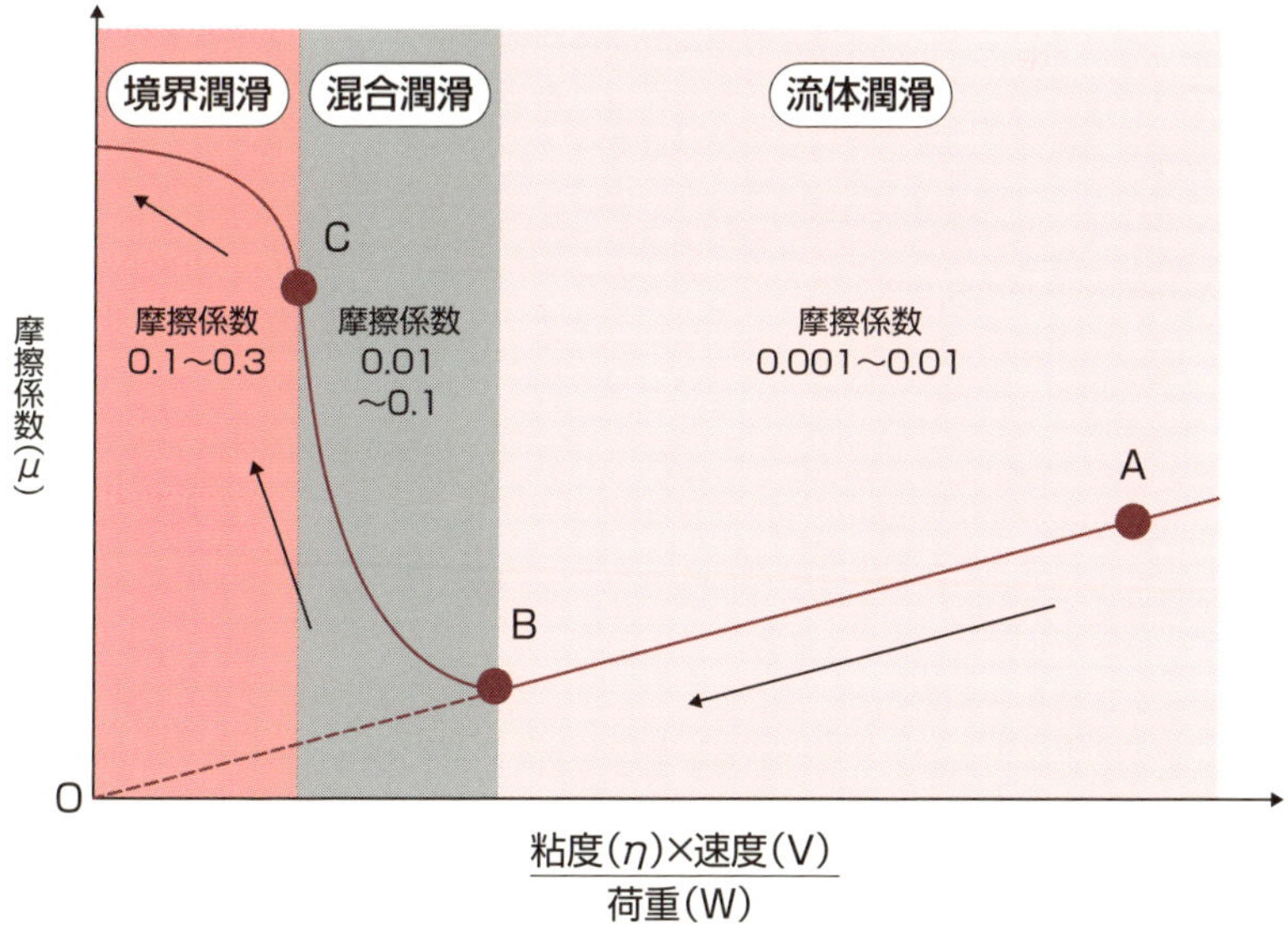
境界潤滑
混合潤滑
流体潤滑
摩擦係数(μ)
摩擦係数
0.1～0.3
摩擦係数
0.01
～0.1
摩擦係数
0.001～0.01
A
B
C
O
粘度(η)×速度(V)
荷重(W)

15 潤滑油は石油4兄弟の末っ子

潤滑油も〝母なる石油〟から生まれる

潤滑油のベースオイルは自動車燃料であるガソリン、軽油およびLPGと同様に石油の精製工程でつくられ（左上図）、鉱物系ベースオイルと呼ばれます。左下図に示すように原油を常圧蒸留した残油を、今度は減圧しながら蒸留してアスファルトおよび石油コークスを分離します。具体的には、①留出油からアスファルト残渣を液化プロパンを用いて除去します。②次に溶剤抽出により芳香族化合物を除きます。このとき溶剤としてはフルフラールが主に用いられます。③水素化処理により、硫黄、窒素、酸素化合物などの不純物を除去します。④最後にメチルエチルケトンとトルエンの混合溶剤で「ろう分」（直鎖の飽和炭化水素）を結晶化させて取り除き、潤滑油のベースオイルが精製されます。潤滑油には低温から高温域まで安定な液体状態をたもつことが必要であり、「高沸点」と同時に「低融点」という相反する物性が要求されます。また反応性の高い不飽和結合をもつ分子は潤滑油に不適で、芳香族化合物は潤滑性能が低くNG。一方、直鎖の飽和炭化水素も、安定性は良好ですが、融点が高く固化しやすく「ろう分」となるため潤滑油には不適です。従って、部分的な枝分れを持つ直鎖飽和炭化水素や環状パラフィンを持つ直鎖飽和炭化水素が、分子構造としては最適となります。そのため左下中央に示すような煩雑な工程を経る必要があるのです。ベースオイルは、潤滑油の性能を決める基本となるもので、良い潤滑油を作るためには良く精製されたベースオイルを選定することが重要となります。

石油精製工程においては、潤滑油の精製に限らず不純物除去のため、各工程に水素化処理が組み込まれています。そのため多量の水素が必要なりますが、その水素はガソリンを作る接触改質工程（3項参照）で自給しており、石油精製工業を経済的に成立させています。水素化処理による硫黄、窒素、酸素成分の除去の反応式を左下図に示します。

要点BOX

- 潤滑油のベースオイルは石油からつくられる
- 潤滑油は少し枝分れをした直鎖飽和炭化水素
- 水素は石油精製工程で自給自足している

石油精製工程の概要

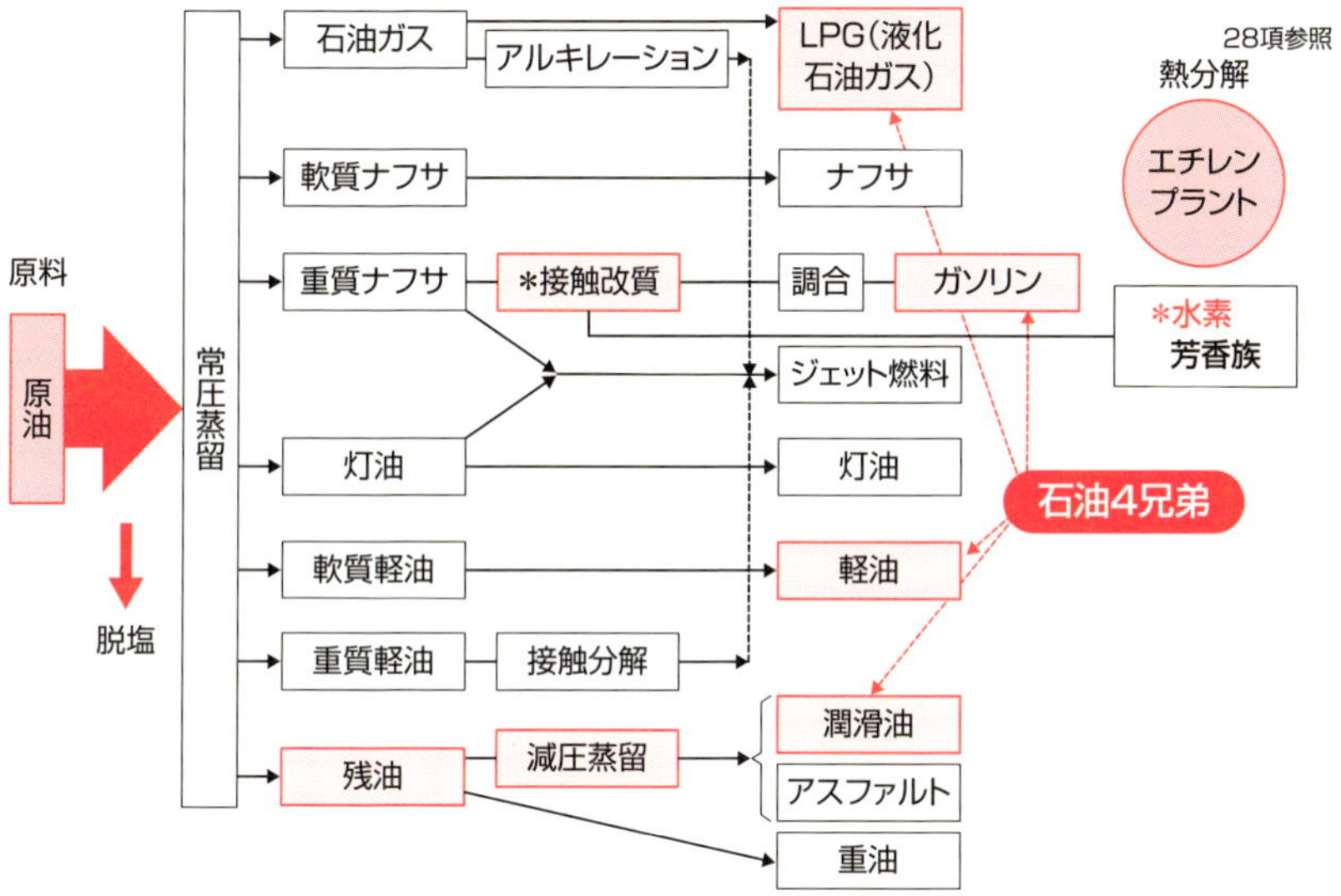
原料
原油
脱塩
常圧蒸留
石油ガス
アルキレーション
LPG（液化石油ガス）
軟質ナフサ
ナフサ
重質ナフサ
＊接触改質
調合
ガソリン
ジェット燃料
灯油
灯油
軟質軽油
軽油
重質軽油
接触分解
残油
減圧蒸留
潤滑油
アスファルト
重油
28項参照
熱分解
エチレンプラント
＊水素
芳香族
石油4兄弟

潤滑油製造工程

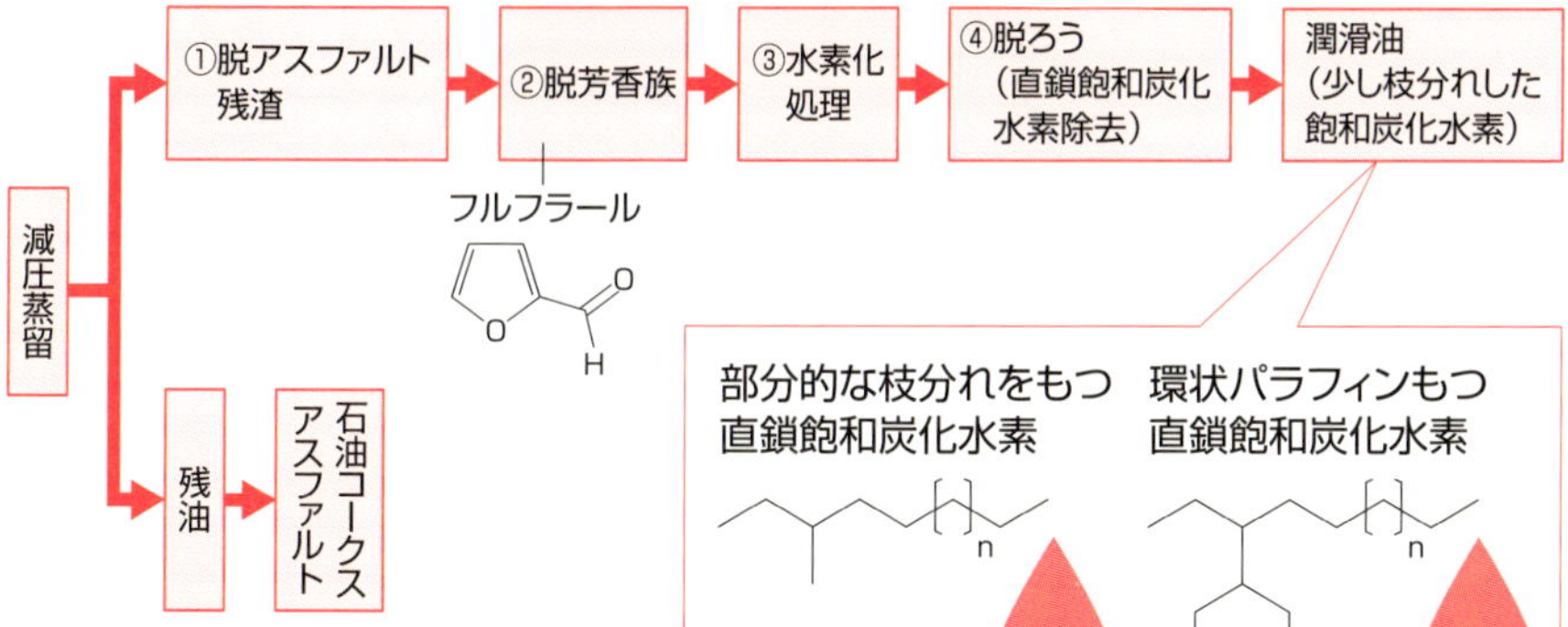
減圧蒸留
①脱アスファルト残渣
②脱芳香族
③水素化処理
④脱ろう（直鎖飽和炭化水素除去）
潤滑油（少し枝分れした飽和炭化水素）
フルフラール
O
O
H
残油
石油コークス
アスファルト

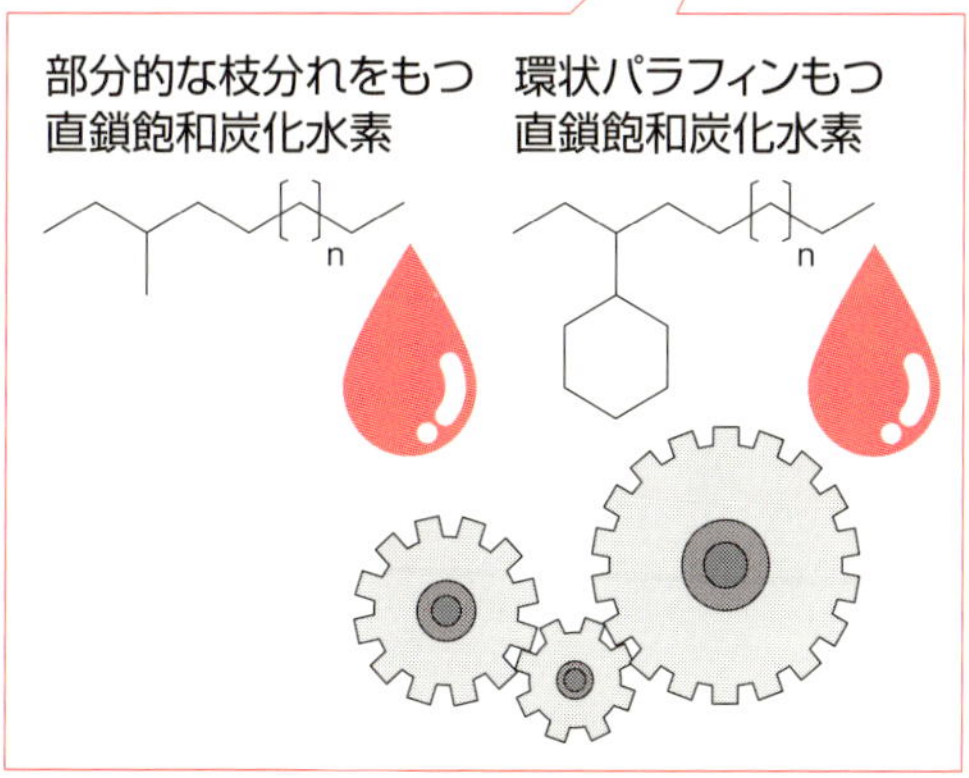
部分的な枝分れをもつ直鎖飽和炭化水素
環状パラフィンもつ直鎖飽和炭化水素
n
n

水素化処理（不純物の除去）

硫黄化合物の除去

$R-SH + H_2 \rightarrow RH + H_2S$

窒素化合物の除去

$R-NH_2 + H_2 \rightarrow RH + NH_3$

酸素化合物の除去

$R-OH + H_2 \rightarrow RH + H_2O$

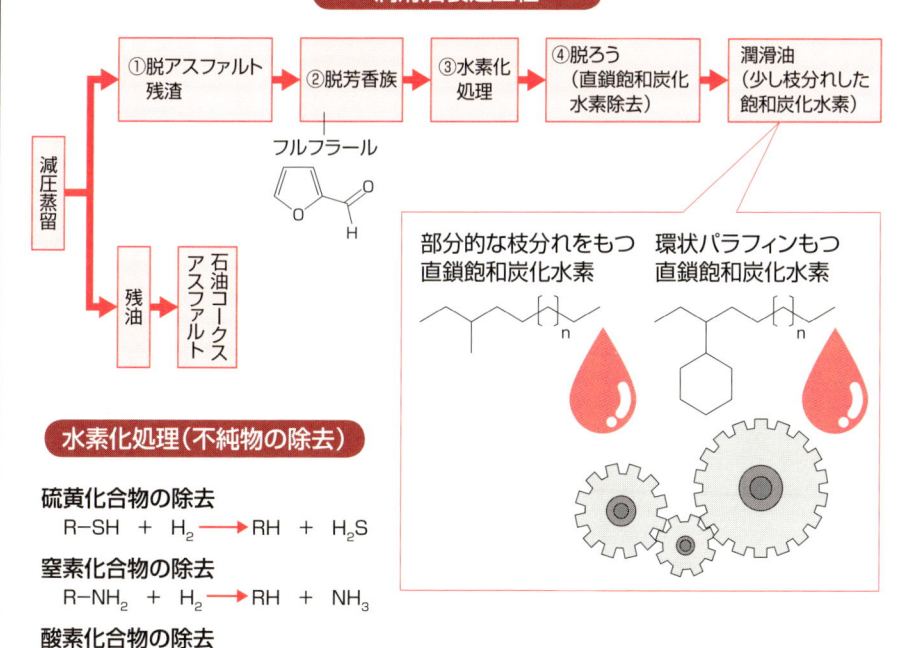

16 ベースオイルを調味料でドッピングして潤滑油に！

調味料は酸化防止剤、防錆剤、摩擦調整剤

潤滑油は、ベースオイルと各種の添加剤を組み合わせて、その使用目的に応じて調合されています。自動車では、エンジンオイルやATF（自動変速機油）のように何種類かの潤滑油があり、その潤滑油の目的にあった添加剤が配合されています。エンジンオイルを例にとって、配合されているそれぞれの添加剤の役割を説明します。エンジンオイルは、エンジンの下部にあるオイルパンからポンプで送られて、エンジン各部を潤滑したり冷却したりして、エンジンの滑らかな運転を助けています。例えば毎分数千回転で回っている軸受や、高速で上下に運動しているピストン部、動弁部また歯車部などが、エンジンオイルの恩恵を受けています。またエンジンは、真冬の寒い朝の始動時から、真夏の炎天下の高速走行時まで、使用される温度範囲がとても広く、要求される性能も多岐にわたっています。このように広い条件下でも、エンジンオイルが充分な性能を発揮するために、次のような添加剤が配合されています。【酸化防止剤】：潤滑油の劣化変質を防ぎ、長期間安定した性能を維持させる。腐食性物質の生成を抑制し、金属イオンの酸化触媒作用を防止する。【清浄分散剤】：高温のピストンで生成したススやスラッジを油中に分散させ、ピストンやエンジンを清浄に保つ。【粘度指数向上剤】：温度変化に伴う油の粘度変化を小さくし、粘度指数を改善する。【流動点降下剤】：油中のワックスと共晶をつくり、流動点を下げる。【極圧剤】：金属表面に皮膜をつくり、接触面（歯車、動弁部）の摩擦や焼きつきを防止する。【防錆剤】：金属表面に吸着膜をつくり、酸素や水を遮断しエンジン内部のさびの発生を防ぐ（左下図）。【消泡剤】：激しい撹拌によって発生したオイルパンの油面の泡を、表面張力の変化により消す。【摩擦調整剤】：金属表面に保護膜をつくり、エンジン内部の摩擦を低減して燃費を向上させる。

要点BOX
●潤滑油はベースオイルと添加剤で構成される
●複数の添加剤により多くの要求を満たす

自動車エンジンオイルに配合される添加剤の役割と代表的な化合物

添加剤の種類	役割	代表的化合物
酸化防止剤	潤滑油の劣化変質を防ぎ、長期安定した性能を維持させる。腐食性物質の発生を抑制し、金属イオンの酸化触媒作用を防止する。	連鎖停止剤 過酸化物分解剤 金属不活性剤
清浄分散剤	高温のピストン部で生成したススやスラッジを油中に分散させ、ピストンやエンジンを清浄に保つ。	フェネート スルホネート
粘度指数向上剤	温度変化に伴う油の粘度変化を小さくし、粘度指数を改善する。	ポリメタクリレート オレフィン共重合体
流動点降下剤	油中のワックスと共晶をつくり、流動点を下げる。	ポリメタクリレート
極圧剤	金属表面に皮膜をつくり、接触面(歯車、動弁部)の摩擦や焼きつきを防止する。	ジチオリン酸亜鉛 アルキルサルファイト
防錆剤	金属表面に吸着膜をつくり、エンジン内部のさびの発生を防ぐ。	スルホネート カルボン酸
消泡剤	激しい攪拌によって発生したオイルパンの油面の泡を表面張力変化により消す。	ジメチルポリシロキサン ポリアクリレート
摩擦調整剤	金属表面に保護膜をつくり、エンジン内部の摩擦を低減し燃費を向上させる。	長鎖脂防族エステル 有機モリブデン化合物

防錆剤の金属表面への吸着

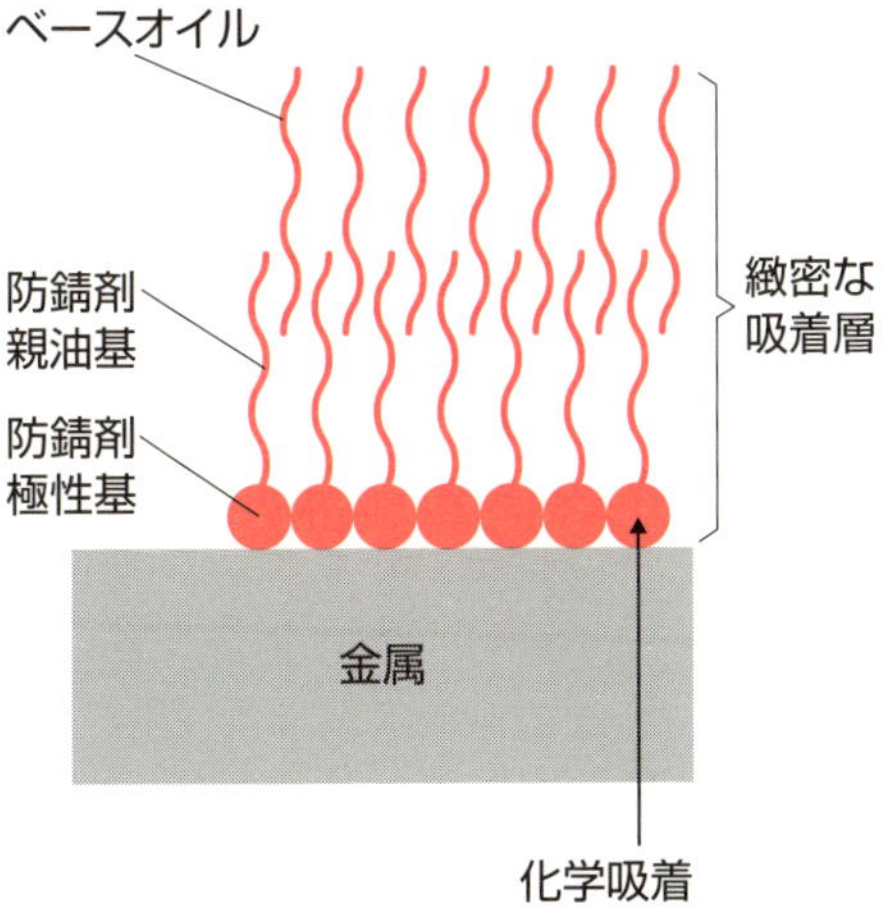
ベースオイル
防錆剤
親油基
防錆剤
極性基
緻密な
吸着層
金属
化学吸着

防錆剤のはたらき

(1)防錆剤がない場合

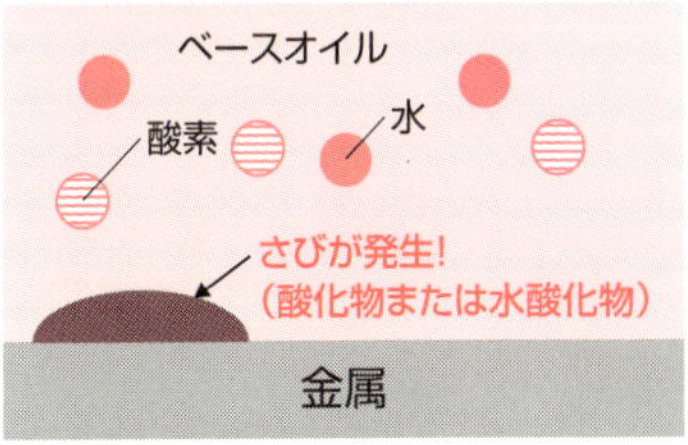
ベースオイル
酸素
水
さびが発生!
(酸化物または水酸化物)
金属

(2)防錆剤がある場合

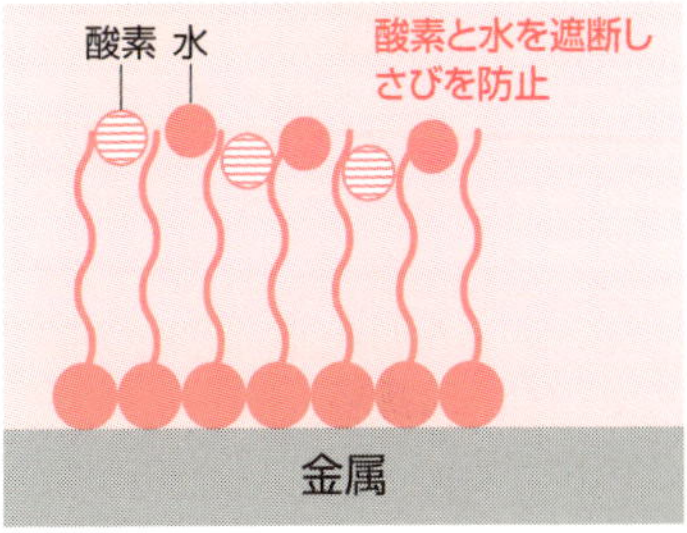
酸素
水
酸素と水を遮断し
さびを防止
金属

17 心臓エンジンを守るエンジンオイルの役割

人間にたとえれば「血液」

燃費低減、排ガス低減に果たす潤滑剤の役割は大きいです。中でもエンジンオイルは、ピストンとシリンダー、バルブ駆動系（バルブトレーン）など主要部分をはじめ、エンジンのほとんどの部分の潤滑を行っています。車にとってエンジンは最重要部品で、人間にたとえれば「心臓」です。心臓は血液がないと機能しませんが、エンジンも「血液」に相当するエンジンオイルがないと機能しません。エンジンオイルはエンジン下部に装着されているオイルパンに入っており、それをオイルポンプで汲み上げてエンジン各所に送られます。エンジンオイルには次の五つの役割があります（左下図）。

(1)潤滑：エンジン内部（シリンダー内）ではピストンをはじめクランクシャフト、カムシャフトなどが1分間に数百～数千回転の高速運転をします。そのために生じる金属同士の摩擦や焼きつきを軽減します。

(2)密封：シリンダーとピストンは完全には密着しているのではなく、わずかに隙間があります。エンジンオイルはこの隙間に浸透してシリンダーを潤滑と同時に密封します。古いエンジンではシリンダーとピストンが磨耗してこの隙間が大きくなり、燃焼によって生まれたエネルギーが隙間から逃げ、パワーロスの原因になります。

(3)冷却：エンジン各部は燃焼や摩擦によってとても高温になっています。エンジンオイルにはこれら高温部を冷却する役割もあり、エンジン各部を回って熱を吸収し、オイルパンにもどり冷却され放熱します。

(4)洗浄：エンジン内は燃焼や回転運動によって、様々な汚れ（スラッジ）が発生します。この汚れはエンジン性能の低下、エンジン寿命の低下を招きます。エンジンオイルはこの汚れを吸着、分散させます。

(5)防錆：エンジン内は高温のため、外との温度差によって水分が発生しやすく、それが錆《さび》の原因になります。錆を防止することも重要な役割の一つです。

要点BOX

- ●エンジンオイルは血液のようなもの
- ●潤滑、密封、冷却、洗浄、防錆の5つの役割

自動車エンジンの潤滑システム

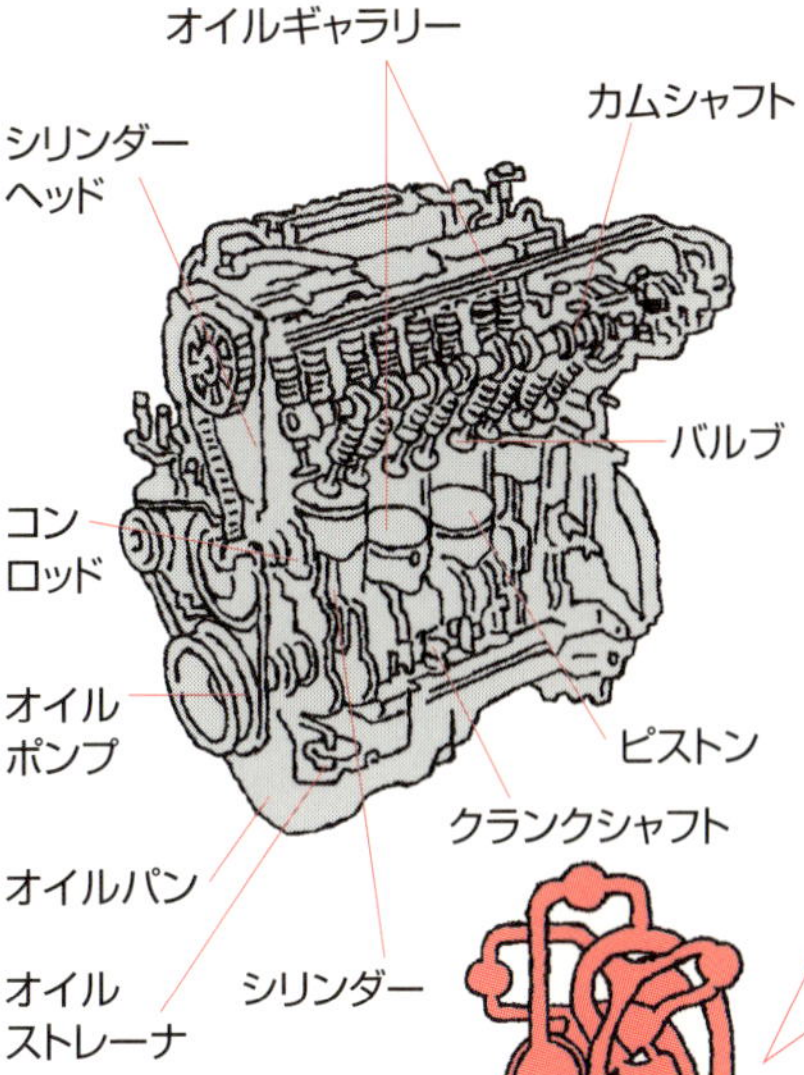

オイルギャラリー
カムシャフト
シリンダー
ヘッド
バルブ
コン
ロッド
オイル
ポンプ
ピストン
クランクシャフト
オイルパン
オイル
ストレーナ
シリンダー

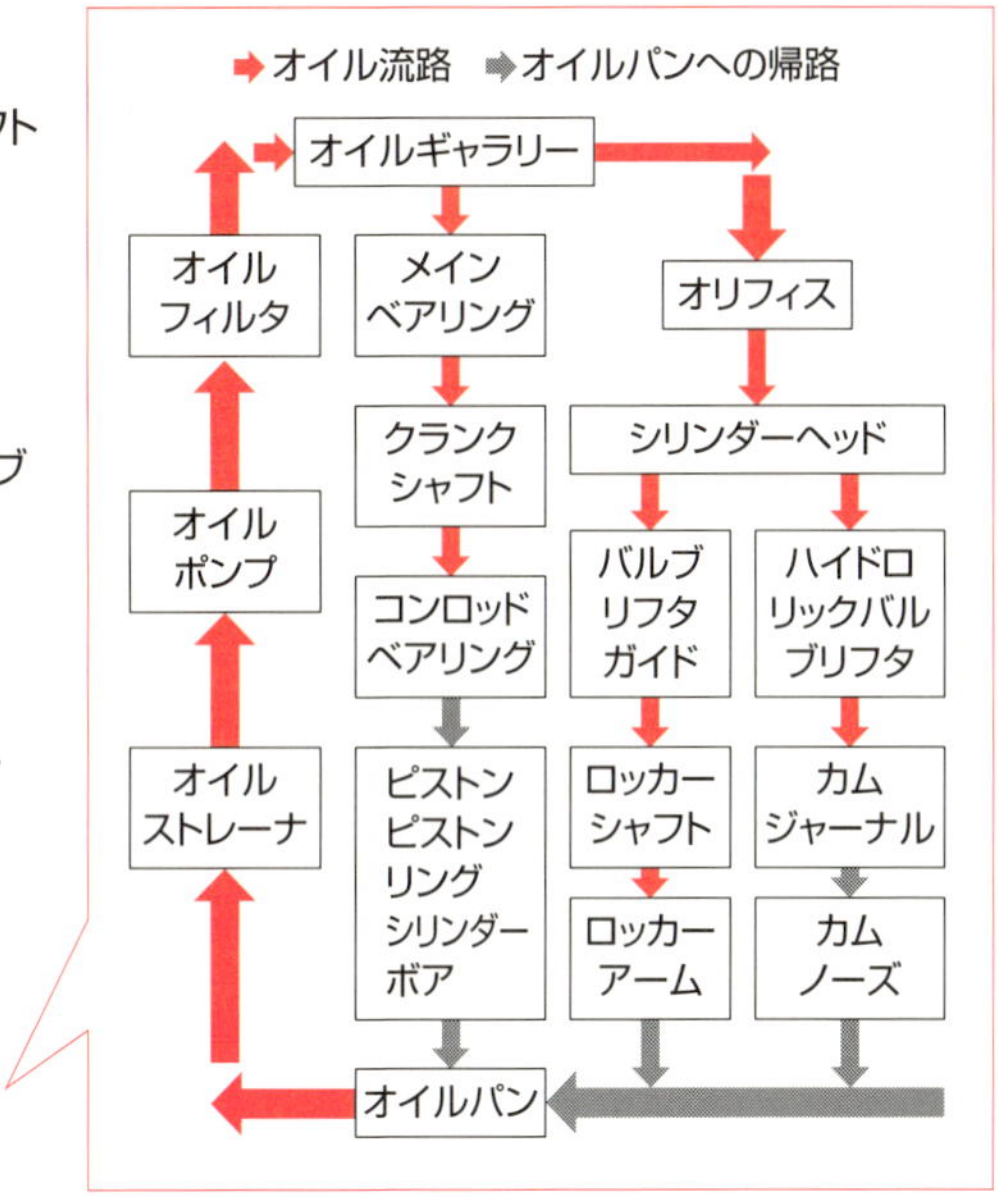

オイル流路
オイルパンへの帰路
オイルギャラリー
オイル
フィルタ
メイン
ベアリング
オリフィス
クランク
シャフト
シリンダーヘッド
オイル
ポンプ
コンロッド
ベアリング
バルブ
リフタ
ガイド
ハイドロ
リックバル
ブリフタ
オイル
ストレーナ
ピストン
ピストン
リング
シリンダー
ボア
ロッカー
シャフト
カム
ジャーナル
ロッカー
アーム
カム
ノーズ
オイルパン

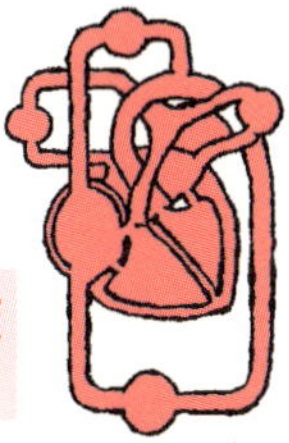

心臓と血液の流れ

エンジンオイルの役割

【潤滑】

エンジン内部では1分間に数百～数千回転の高速運転をします。そのために生じる金属同士の摩擦や焼きつきを軽減します。


【冷却】

エンジン各部は燃焼や摩擦によってとても高温になっています。エンジンオイルはこれら高温部を冷却します。


【防錆】

エンジン内は高温のため、外との温度差によって水分が発生しやすく、それが錆の原因になります。錆を防止することも重要な役割の一つです。

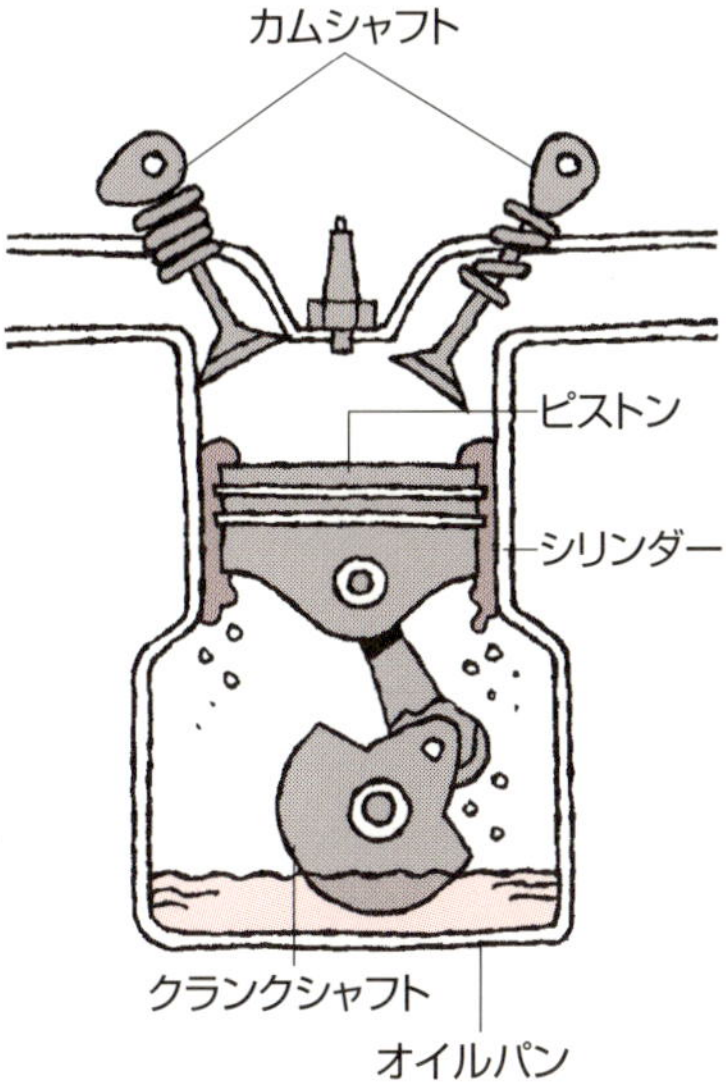

カムシャフト
ピストン
シリンダー
クランクシャフト
オイルパン

【密封】

シリンダーとピストンは完全には密着しているのではなく、わずかに隙間があります。エンジンオイルはこの隙間に浸透してシリンダーを密封します。


【洗浄】

エンジンは燃焼や回転運動によって、様々な汚れ（スラッジ）が発生します。この汚れはエンジン性能の低下、エンジン寿命の低下を招きます。エンジンオイルはこの汚れを吸着したり、分散させます。

18 オートマチックトランスミッション油

動力を伝えるのがATFの最大のミッション

　自動車潤滑油の2番目の例として、自動変速機油ATF（Automatic Transmission Fluid）を取り上げます。自動変速機ATは、歴史的には米国で多く使用されてきました。現在では日本の9割以上の乗用車に搭載されています。一方、欧州では未だに燃費の良いマニュアルトランスミッション（手動変速機）が主流です。このような経緯からATFの品質規格は米国の自動車メーカーGM（General Motors）社のDEXRONやFORD社のMERCONが用いられてきました。最近は各自動車会社も、それぞれの自動変速機に適した独自の規格を制定するようになってきました。

　ATFは、自動変速機のユニット内に充填されており、エンジンで発生した動力を伝達する媒体としての機能、変速クラッチを適正に係合させるための摩擦調整機能、各種ギアを潤滑させる機能、また油として短期間で熱劣化・酸化劣化をしない優れた安定性が要求されます。何と言っても、エンジンで発生した動力を伝達する機能がATFの最大の機能です。これら多くの要求機能を満たすために、エンジンオイルと同様にATFにも、ベースオイルに摩擦調整剤、酸化防止剤、防錆剤、清浄分散剤、粘度指数向上剤、消泡剤などの多くの添加剤（16項）が配合されています。

　ATFに要求される機能、性能を左下図に整理しました。ギア変速時のショックは、湿式クラッチ部が動くときに発生します。ATFには、摩擦調整剤が入っていてギアが変わる時にスムーズな動きと確実な力を伝えることを可能にしています。長期間使っているとエンジンオイル同様に劣化します。高温、汚れ、粘度の低下等により劣化が進行し、摩擦特性にも大きな影響を与えるようになります。ATFが劣化すると変速ショックも大きくなります。レバーをD（ドライブ）やB（バック）のレンジに入れた時、“ガクッ”とショックを感じ始めたら劣化している証拠です。

要点BOX

- ●ATは歴史的に米国で多く使用されてきた
- ●ATFは、動力伝達、摩擦調整機能が重要

オートマチックトランスミッションの概要

トルクコンバータ

エンジンが回転すると、トルクコンバータの内部にあるポンプインペラーも回転し、その遠心力によってATF（自動変速機潤滑油）に運動エネルギーを伝えて、動力を伝達している。

変速機構

遊星歯車を使用しており、トルクコンバータから伝えられた回転力に設定されたギア比に変換する。

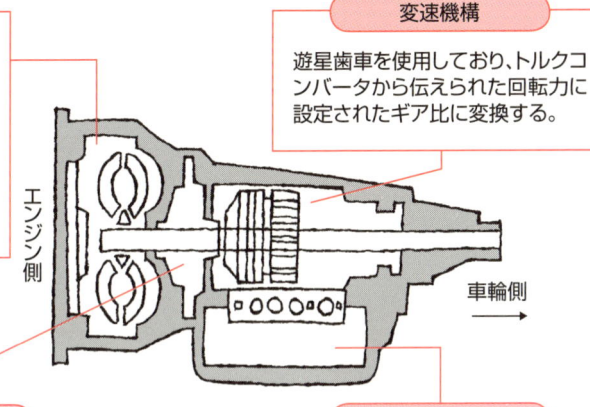

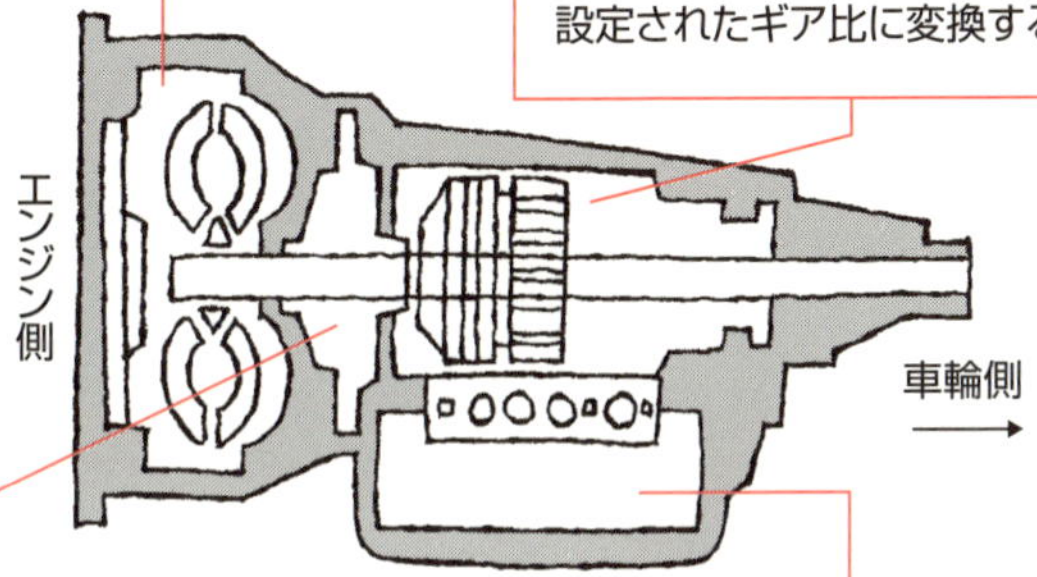

エンジン側
車輪側

オイルポンプ

トルクコンバーターへの送油、パワー・トレイン系の潤滑、油圧制御の作動圧などの根源となるもの。オートマチックミッションの心臓部である 。

油圧制御系

ATFは潤滑作用の他に作動油圧としての働きもある。そのATFを、バルブボディ内の複雑な油路により制御している 。

ATFの機能・性能

トルクコンバータの動力伝達の原理

流体クラッチの構造

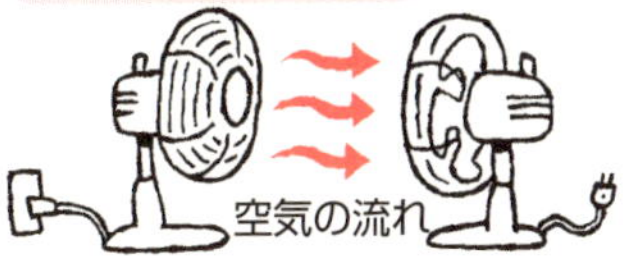

空気の流れ

トルクコンバータの構造

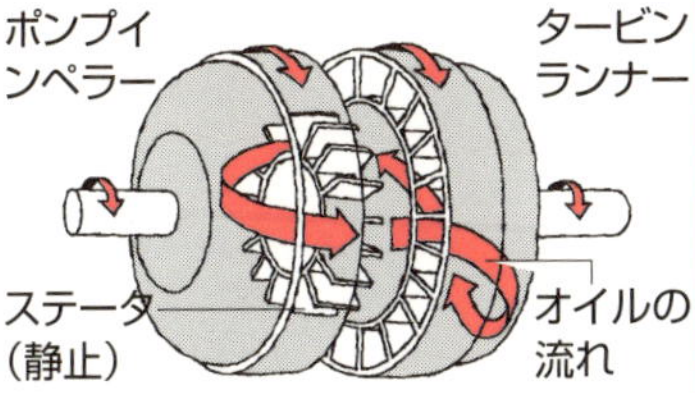

ポンプインペラー
タービンランナー
ステータ（静止）
オイルの流れ

トルクコンバータは、クラッチとトルク増幅作用の2つの役割を持っている。トルコンの構造は、向かい合った扇風機によくたとえられるが、それは流体クラッチの構造であり、間にステータを介在させるのが特徴である。

機能	要求性能
動力伝達機能	・高温時も適正な粘度を保持すること ・低温時の粘度増加が少ないこと ・シール材との適合が良好なこと ・泡立ちが少ないこと
摩擦調整機能	・湿式クラッチに対して、適正な摩擦係数が得られること ・摩擦係数の経時変化が少ないこと
潤滑機能	・摩擦防止性に優れること ・耐焼きつき性に優れること
冷却媒体機構（摩擦による発熱防止）	・熱安定性、酸化安定性に優れること ・非鉄金属を腐食しないこと

Column

ゴッドリープ・ダイムラー〜マイバッハとの二人三脚

カール・ベンツとまったく時を同じくして、ほんの２００㎞ほど離れた場所で、独自で自動車を完成させていたもう一人の技術者がいました。彼の名はゴッドリープ・ダイムラー（１８３４〜１９００）、カール・ベンツよりも10歳年上です。

彼の父親はパン職人でした。幼い頃から機械好きの彼は、シュツットガルトの高等学校に進学しました。エンジニアとなってからは、１８７５年に「内燃機関の父」と称されるアウグスト・オットーのもとで、世界初の４サイクルエンジンの運転実験に成功しました。これを機に自分の研究所を設立し自動車の開発を始めました。

彼の生涯のパートナーとなるヴェルヘルム・マイバッハの夢は、あらゆる種類の乗り物に内蔵することができる小さな内燃機関をつくり上げることでした。彼らは１８８５年に二輪車に取り付けたガソリンエンジンの特許を取得しました。その二輪車は、世界初のオートバイと見なされています。彼らは１８９０年にダイムラー社を設立し、１８９２年に自動車の販売を開始しました。ダイムラーは１９００年に死去、マイバッハは１９０７年にダイムラー社を退職しました。

１９１４年に勃興した第一次世界大戦は、ヨーロッパ全土を戦禍に包み、敗戦国となったドイツ経済は破綻し、多くの企業が倒産しました。このような状況の中で、自動車メーカーのトップを競ってきたダイムラー社とベンツ社は、輸入車の攻勢に立ち向かうため、１９２６年（カール・ベンツ存命中）にドイツ銀行を通して合併し、ダイムラー・ベンツ社が誕生しました。自動車のブランド名は、「メルセデス・ベンツ」に統一されました。「メルセデス」という単語は一般的に女性の名前によく使い、スペイン語で「神のご加護」を意味します。同社は１９９８年に米国クライスラー社と合併しましたが、２００７年に分離し、ダイムラーへと社名変更しました。

第3章

自動車エンジン誕生を支えた化学の底力

19 黎明期のクルマの歴史、史上最初の交通事故とは？

蒸気自動車→電気自動車→内燃機関自動車

19世紀からはじまり現在に至る自動車の歴史は、20世紀初頭に自動車の動力機関の淘汰を勝ち残った内燃機関（ガソリンエンジンとディーゼルエンジン）の発展の歴史である、と言っても過言ではありません。しかし内燃機関自動車が台頭する前のクルマの黎明期には、まちがいなく「蒸気自動車」と「電気自動車」の時代があったのです。

19世紀前半までの長い世紀にわたって、陸上交通機関の主たる手段は馬車でした。産業革命における蒸気機関の開発と実用化に伴い、最初に登場したのは蒸気自動車でした。イギリスで蒸気機関の原理が発明されてまもない1769年、フランスのキュニョーは、大砲を牽引するための巨大な蒸気三輪車をつくりました。これが動力機関を搭載した世界最初の自動車と言われています。蒸気機関車（1804年）よりも、蒸気自動車の歴史のほうが古いのです。1770年11月にキュニョーの砲車2号車の試運転が行われましたが、操縦が困難なためレンガ壁にぶつかったとされています。史上初の自動車事故として絵にもされています。イギリスのトレビシックは、小型用のボイラを開発し、蒸気機関の用途を工場用の定置型から移動用の動力源まで大きく広げました。その後蒸気自動車はガーニーらによって乗合自動車として実用化され、「馬なし馬車」と呼ばれ1820年から1830年にかけてその人気は高まりました。しかしボイラー爆発による死亡事故の発生や、乗客を奪われた馬車業界の圧力で、蒸気自動車は発展しませんでした。米国では、1897年にスタンレー兄弟による小型軽量の蒸気エンジンを載せた蒸気自動車が製作されました。150馬力の蒸気2気筒機関を搭載したスタンレー・スチーマーは、1900年の米国での自動登録台数の約半数を占めました。以降で、蒸気機関の誕生を原理的に導いた化学の発見について、その歴史を辿ってみることにしましょう。

要点BOX
- ●世界最初の動力機関のクルマは蒸気自動車
- ●蒸気自動車は欧州で誕生、米国で発展

蒸気三輪車

事故を起こしたキュニョーの砲車2号車を、1771年に修復したもの。パリ工芸博物館で展示。

フランス

史上最初の交通事故

キュニョーの砲車2号車が、回転時の操作ミスでレンガ壁にぶつかった衝突事故を、題材として描かれた絵。

フランス

ロンドン蒸気車

「ロンドン蒸気車」
トレビシックが1803年にロンドンで公開した車。

イギリス

蒸気自動車

スタンレー兄弟によって、小型軽量の蒸気エンジンを載せた蒸気自動車「スタンレー・スチーマー」。1912年。

アメリカ

20 アリストテレスの四元素説

自然は〝真空〟をきらう？

　古代ギリシアのアリストテレス（前384〜前322）は、四元素説を唱えました。アリストテレスは、古代で最大の学問体系を打ち立て、イスラム世界への学問、中世ヨーロッパのスコラ哲学など、後世の学問への影響は絶大でした。

　彼の四元素説とは、主に以下の四つの理論から成立しています。①地球上の物質は、「空気」「火」「土」「水」の四つの元素でできている。②この四つの元素は更に根源的な四つの性質『暖』『寒』『湿』『乾』の結合によってつくられる、としています。例えば「水」は『寒』と『湿』の組合せで、「火」は『暖』と『乾』の組合せでできている、ということです。③「ある物質は、その中に含まれている元素の組合せと、その割合いが決まっている。元素の割合を変えることにより、他の物質（鉛→金）に変化させることができる。」この理論は、鉛やスズなどの卑金属を金や銀の貴金属に変えることを目的とした、近代化学の前史と位置づけられている「錬金術」の理論的な後ろ盾になりました。これにより、錬金術は世界中で約2千年間も続き、ヨーロッパの多くの知識人が、近代科学の父と称されるあのニュートン（1642〜1727英国）でさえも、錬金術を信じていたのです。④「自然は真空をきらうので、物質は原子ではなく、隙間のない連続体でできている。」この理論は、現代科学の基となる「原子説」と対立する誤説です。

　アリストテレスは、「自然は真空をきらう」という強い考えをもっており、真空を否定していました。近代化学の黎明期は、気体化学の時代であり、トリチェリやボイルなど近代化学の幕を開けた偉人たちは、アリストテレスの「自然は真空をきらう」という説と正面から対峙してきたのです。ボイルの法則は、蒸気機関の基本となる原理であり、トリチェリが真空を実証したからこそ大気圧機関が発明され、更に蒸気機関に改良されたという厳然たる歴史があるのです。

要点BOX

- ●アリストテレスは「真空」を否定した
- ●アリストテレスの説が続いていたら、蒸気機関は生まれなかった

アリストテレス(前384〜前322年)の四元素説

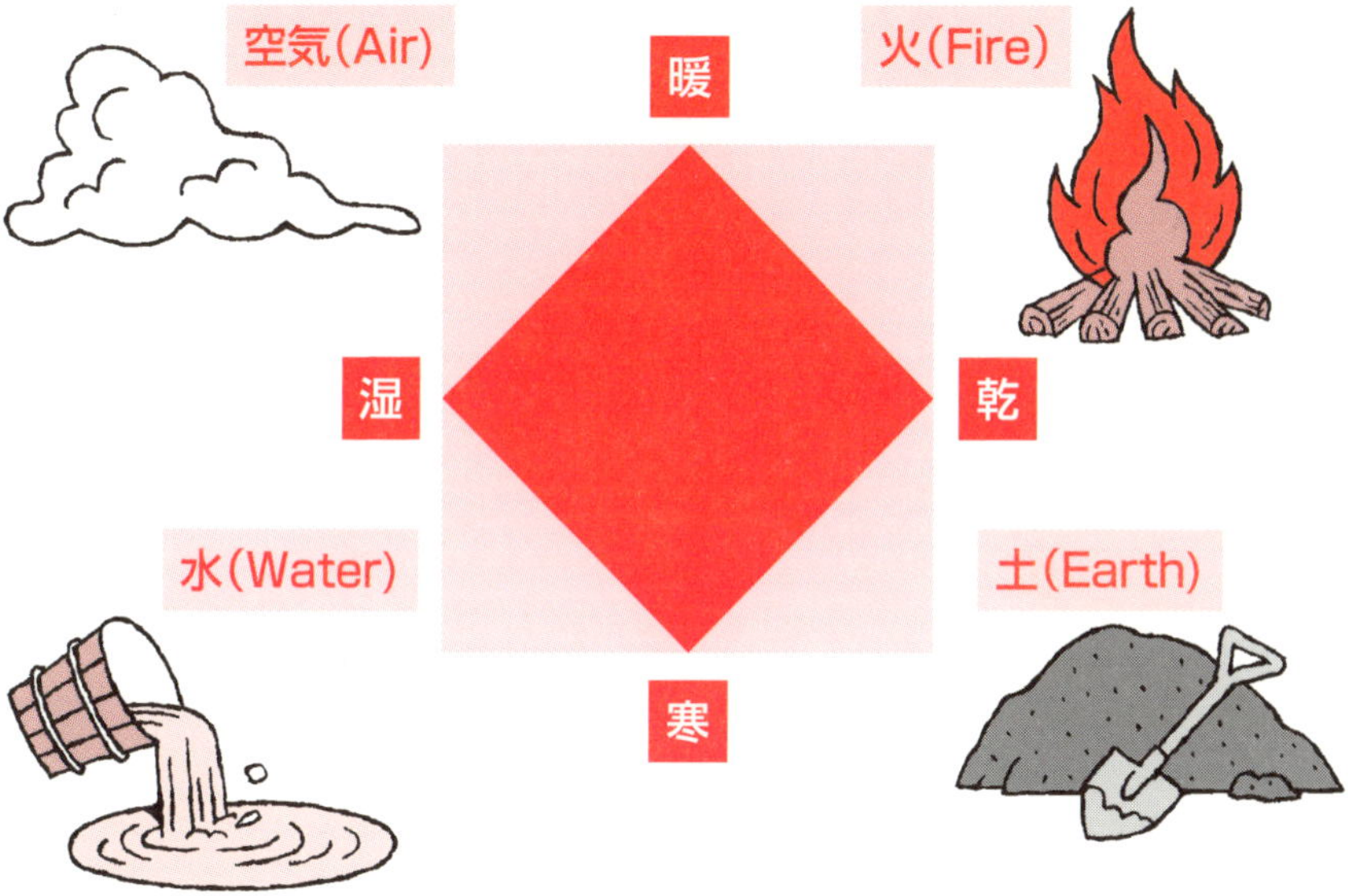
空気(Air)
暖
火(Fire)
湿
乾
水(Water)
土(Earth)
寒

①地球上の物質は、「空気」「火」「土」「水」の四つの元素で、できている。
②元素は、「寒」「暖」「乾」「湿」の更に根源な四つの性質の結合によってつくられる。
③ある物質は、その中に含まれている元素の組合せと、その割合いが決まっている。元素の割合を変えることにより、他の物質(鉛→金)に変化させることができる。
④自然は真空をきらうので、物質は原子ではなく、隙間のない連続体でできている。

⑤地球上の物質

「土」の本性⇒落下する
「火」の本性⇒上昇する

⑥天体の物質

天体は、上昇することもなく、
落下することもなく、
地球の周りを回っている。

天体は第5の元素「エーテル(輝く)」からできている。
エーテルは、完全で、永遠で、腐敗しない物質である。

21 ボイルの法則の発見

「蒸気機関」の基本原理

「ボイルの法則」は、アリストテレスの「自然は真空をきらう」という説に対する反論として、1662年に提唱されました。ボイル（1627〜1691英国）は、「フックの法則」で有名なフック（1635〜1703英国）を助手として迎え、フックが製作した真空ポンプを用いてさまざまな実験を試みてこの発見にたどりつくことができました。

ボイルが公表した実験方法と実験結果を紹介します。彼は、太いガラス管をJ字形に曲げ、短いほうの端を密封しました。そこに、水銀を注ぎました。密封された端には空気が閉じ込められて空気円柱が形成されます。最初の状態は、2本の管内の水銀注の高さを等しくしておきます（上図左側）。次に開口部から、更に水銀を注ぎ足していくと空気円柱の長さは段々と短くなるとともに、二つの水銀面の高さに差が現れます。ボイルは空気円柱の長さVと二つの水銀面の高さの差Yを測定しました。たとえば、空気円柱の長さV（体積の代用値）がはじめの状態の1／2になったとき、長いほうの管の水銀柱はもう一方の水銀柱よりも約30インチ高かったのです。このようにしてボイルはデータを取り続けました。中に閉じこめられた圧力が4気圧に達するまで、ボイルは実験をしています。P＝Y（水銀面の高さの差）＋大気圧、V＝空気円柱の長さ（空気円柱の体積の代用値）として、PとVの積の計算結果が「ボイルの実験結果」の右端に書かれています。P×Vは、ほぼ350と一定の値を示すことを実証したのです。

ボイルは生涯を通して気体の研究を続けました。「シリンダーの中に気体を入れて栓をする。気体が漏れないように栓を押していくと、気体の体積は小さくなる。気体はまるでバネのように、押せば縮み、離すと元に戻るのである」とするのがボイルの法則です。

要点BOX

- ●気体の、圧力Pと体積Vの積は一定
- ●高圧力の状態で離すとピストンは元に戻る
- ●ボイルの法則は、蒸気機関の基本原理

ボイルの実験

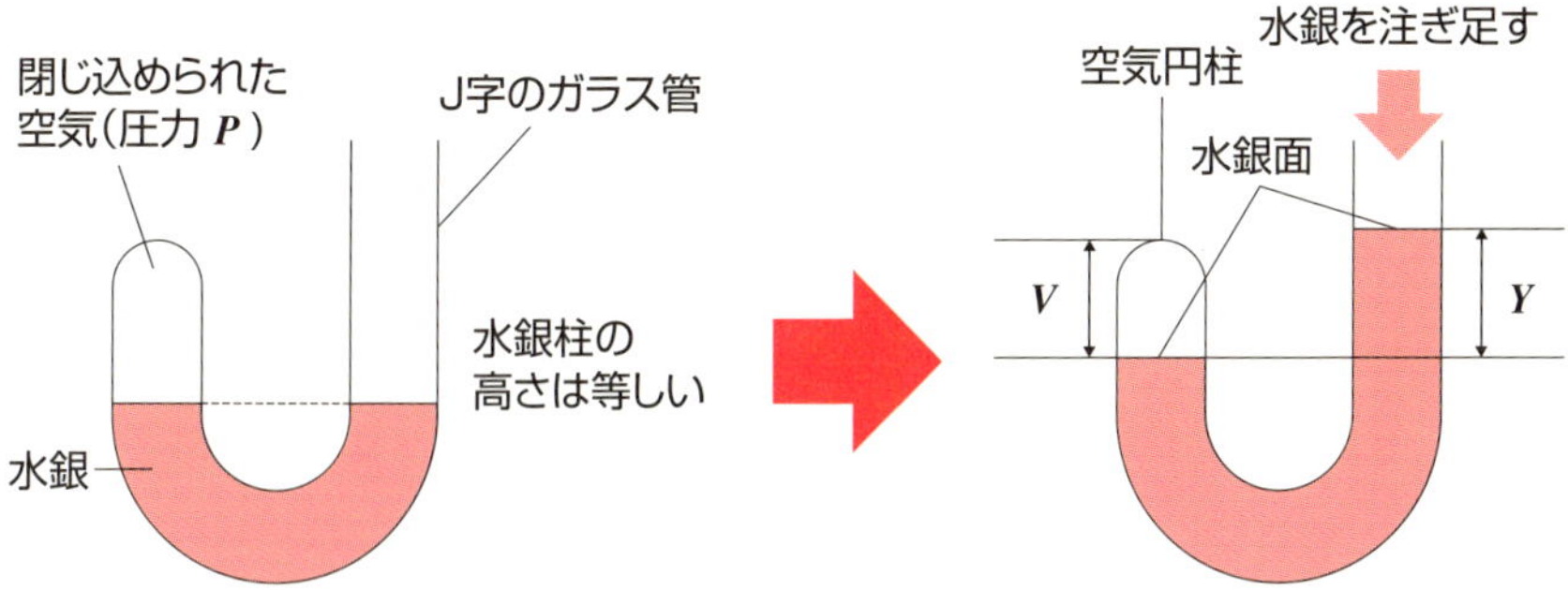
閉じ込められた
空気（圧力 P）
J字のガラス管
水銀柱の
高さは等しい
水銀
水銀を注ぎ足す
空気円柱
水銀面
V
Y

ボイルの実験結果

空気中の高さ V（任意の単位）	水銀面の高さの差 Y（インチ）	圧力 P Y＋大気圧（インチ）	P × V
12	0	29.1	349
10	6.1	35.3	353
8	15.1	44.2	353
6	29.7	58.8	353
4	58.1	87.9	351
3	88.4	117.6	353

大気は
29.1インチ

最初の状態（12の行）

空気円柱の高さVが、最初の状態の半分になった状態（6の行）

ボイルの法則

シリンダーの中に気体を入れ、栓をします。気体が漏れないように栓を押していくと、シリンダー内の気体の体積は小さくなります。気体は、まるでバネのように押せば縮み、離すと元に戻るのです。気体を押す圧力をP、シリンダー内の気体の体積をVとすると、PとVの積は常に一定になります。

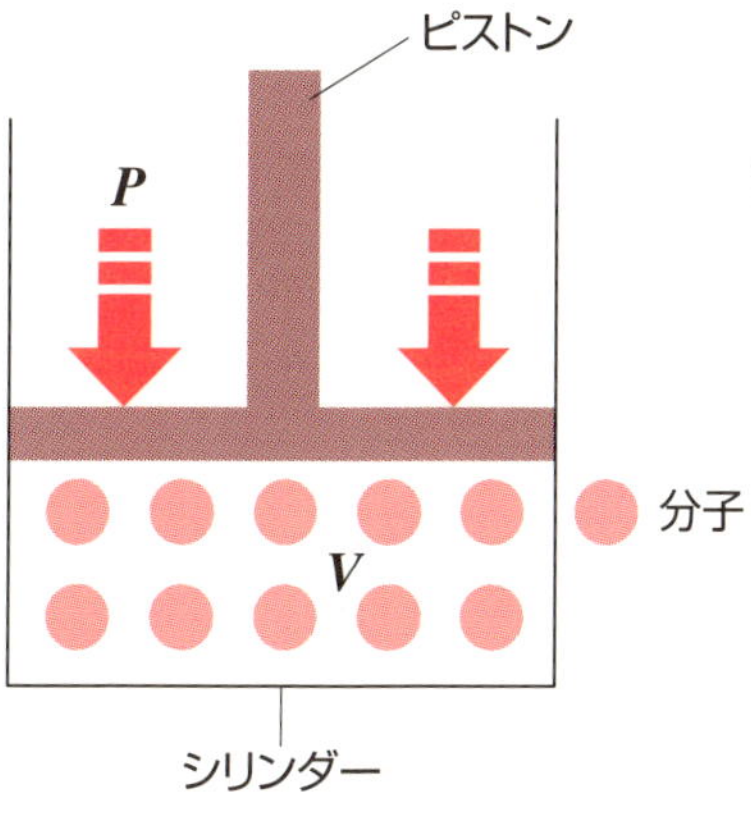
ピストン
P
分子
V
シリンダー

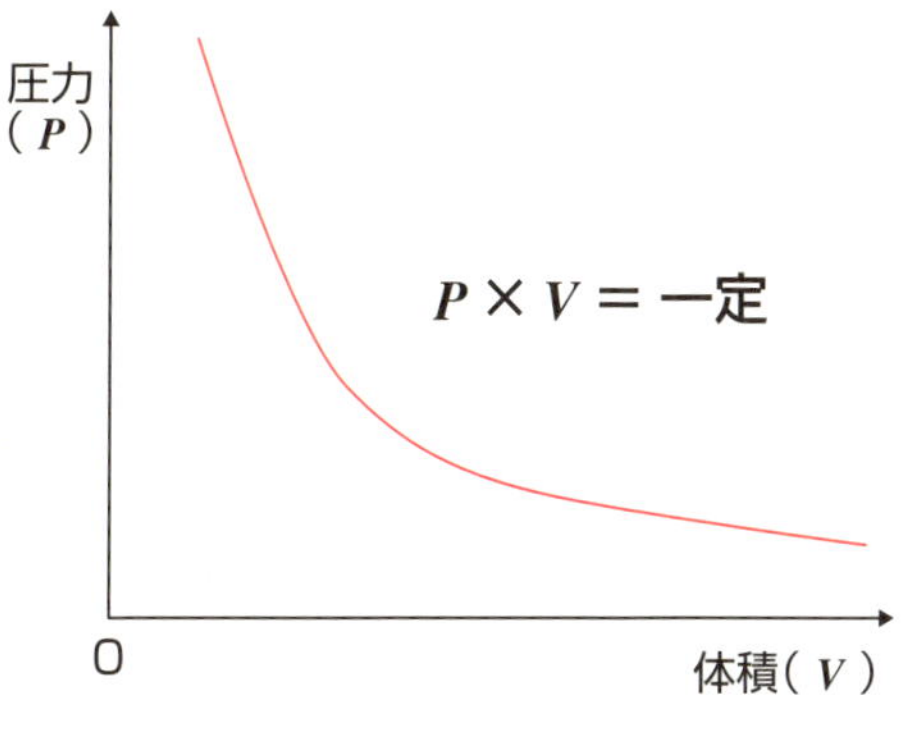
圧力
（P）
P × V ＝ 一定
0
体積（V）

22 「マグデブルグの公開実験」

馬をも止める大気圧の威力

ガリレイ（1564～1642イタリア）は、「自然は真空を嫌う」とするアリストテレスの説を否定していました。ガリレイの弟子であるトリチェリ（1608～1647イタリア）が、真空の存在を目に見えるかたちで証明したのが、「トリチェリの真空」と呼ばれているものです。10メートルよりも深い井戸から、水を直接吸い上げることができないという現象は、古くから知られていましたが、その理由は不明でした。彼は水の代わりに水銀を用いた実験で、その理由を明らかにしたのです。彼は一方の端が閉じた長さ約1メートルのガラス管に水銀を満たし、そのガラス管を予め水銀で満たしてある容器に垂直に立てました。するとガラス管の水銀は、容器中の水銀表面から約76cmの高さまで下がり、そこでピタリと止まりました。ガラス管の上部には、水銀が降下して何もない空間、すなわち「真空」が存在することを実証したのです。同時に、大気圧と真空（圧力ゼロ）の圧力差が、水銀を約76cmの高さで止めていることも証明しました。この原理が、10メートルより深い井戸から水を吸い上げることができないことの理由にもなるのです。真空ポンプは、ドイツのマグデブルグ市長でもあった物理学者ゲーリケによって発明されました。彼が1654年に行った公開実験は「マグデブルグの半球」として有名です。彼は直径40cmの銅製の半球二個を密着させて一つの球とし、中の空気を自分で発明した真空ポンプで抜き真空にした状態で、8頭ずつ計16頭の馬に反対方向から引かせても、二つの半球は容易には引き離せないことを実演しました。真空を生じさせることにより、大気圧が16頭の馬の動きを止めるような大きなものであることを、実に劇的な方法で公衆に知ら示したのです。

大気圧は大きな力になり得る、という発見は、その後、大気圧機関と蒸気圧機関という画期的発明を導いたのです。

要点BOX

- 真空の存在を、目に見えるかたちで証明
- 真空を生じさせることによって、大気圧でも大きな力を生む

トリチェリの真空

(1)ガラス管に水銀を満たす

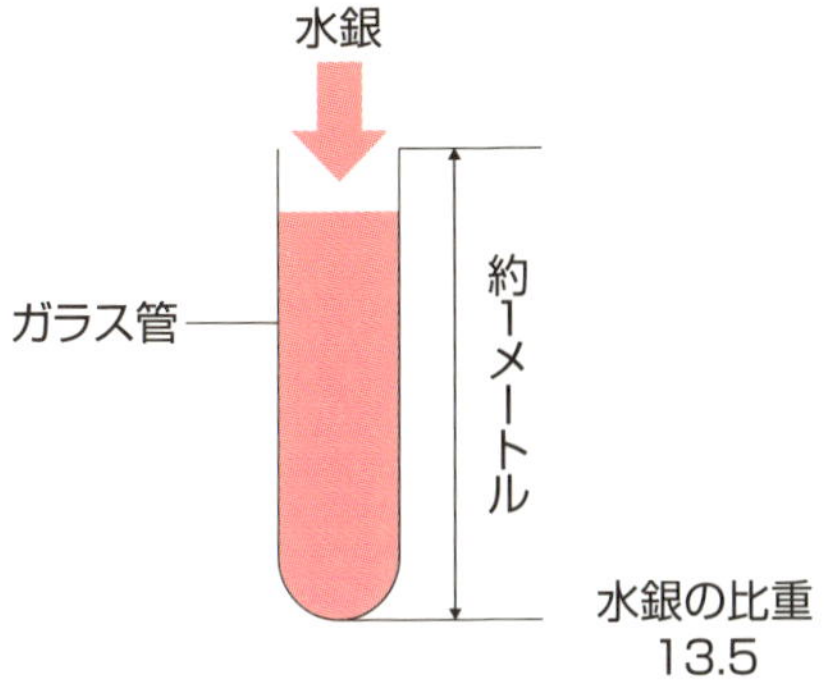
水銀
ガラス管
約1メートル
水銀の比重
13.5

(2)予め水銀で満たしたある容器に
ガラス管を逆さにして立てる

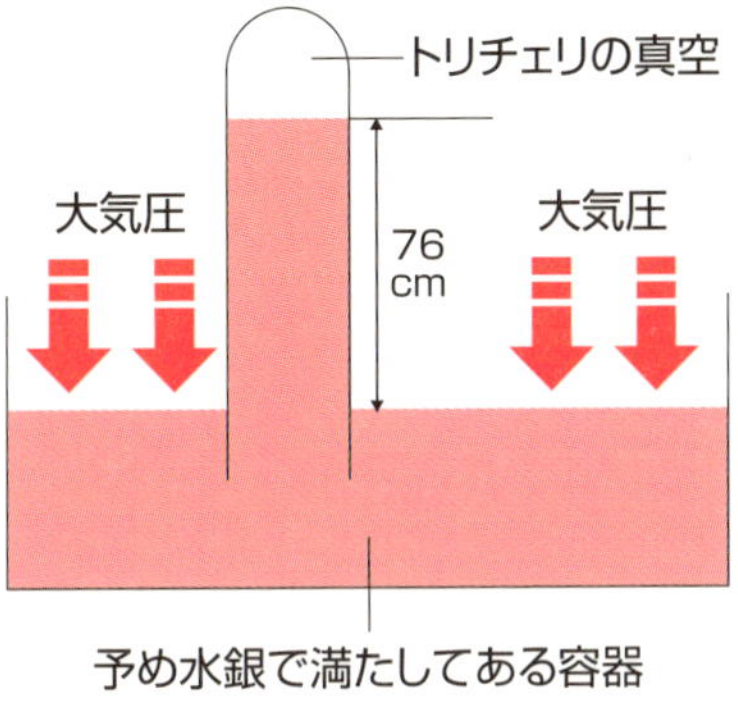
トリチェリの真空
大気圧
76
cm
大気圧
予め水銀で満たしてある容器

原理

・大気圧と真空の圧力差が、水銀を約76cmの高さで止めている。

・長い間不明であった、「約10メートルより深い井戸から、直接水を吸い上げることができない」理由が、明らかにされた。(0.76m×13.5=10.3m)

マグデルブルグの公開実験

(1)直径40cmの銅製の
半球を2つ製作

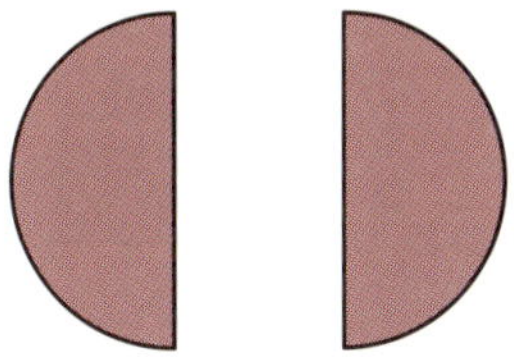

(2)密着させて1つの球とし、
真空ポンプで中の空気を抜く

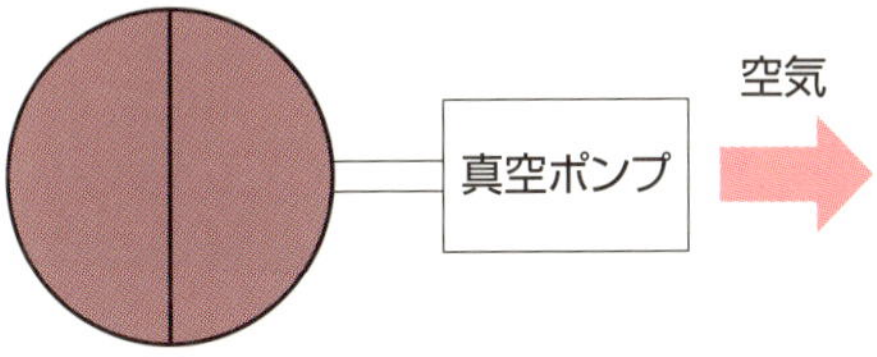
真空ポンプ
空気

(3)8頭ずつの馬に反対方向から引かせるが、2つの半球は容易には引き剥がせない。

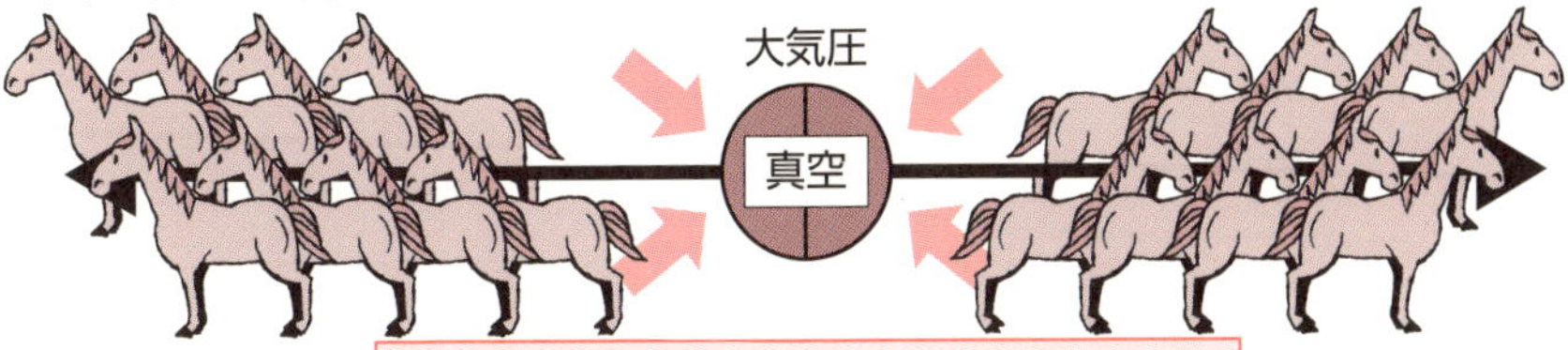
大気圧
真空

真空を生じさせることにより、大気圧がいかに
大きなものであるかを劇的な方法で実証した

23 真空の研究から生まれた大気圧機関

ワットの蒸気機関 さらに蒸気自動車に発展

ゲーリケのマグデブルグの公開実験によって、大気圧がいかに大きいものであるのかが明らかになりました。これをきっかけに、大気圧を利用して動力を得ようとする試みが始まりました。フランスのパパン（1647〜1712）は、シリンダーの中で水を沸騰させ、その容器ごとを冷却することで蒸気を凝縮させ真空をつくり、そこから動力を得ようとしました。しかし蒸気と伴にシリンダーやその中の水も温度も下がってしまい、ものになりませんでした。英国のニューコメン（1663〜1729）は、パパンの失敗の原因を改善して、左上図に示すように、ボイラで蒸気を発生させ、シリンダー内で蒸気を凝縮させることで、実用的な蒸気機関を初めてつくりました。この最初の蒸気機関は、蒸気の圧力で動作するのではなく、蒸気の凝縮によって真空をつくり、そこに大気圧を作用させることで動作させるものです。そのためニューコメンの機関は「大気圧機関」とも呼ばれました。

ニューコメンの蒸気機関は、蒸気を冷却する際に、シリンダー自体を冷却するために、効率は良くありませんでした。彼の死後に誕生したワット（1736〜1819英国）は、ニューコメンの蒸気機関の修理を行っていたときに、この欠点に気づいたと言われています。ワットは、シリンダーを常に蒸気と同じ温度に保てないかと考えて、シリンダーの外に設定した分離凝縮器に水蒸気を導入して冷却する、ワットの蒸気機関を1765年に発明しました。さらに負圧だけでなく正圧の利用、往復運動から回転運動へと、改良を施しました。

この効率の良い蒸気機関の誕生によって、人類は初めて機械による動力を得ることができました。これにより、人力や畜力、水力などの自然動力に依存していた産業の形態が大きく変わり、英国の産業革命の原動力になりました。更に世界初のクルマ蒸気自動車の発明を導きました。

要点BOX

- ●真空の研究から生まれた大気圧機関
- ●大気圧機関からワットの蒸気機関が誕生
- ●さらに世界初のクルマ蒸気自動車が誕生

ニューコメンの大気圧機関

大気圧機関の原理 → ニューコメンの大気圧機関

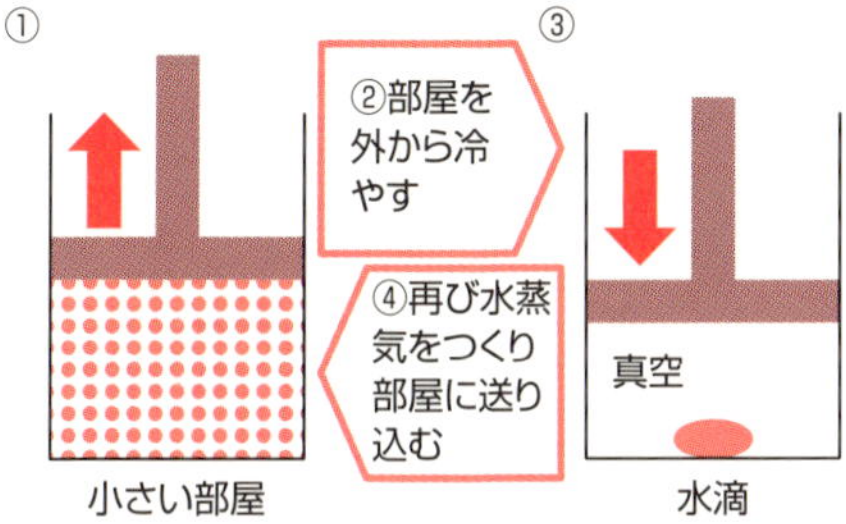
①
③
②部屋を外から冷やす
④再び水蒸気をつくり部屋に送り込む
真空
小さい部屋
水滴

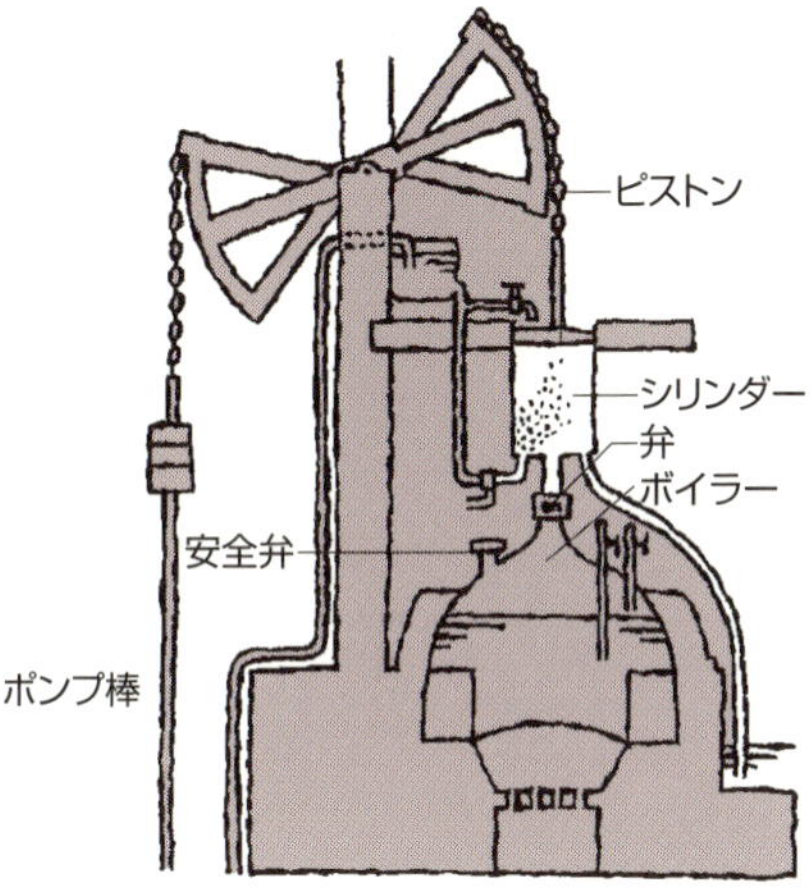
ピストン
シリンダー
弁
ボイラー
安全弁
ポンプ棒

①水を沸騰させて、小さい部屋を水蒸気で満たす。
②その部屋を外から冷やす。
③部屋の中の水蒸気は凝縮して数滴の水になり、残りは真空になる。もし部屋の壁の1つが動くようになっていれば、壁の外側の大気圧によって壁は部屋の中に押し込まれる。
④再び水蒸気をつくり、部屋に送り込むと、動く壁は再び外に向って動く。
①〜④を繰り返す。動く壁がピストンであると考えると、大気圧機関の原理となる。

ワットの蒸気機関

ニューコメンの蒸気機関に対する改良点

①シリンダーを常に同じ温度に保つために、シリンダーの外側に設定した「分離凝縮器」に水蒸気を導入して、冷却する。
②負圧＋蒸気圧　③往復運動→回転運動

→ 人類は初めて機械による動力を得た → イギリス産業革命の原動力

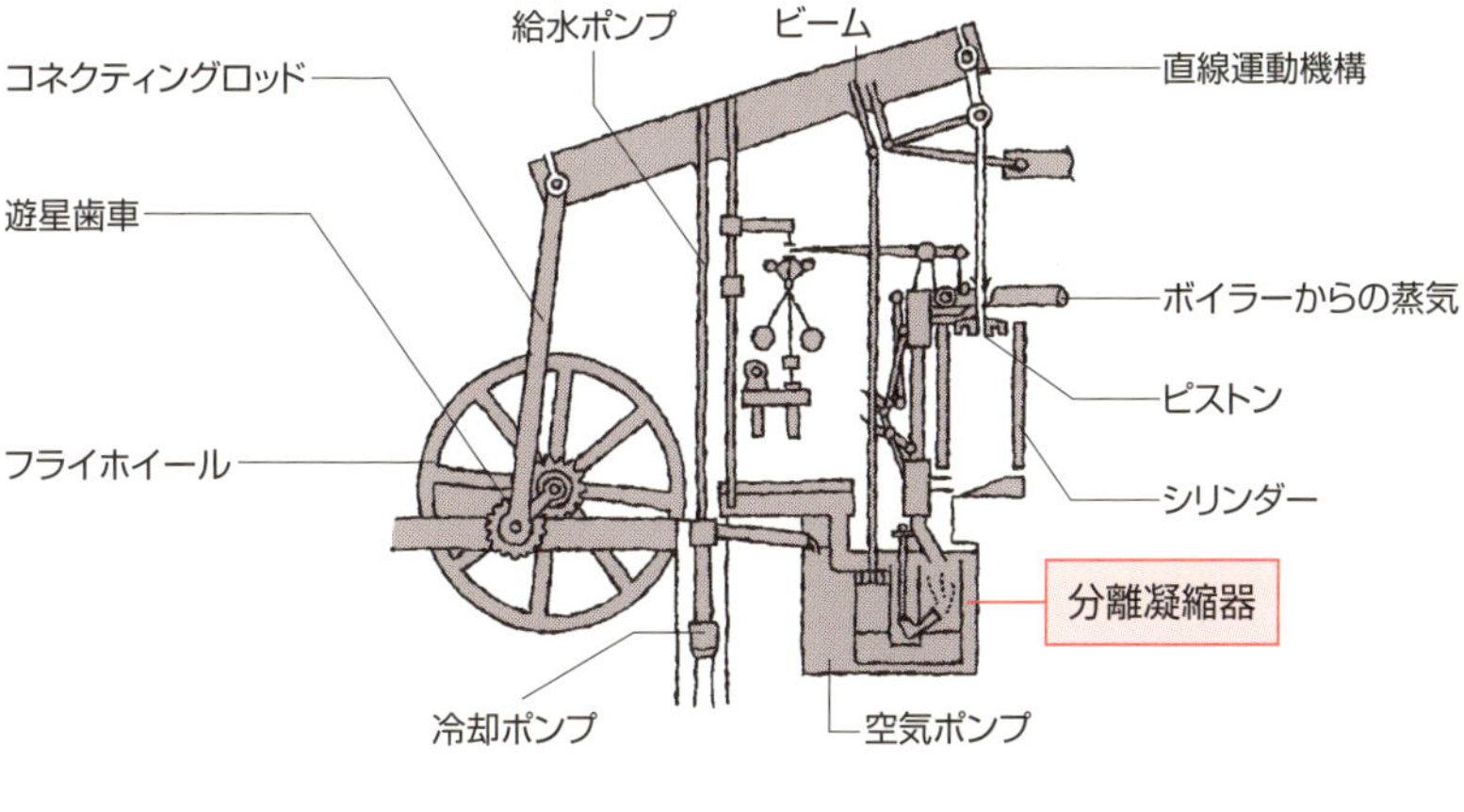
給水ポンプ
ビーム
コネクティングロッド
直線運動機構
遊星歯車
ボイラーからの蒸気
ピストン
フライホイール
シリンダー
分離凝縮器
冷却ポンプ
空気ポンプ

24

世界初のクルマ、蒸気自動車の興隆と衰退

外燃機関から内燃機関へパラダイムシフト

　1765年にワットが動蒸気機関を発明しました。そしてこの動力機関を交通の手段に用いる試みが始まりました。蒸気機関車（1804年）よりも早く、1769年にフランスのキュニョーが、大砲を牽引するための巨大な蒸気三輪車をつくりました。これが世界最初の自動車となったのです（19項参照）。この蒸気自動車は「Fardier Vapeur」（蒸気ワゴン）と名づけられました。15分ごとに水の補給が必要なことや、重すぎることによりバランスが崩れ操縦が困難なことなど、多くの問題がありました。1801年、イギリスのトレビシックは乗客を運ぶための試作自動車を初めてつくりました。数名を乗せて公道を走ったそうです。この成功は、高圧蒸気によりピストンを動かすという高性能の動力源を持ち、更にエンジンが小型化されたことによります（左上図）。その後イギリスのガーニーらによって乗合自動車として実用化され、「馬なし馬車」と呼ばれるようになりました。1827年頃から短期間、イギリス各地を結んだ定期運行が始まりましたが、交通手段としては定着しませんでした。

　その後蒸気自動車は米国で発展を遂げます。蒸気自動車で最も成功を収めたのが米国のスタンレー社です。当時は、ガソリン機関も開発途上の段階で、重くて振動が大きいなどの問題を抱えていました。外燃機関である蒸気自動車は静粛でトルクが大きく変速機を使わずに車輪を回転させることができるなどの長所があり、1900年初頭には、ガソリン車よりも多くの台数が販売されました。しかしガソリン機関の急速な発展により衰退し、1927年に製造が打ち切られました。ガソリン機関はガソリンと空気の混合ガスを、〝シリンダー内で燃焼〟させて動力を得ます。内燃機関の基本は燃焼理論で、この理論をなしにしてはガソリン機関の発明はあり得えませんでした。次項はこの観点で化学の歴史を振り返ります。

要点BOX

- 自動車黎明期の一時期、蒸気自動車は栄えた
- 外燃（蒸気）機関から内燃（ガソリン）機関へ
- 内燃機関の基本は燃焼理論

往復動蒸気エンジン（外燃機関）の作動原理

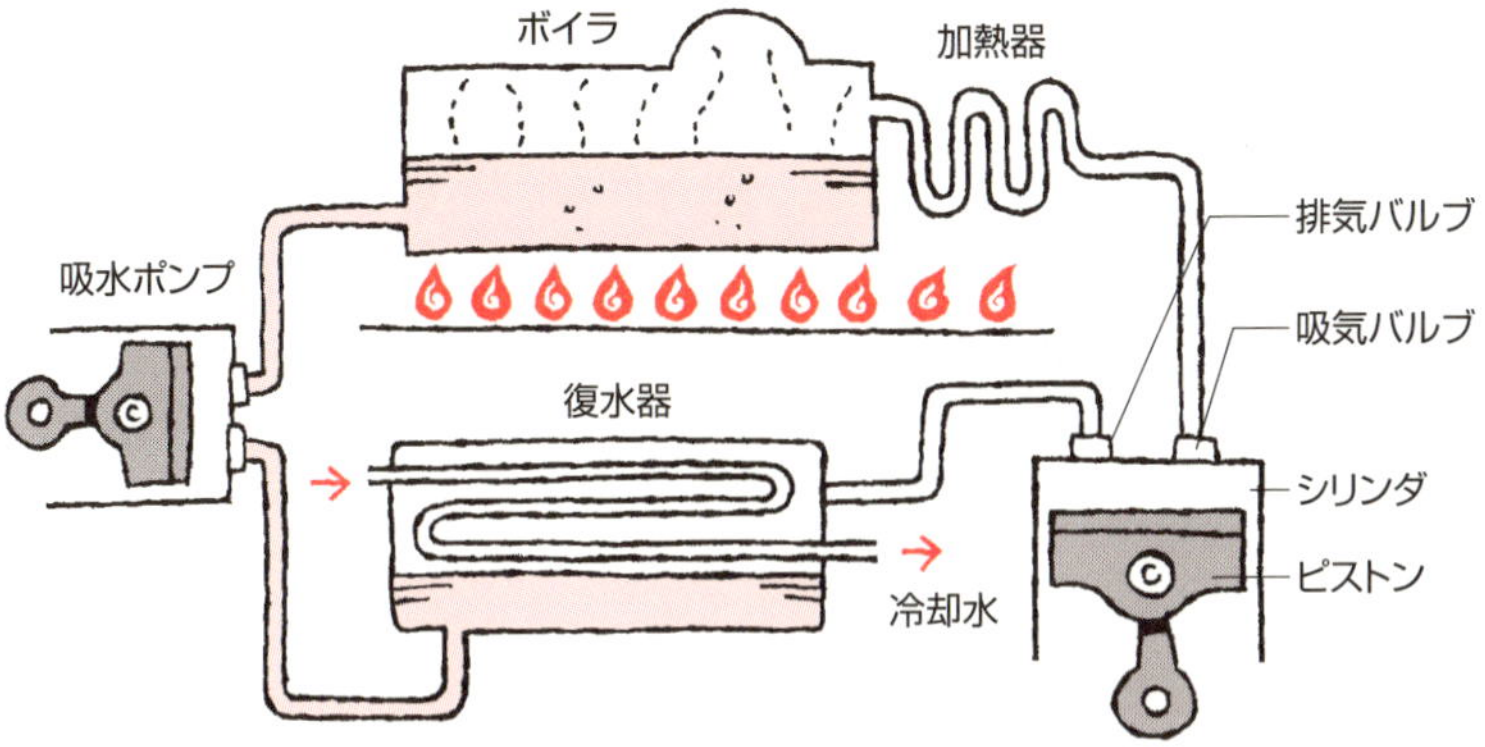

往復動蒸気エンジンは人類が最初に実用化したエンジンです。このエンジンは,蒸気が持っている静的な圧力を利用して有効な機械的エネルギーを発生します。産業革命以後,産業用・輸送用の動力源として長らく使用されましたが,現在では蒸気タービンや内燃機関に取って代わられ,ほとんど使われることはありません。　一般的な往復動蒸気エンジンは,上図のようにボイラ,加熱器,ピストン,シリンダ,復水器,吸水ポンプから構成されています。シリンダの上部には吸気バルブと排気バルブが取り付けられています。

ガソリンエンジン（内燃機関）の作動原理

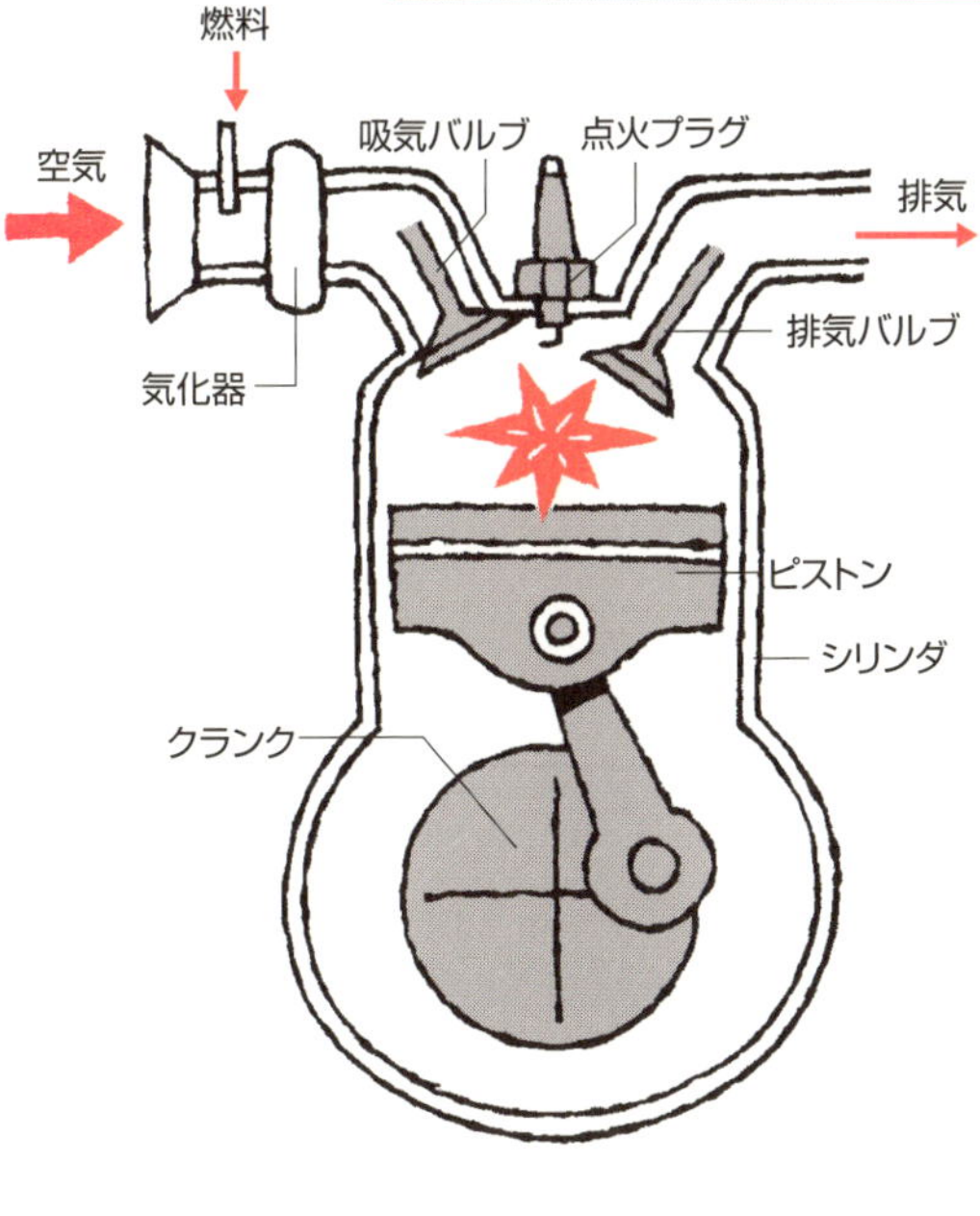

ガソリンエンジン（火花点火エンジン）は自動車などに幅広く使われています。このエンジンは燃料と空気の混合ガスをシリンダ内で圧縮して、それに点火プラグを用いて爆発させ、駆動力を発生します。

内燃機関の特徴

①シリンダー内で、燃料を燃焼させる。

②燃料の燃焼によって生じた高温・高圧のガスを直接利用してピストンを作動させる。

25

ラボアジエの「燃焼理論」の発見

「内燃機関」の基本原理

「フロギストン説」とは、物が〝燃焼〟するということは、可燃性のフロギストンという元素を「放出」することである、とする仮説です。この仮説は、可燃性物質が燃焼するとき、炎と伴に〝何か〟が逃げていくように見えることから生まれ、ドイツのベッヒャーが提唱し、同国のシュタールが発展させた理論で、当時は化学者も含め、誰もが信じていました。この説に従えば、可燃性物質であろうと金属であろうと、燃焼すれば残された物質の質量は軽くなります（左上図）。

この誤説に敢然と立ち向かったのが、〝近代化学の父〟と称されるフランスのラボアジエ（1743〜1794）です。彼は、1774年に化学反応前後では物質の質量は変化しないとする、「質量保存の法則」を発見しています。この法則に従えば、可燃物が燃焼という化学反応をする前後の、物質の質量は変化しません。つまり可燃物が燃焼して発生した気体（二酸化炭素、水蒸気）と、残された灰分の質量の合計は、最初の可燃物の質量と同じである、ということです。この時代は気体化学が劇的に進歩したときであり、二酸化炭素、水素、窒素などはすでに発見され、正しく認識されていましたが、酸素はフロギストン説の悪影響を受けて誤って理解されていました。彼は閉じたレトルトの中で、スズなどの金属を加熱酸化して、その時の質量変化を測定し、燃焼後に質量が増大している実験結果を得ました（左下図）。この結果より、燃焼とはフロギストンが脱出する変化ではなくて、空気中のある成分と結合することである、とする理論を導き、長年化学者を悩ませていたフロギストン説の打倒に成功したのでした。

ラボアジエは、「燃焼とは可燃物質と空気中の『動物の呼吸に適す気体』との結合である」と定義し、この気体を「酸の素」になる元素と考えて、「酸素」と名づけたのでした。内燃機関における、燃焼の正しい意味がわかったのです。

要点BOX

- ●ラボアジエの燃焼理論は内燃機関の基本原理
- ●燃焼とは、可燃物が酸素と結合すること
- ●フロギストン説ではガソリン機関は誕生せず

フロギストン説とは

(1)可燃性物質(フロギストンの含有量が多い)

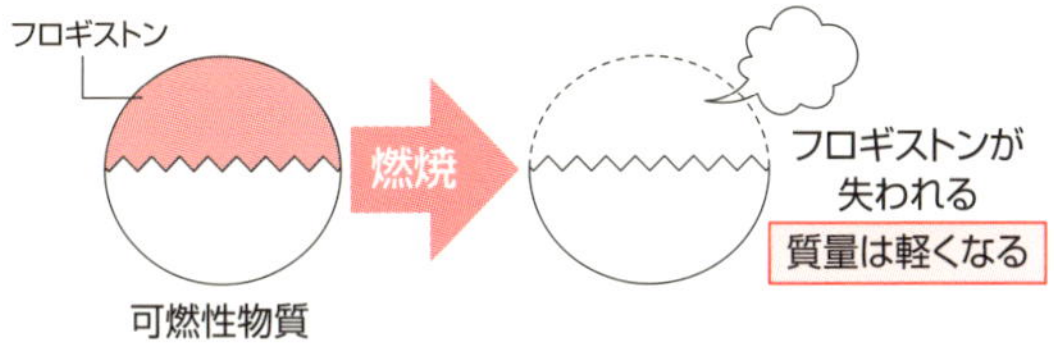
フロギストン
燃焼
フロギストンが
失われる
質量は軽くなる
可燃性物質

(2)金属物質(フロギストンの含有量が少ない)

①燃焼時

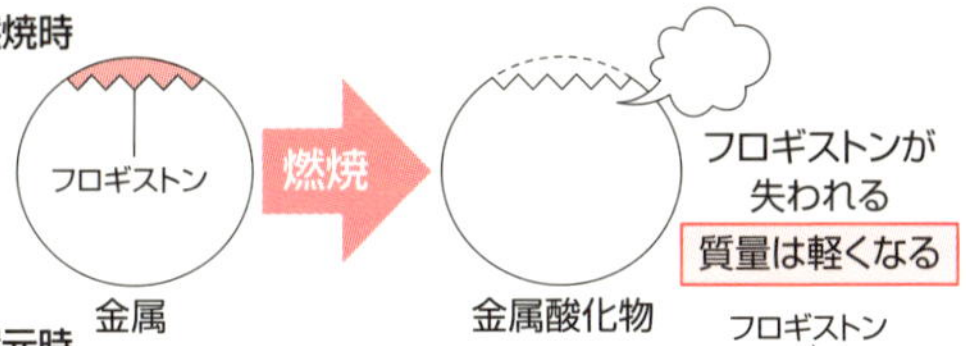
フロギストン
燃焼
フロギストンが
失われる
質量は軽くなる
金属
金属酸化物

②還元時

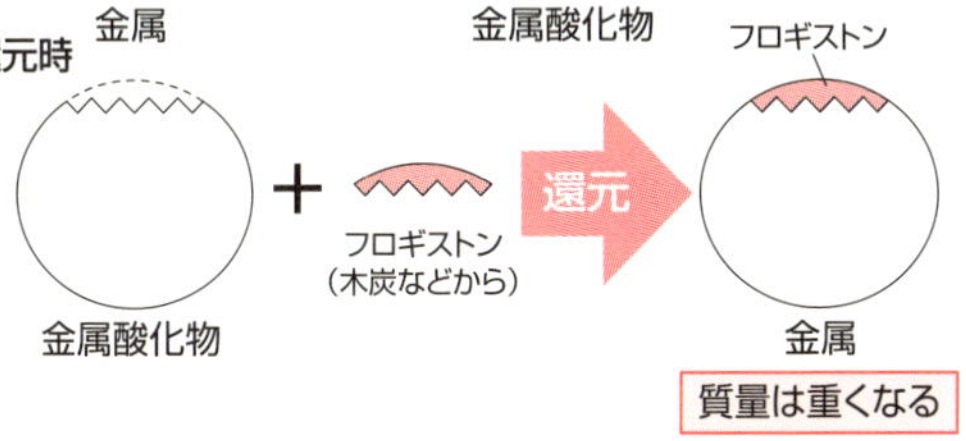
フロギストン
+
フロギストン
(木炭などから)
還元
金属酸化物
金属
質量は重くなる

可燃性物質が燃焼するときに、炎とともに“何か”が逃げていくように見える。
この現象から、燃焼とは物質から「フロギストン」が失われることである、とする仮説。シュタール(1660〜1734ドイツ)が発展させた理論。

当時の人たちは
誰もが信じていました。

ラボアジエ「燃焼理論」の発見(1774年) 〜「フロギストン説」を打倒

「フロギストン説」は、木炭など可燃性物質では「質量保存則」と矛盾しないが、金属では矛盾が生じた。そこで次の実験を行い、正しい燃焼理論を導いた。

(1)実験方法

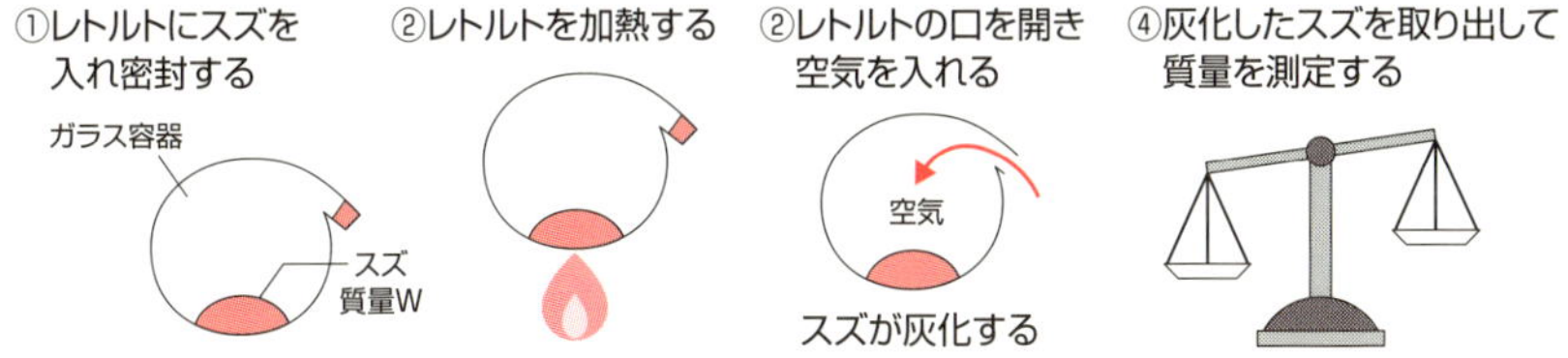
①レトルトにスズを
入れ密封する
ガラス容器
スズ
質量W
②レトルトを加熱する
②レトルトの口を開き
空気を入れる
空気
スズが灰化する
④灰化したスズを取り出して
質量を測定する

(2)実験結果

反応後の灰化したスズの質量はW+α。αだけ質量が増加している。

(3)結論

質量が減少するとするフロギストン説は、誤りである。
燃焼とは、物質が空気中の「動物の呼吸に適する」気体と結合することである。

*ラボアジエは、この気体を「酸の素」になる元素と考えて、ギリシア語のoxys(酸味のある)とgennao(生じる)からoxygen「酸素」と名づけました。

26 最初は2ストロークのガスエンジンで始まった

内燃機関とは、ガソリンなどの燃料をシリンダーの中で燃焼させ、その熱エネルギーによって仕事をする原動機のことで、燃焼気体を直接的に作動流体として用います。熱エネルギーとは、気体分子の運動エネルギーのことです。

最初の実用的な内燃機関は、１８５９年にフランスのエティエンヌ・ルノワールにより開発されました。電気式の点火装置を備えた単筒式2ストロークのエンジンで、燃料は石炭ベースの照明用ガスを用いました。この発明の基になった技術は、フランスのラボアジエが燃焼理論を発見した27年後の１８０１年に、同じくフランスのフィリップ・ルボンが特許を取得したガスエンジンの技術です。ルノワールのガスエンジンは、後の4ストロークエンジンのような圧縮工程がないため、熱効率は著しく悪かったようです。しかしこのガスエンジンは、それまでのものと比べると非常にできが良く、また燃料である照明用ガスも都市では行き渡るようになっていたこともあり、複数の会社で計４００台以上生産されました。2ストロークのガソリンエンジンは、１８７８年に英国のデュカルド・クラークが開発し、１８８１年に英国特許を取得しました。

現在よく知られている形のシンプルな2ストロークのガソリンエンジンは、１８８９年に英国のジョセフ・デイが発明しました。4ストロークエンジンで行われている各工程を、効率を犠牲に簡略にしたことで、実現されました。１９７０年代までは、欧州の小型車や日本の軽自動車を中心に数多く存在しましたが、排出ガスの規制強化を機に大幅に減少し、欧州、日本ともに現在では2ストロークエンジン搭載の四輪車は製造されていません。二輪車においても同様で環境問題から4ストロークエンジンへの移行が進み、日本では２００６年の規制により、競技用車両以外の全ての2ストロークエンジン搭載車は、国内から消滅しました。

要点BOX
- ●内燃機関の最初は2ストロークエンジン
- ●化学の父ラボアジエと同じフランス人が発明
- ●環境規制に対応できずに消滅

2ストロークエンジンの作動原理

（1）上昇工程

爆発後にピストンが降下して、クランクケース内を圧迫すると、ここに入っていた混合気が加圧される。すると混合気は、押し出される形でポートから燃焼室へ流出する。

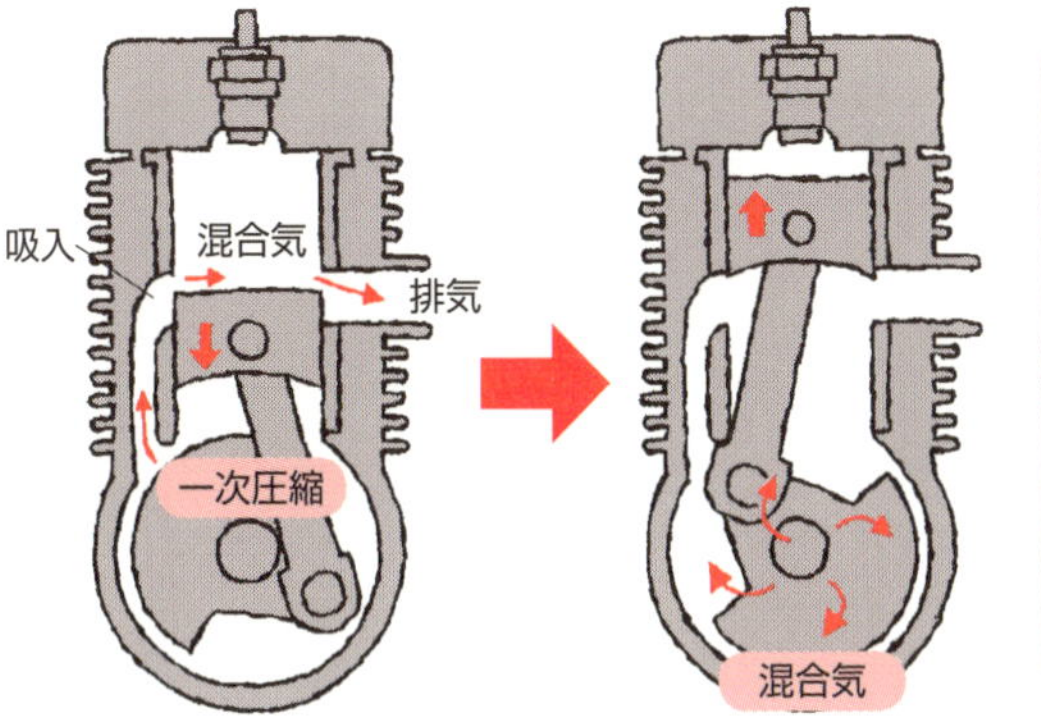
吸入
混合気
排気
一次圧縮
混合気

下降していたピストンが慣性の力で再び上昇すると、ポートは塞がれ、燃焼室内は密閉される。このため燃焼室内の混合気は、ピストンによって圧縮される。

（2）下降工程

グロープラグは前の爆発の余熱によって、混合気に点火する力が残っている。これにより混合気の爆発が起こる。すると、爆発の勢いでピストンは下降し始める。

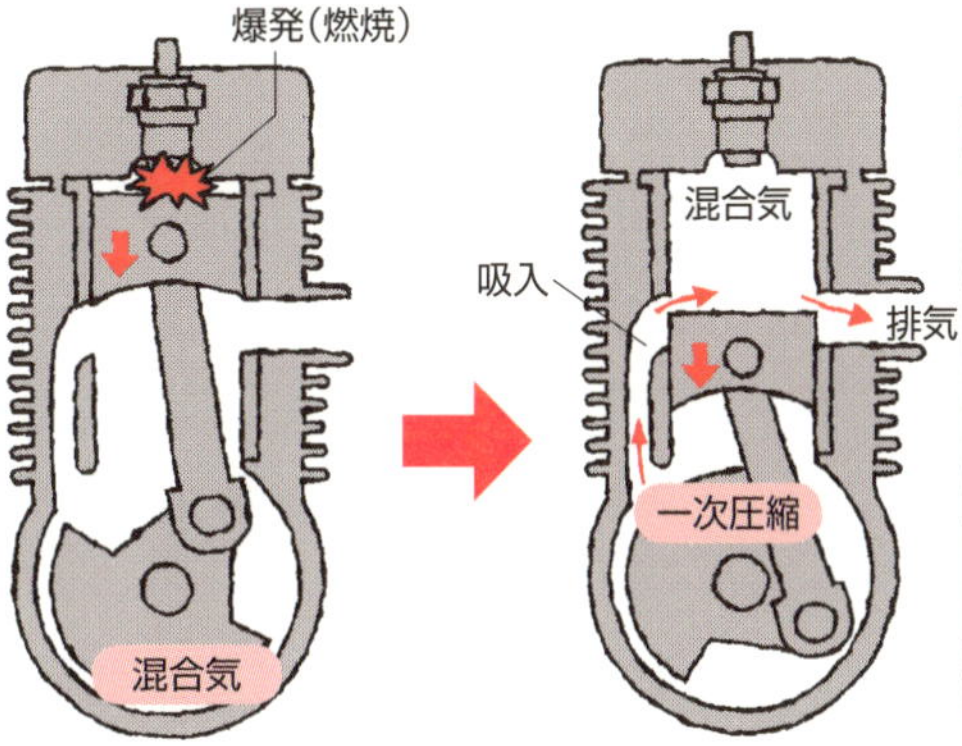
爆発（燃焼）
混合気
混合気
吸入
排気
一次圧縮

ピストンが降下すると、再びクランクケース内が圧迫され、ここから新しい混合気が燃焼室へ流入してくる。燃焼後の混合気はこれに押されて燃焼室を出る。

オートバイのエンジン

1960年式BSA・ゴールドスターの単気筒エンジン

2006年式ハーレーダビッドソン・スポーツスター883の横置きV型2気筒エンジン

27 〝オット〟驚くオットーの4ストロークエンジンの発明

ダイムラーとベンツが自動車用に改良

今日の火花点火ガソリンエンジンの基礎を築いたのは、N・オットー（1832〜1891ドイツ）でした。

彼は1876年に、4サイクルエンジンの原理に基づく火花点火方式の〝ガス〟エンジンを発明し、特許申請をしました。火花点火エンジンの理論サイクルクルである定容サイクル（断熱圧縮⇩定容加熱（燃焼）⇩断熱膨張⇩定容放熱）のことを、彼の貢献を称えて現在でも『オットーサイクル』と呼んでいます。このエンジンは、定置式の動力装置として考案されました。オットーサイクルエンジンをベースにして、1885年に同じくドイツのダイムラーとベンツはそれぞれ独自に、4ストロークの〝ガソリン〟エンジンを搭載した自動車を製作しました。これが今日のガソリン車の原型になりました。

このエンジンが実用化に成功した理由は、①当時エネルギー資源として注目され始めていたガソリンを、燃料として選択したこと。都市で普及していた石炭由来の照明用ガスなどは切り捨てたこと。②ガソリンを気化させて、空気との可燃混合気をつくる気化器（キャブレター）の開発に成功したこと。③可燃混合気をシリンダーに送り、圧縮して点火する火花点火装置の開発に成功したこと。以上の三つが挙げられます。

その後ガソリン車はアメリカにおいて、フォード（1863〜1947）が中流の人たちが購入できる大量生産方式に成功したことと（T型フォード1908年）、石油化学工業の劇的な発展で原油から安価にガソリンが精製できるようになったことにより、大衆化されました。

一方、火花点火装置を使用しない圧縮着火方式のディーゼルエンジンは、1892年にドイツのディーゼルによって発明されました。R・ボッシュが開発した燃料噴射装置により、連続運転が可能になりました。ディーゼルエンジンが自動車に搭載されるようになったのは、1920年代に入ってからでした。

要点BOX

- ●ガソリンエンジンはオットーが発明
- ●ダイムラーとベンツが自動車搭載用に改良
- ●フォードと石油化学工業の発展により大衆化

4ストロークガソリンエンジンの作動原理

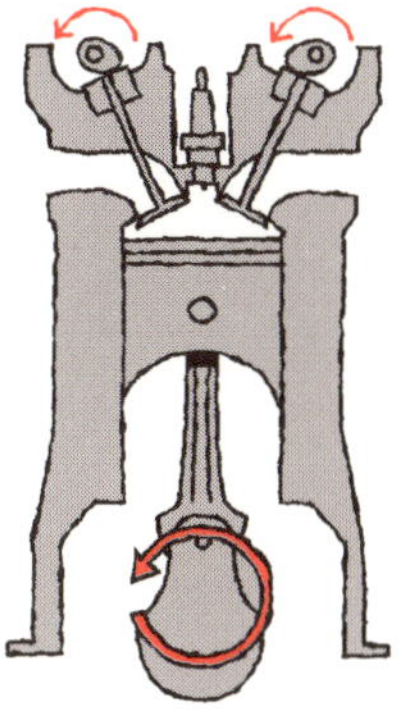

初期状態

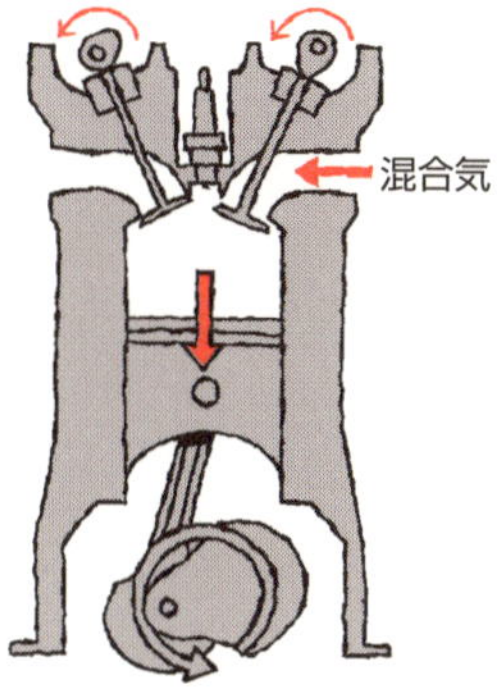

第1工程:吸入工程

ピストンが下がり、混合気（燃料を含んだ空気）をシリンダーに吸い込む工程。

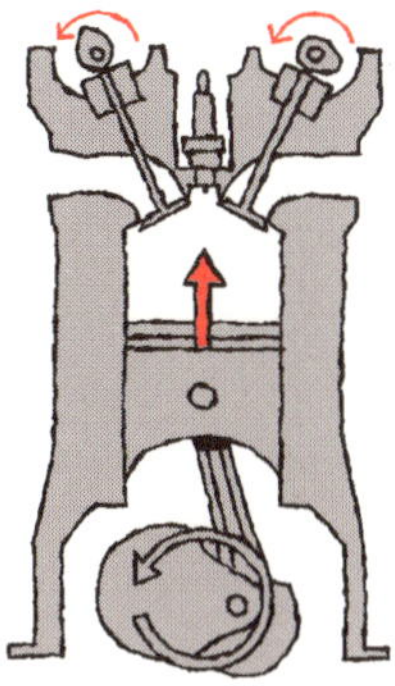

第2工程:圧縮工程

ピストンが上死点まで上がり、混合機を圧縮する工程。

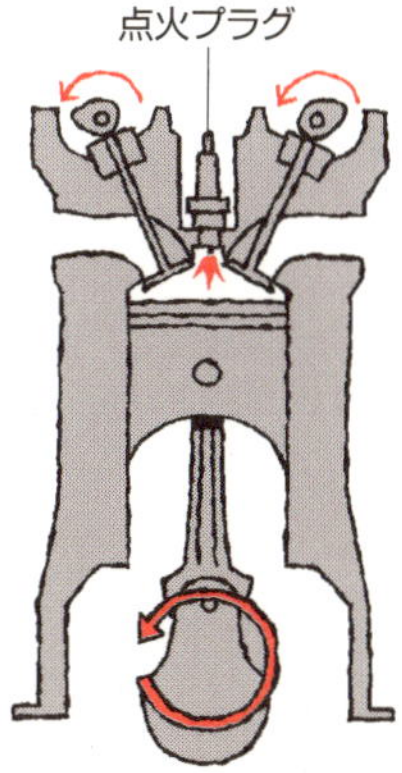

燃料へ点火

点火プラグの火花により燃料へ点火。

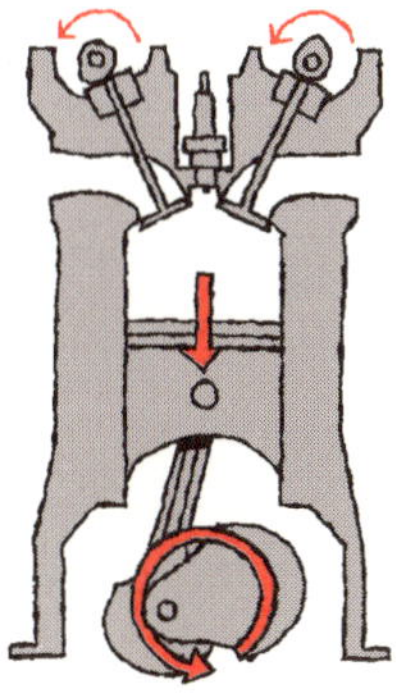

第3工程:燃焼爆発工程

点火プラグにより点火された混合気が燃焼し、燃焼ガスが膨張してピストンが下死点まで押し下げられる工程。

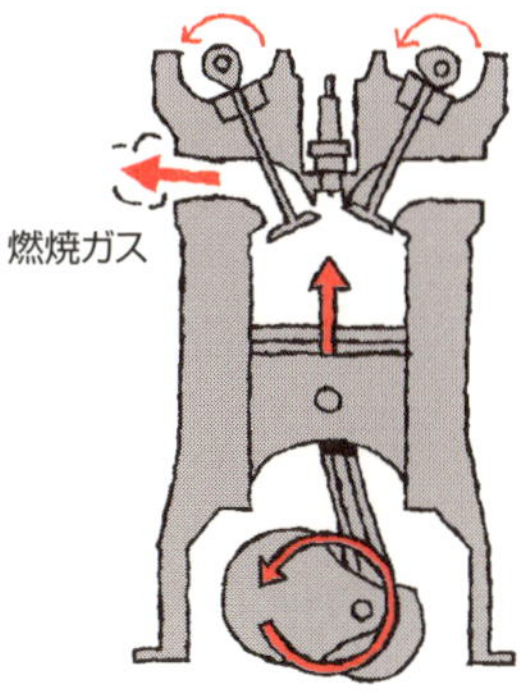

第4工程:排気工程

慣性によりピストンが上がり、燃焼ガスをシリンダー外に押し出す工程。

フェルナンド・ポルシェ(1875~1951)~20世紀最高の天才自動車設計者

フェルナンド・ポルシェは、自動車の産みの親と称されるカール・ベンツよりも約30年遅い1875年にオーストリアで生まれました。1898年に電気自動車の開発を進めていたローナ社に入り、そこで生涯の仕事となる自動車の開発を始めました。1900年パリ万博に出展した、車輪ハブにモーターを搭載した電気自動車「ローナ・ポルシェ」は、現在のインホイールモータの先駆となりました。その後ダイムラー社に移籍して、いくつもの自動車エンジンを開発しました。自動車だけでなく、航空用のエンジンも開発し、第一次世界大戦前のダイムラー社製航空エンジンの優秀性は世界に知れ渡りました。これらの業績から1917年ウィーン工科大学から名誉博士号を授与されました。叩き上げの技術者で、大学を卒業していないポルシェが「博士」の敬称で呼ばれるのは、この名誉学位に由来します。

1926年にダイムラーとベンツが合併しダイムラー・ベンツとなった後は、高性能乗用車やレーシングカーを多数手がけました。中でも1927年から生産されたスポーツモデルSシリーズは、古典的高性能車として成功を収めました。自己主張の強い彼はダイムラー・ベンツを辞職し、1931年にドイツのシュツットガルトに設計とコンサルティングを行う会社を創立し、国内外の主要メーカーからの委嘱による自動車設計を行いました。1933年独裁者ヒトラーから国民車(ドイツ語でフォルクスワーゲン)の設計を依頼されました。計画通り5年後にフォルクスワーゲンタイプ1(後に「かぶと虫」の愛称で世界的に親しまれた)を量産化しました。

第二次世界大戦中にはヒトラーの指示により、戦車などの設計に携わりました。敗戦後はこれが理由で戦争犯罪人として逮捕されました。息子フェリーらにより復興したポルシェ一族は、現在でも同社とフォルクスワーゲングループの大株主です。

第4章

自動車の安全を守るタイヤのゴム材料

28 植物由来天然ゴムと石油由来合成ゴム、どちらが優秀？

ゴムはどのようにつくられるのか？

ゴムの木の樹液から取れる天然ゴムの歴史は6世紀のアステカ文明に遡ります。そして16世紀にコロンブスによってゴムはヨーロッパに持ち込まれました。しかし当時はゴムの利用価値はあまり高くありませんでした。18世紀に入ると南米ジャングルに自生するゴムの木から採った天然ゴムが消しゴムとして利用され始めました。しかし天然ゴムは寒暑に弱く、とても使いにくいものでした。

そこで米国のグッドイヤーは天然ゴムの改良に取組み、硫黄を30～40％混ぜて加熱すると性能が飛躍的に向上することを1851年に発見しました。これは「エボナイト」と呼ばれ、ゴムの利用価値は劇的に上がり、電気絶縁体やパイプなどに使われるようになり、エボナイト工業が興こりました。1888年英国人ダンロップは、この材料を用いて空気入りタイヤを発明しました。空気入りタイヤは、当時の自転車に革命をもたらしました。その後ゴムの木は南米ジャングルと気候の似ている英国植民地のマレーなどで栽培されるようになり、1930年以降野生ゴムはゴム市場から姿を消しました。第二次世界大戦後は合成ゴムの時代と呼ばれるようになりますが、それでも天然ゴムの引張り強度を越える合成ゴムは未だ発明されていません。植物の光合成と同様、生物が生み出すものは神の思し召しなのか、人間がそれを追い越すのは至難の業のようです。

現在、天然ゴムと合成ゴムの消費量は同じくらいで、自動車タイヤの原料は両方とも用いています。合成ゴムはガソリンと同様に原油が原料で、それを精製したナフサからつくられています。エチレンプラントでナフサを熱分解してエチレン、プロピレン、C4留分などのモノマー成分に分離します。プラスチックと同様にこのモノマー成分を素材として、いろいろな種類の合成ゴムが重合されます。自動車タイヤの原料の1つであるSBRはブタジエンなどから重合されます。

要点BOX

- ●天然ゴムは栽培ゴムの木からつくられる
- ●合成ゴムはナフサからつくられる

エボナイトとは・・・天然ゴムに硫黄を30～40%まぜて加硫したもの

エボナイトの原料

天然ゴム

＋

硫黄分子S_8

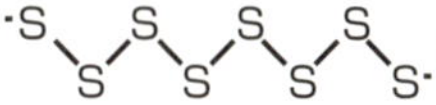

·S S S S
S S S S·

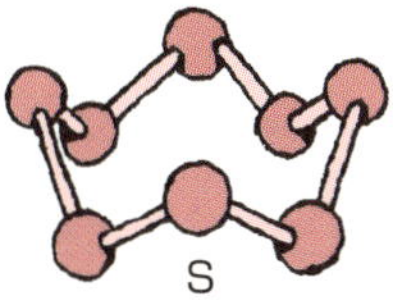

S

S_8分子が開環して架橋する

エボナイト

硬く光沢をもったゴム。外観がコクタン(ebony)に似ていることからエボナイトと呼ばれる。機械的強度が強く、耐酸性、耐アルカリ性に優れる。

チャールズ・グッドイヤー
（1800～1860　アメリカ）

エボナイトの用途

楽器のマウスピース

ボーリングの玉

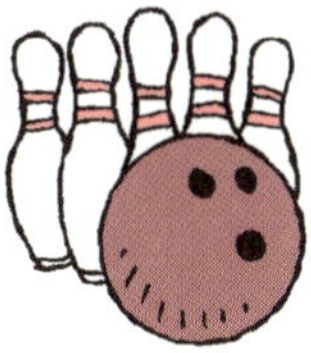

各種合成ゴムの製造プロセスの概略

（15 項、58 項参照）

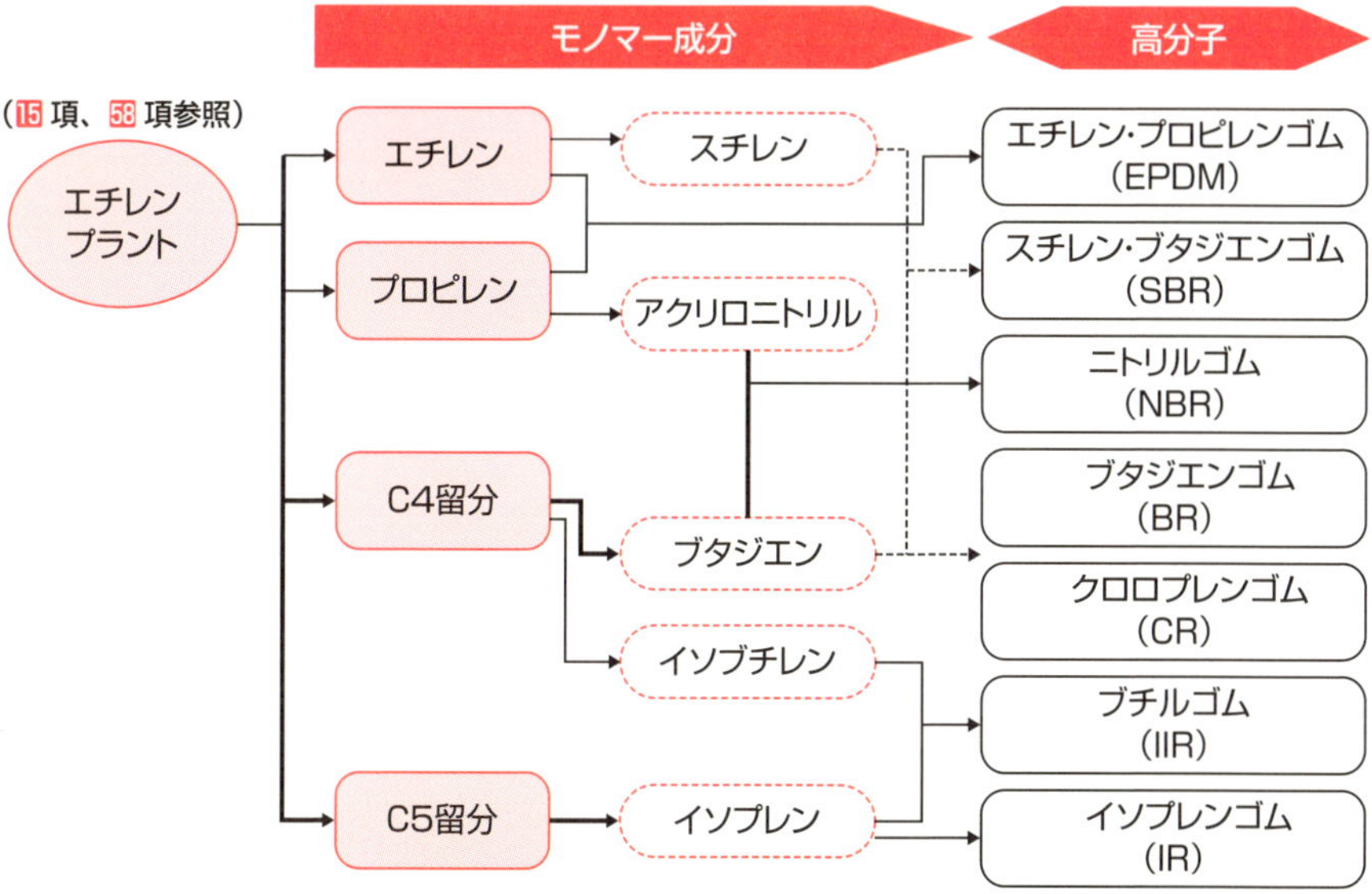

モノマー成分
高分子
エチレンプラント
エチレン
プロピレン
C4留分
C5留分
スチレン
アクリロニトリル
ブタジエン
イソブチレン
イソプレン
エチレン・プロピレンゴム (EPDM)
スチレン・ブタジエンゴム (SBR)
ニトリルゴム (NBR)
ブタジエンゴム (BR)
クロロプレンゴム (CR)
ブチルゴム (IIR)
イソプレンゴム (IR)

29 ゴムとプラスチックは何が違うのか？

ゴムの分子は変幻自在に形を変える！

プラスチックもゴムも炭素や水素などの原子から成る高分子です。しかしプラモデルのプラスチックは硬く、輪ゴムのゴムは柔らかいです。同じ炭素系の高分子でありながら、どうしてこのような差がでるのでしょうか?

左上図をご覧下さい。縦軸は弾性率を表し、上に行くほど硬く下に行くほど柔らかくなります。横軸は温度を表します。プラスチックの代表例として、非晶性のポリスチレン（以降PS）、ゴムの代表例としてポリブタジエン（以降PB）を選定します。-120℃の低温では、PSもPBも10^3MPa以上の弾性率があり硬い状態です。徐々に温度を上げていくとPBは-85℃位で急激に弾性率が低下します。このように急激に弾性率が低下する温度のことをガラス転移点と呼びます。一方、PSは弾性率の低下はほとんどなく、常温あたりではPSは10^3MPa、PBは10^{-1}MPaと4桁も差が開いてしまい、この差がプラモデルと輪ゴムの手触り感覚の差として表れるのです。PSも温度を上げていくと100℃くらいで急激に弾性率が低下して柔らかくなります。PSのガラス転移点（以降Tg）は100℃ということになります。『ゴムのTgは常温より低く（一般的に-20〜-130℃）、非晶性プラスチックのそれは常温より高い』、これがゴムとプラスチックの違いなのです。

下図左に示すように1本の高分子はTgより高温においては、分子全体としては移動しないが、結合の周りの回転によって分子の形が自由に変化できる状態、つまり変形しやすい柔らかい状態になっているのです。一般的にひも状で折れ曲がりやすい分子構造の高分子のTgは低くなり、剛直で曲がりにくい分子構造の高分子のTgは高くなります。

ゴムの代表的な分子構造を下図右に示します。「シス型」と呼ばれる構造をしており、この構造であるがゆえにゴムは折れ曲がりやすく、Tgが常温より低くなり柔らかく感じるのです。

要点BOX

- Tgより高温では、弾性率は小さく柔らかい
- ゴムは折れ曲がりやすい分子構造のため、Tgが常温よりも低い

プラスチックとゴムの弾性率の温度依存性

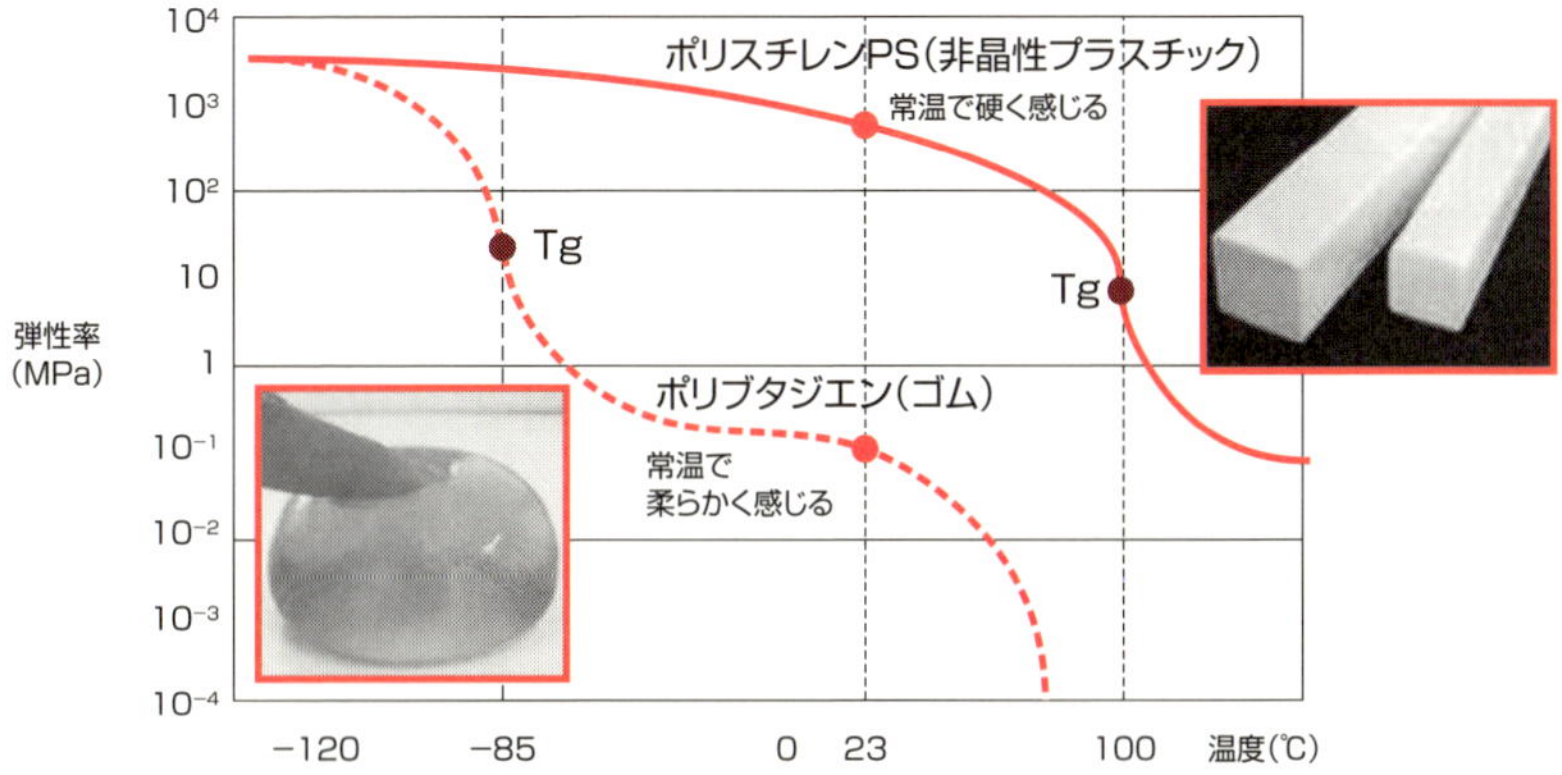

10^4
10^3
10^2
10
1
10^{-1}
10^{-2}
10^{-3}
10^{-4}
弾性率
(MPa)
ポリスチレンPS(非晶性プラスチック)
常温で硬く感じる
Tg
Tg
ポリブタジエン(ゴム)
常温で
柔らかく感じる
−120
−85
0
23
100
温度(℃)

ポリブタジエン(ゴム)のガラス転移点は−85℃で、常温より低い。
ポリスチレン(プラスチック)のガラス転移点は100℃で、常温より高い。

ミクロブラウン運動とは

高分子鎖は、ガラス転移点より高温において、分子全体の重心は動かなくても、非晶領域にある無秩序な分子鎖が、炭素ー炭素の単結合のまわりを、自由に回転することができる。この分子鎖の熱運動を「ミクロブラウン運動」と呼ぶ。

例　デカン$C_{10}H_{22}$のミクロブラウン運動

分子の形が自由自在に変わる

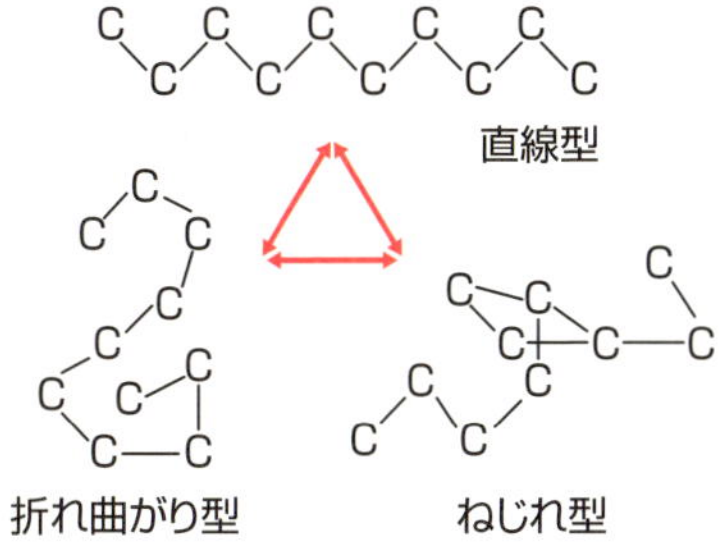

直線型
折れ曲がり型
ねじれ型

ゴムの分子構造

シス型構造…分子が折れ曲がりやすい

Xが同じ側にある。ゴムの分子構造

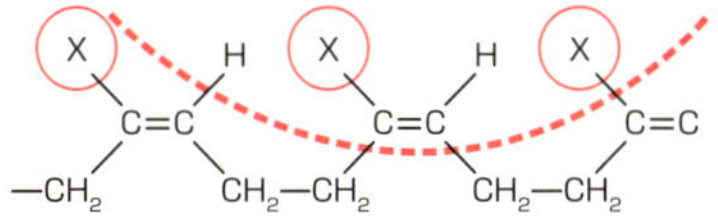

X：CH_3　ポリイソプレン(天然ゴム)
X：H　ポリブタジエン(合成ゴム)
X：Cl　ポリクロロプレン(合成ゴム)

トランス型構造‥分子が折れ曲がらず剛直

Xが反対側にある。

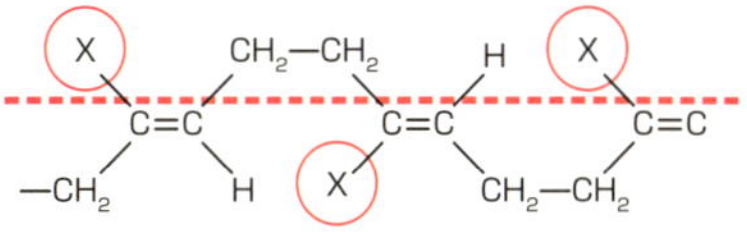

30 ばねとゴムでは伸縮の原理が「月とスッポン」ほど違う

エネルギー弾性とエントロピー弾性

鉄線のばねを引張ると伸び、その力を除くと素早く元の長さに戻ります。ゴムひもを引張ると伸び、その力を除くと素早く元の長さに戻ります。一見同じような現象です。しかしこの現象を引き起こしている原理が月とスッポンほど違うことはあまり知られていません。鉄は金属結合でできており、力を加えると鉄原子と鉄原子の距離が長く伸ばされます。そして力を除くとエネルギー的に安定である元の原子間距離に戻ろうとします（弾性変形内において）。この伸縮の原理を「エネルギー弾性」と呼びます。これに対してゴムひもが伸縮する原理は、ゴムの炭素原子の間の距離が変化するからではなく、「エントロピー」という熱力学的物理量で説明されます。前項で述べたようにゴムの1本の高分子はひも状で折れ曲がりやすく、常温では上図右に示す「糸まり状」になっています。この状態で引張ると、高分子が伸びきった楕円形に変形します。そして力を除くと元の糸まり状に戻ります。糸まり状が最も安定（エントロピーが最大）な形だからです。

エントロピーとは系の乱雑さや無秩序さを表す量のことで、熱力学第二法則は「エントロピーは不可逆反応において常に増大する」としています。高分子1本が伸びきった状態は、分子が一定の方向に整列しており、エントロピーは小さい状態です。この状態で力を除くと、より乱雑で無秩序でエントロピーが大きい糸まり状に戻ります。これが「エントロピー弾性」の原理で、ゴムの弾性を理解する上で最も重要な概念です。しかし、糸まり状のゴムを引張り続けてゴムの高分子を引き伸ばしたままにしておくと、徐々にその形になじんでしまい、元の糸まり状に戻らなくなってしまいます。そこで硫黄を加えて高分子間に橋を架けた架橋構造にすることにより、弾性性能を向上させています。8員環の硫黄は開環してゴムの中に入り、ゴム高分子と化学結合（架橋）します。

要点BOX

- ●ばね伸縮は原子間の距離が変化する
- ●ゴム伸縮は原子間の距離は変化しない
- ●エントロピーの大きい糸まり状が安定な状態

ばね伸縮の原理

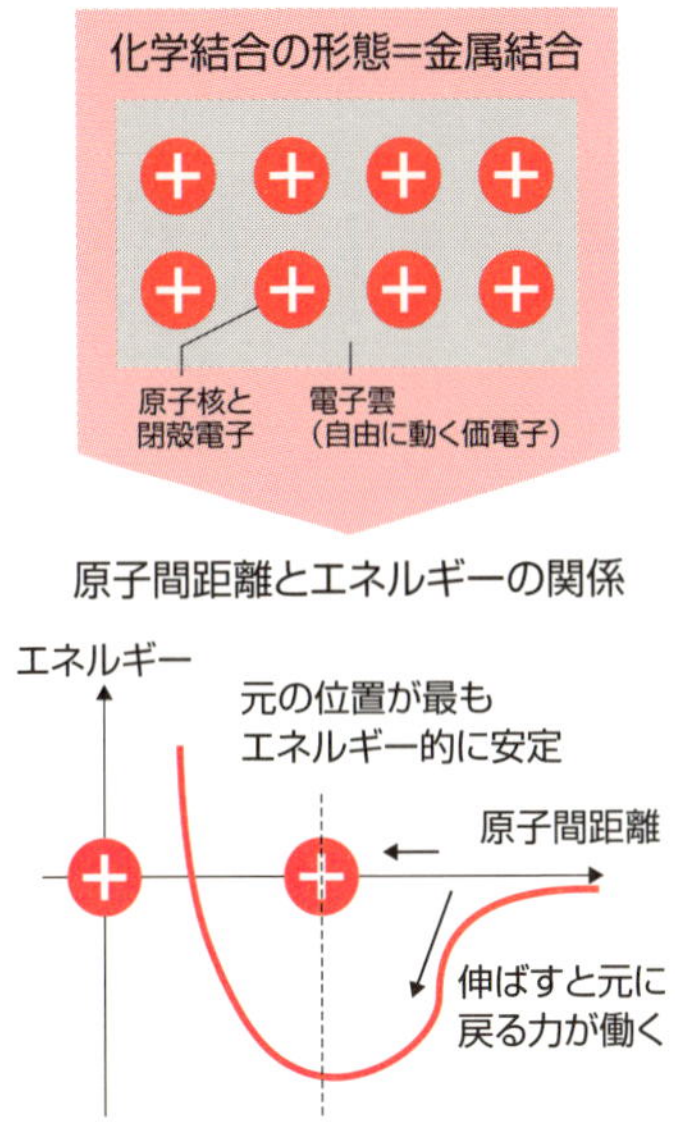
化学結合の形態=金属結合
原子核と
閉殻電子
電子雲
（自由に動く価電子）
原子間距離とエネルギーの関係
エネルギー
元の位置が最も
エネルギー的に安定
原子間距離
伸ばすと元に
戻る力が働く

ゴムの伸縮の原理

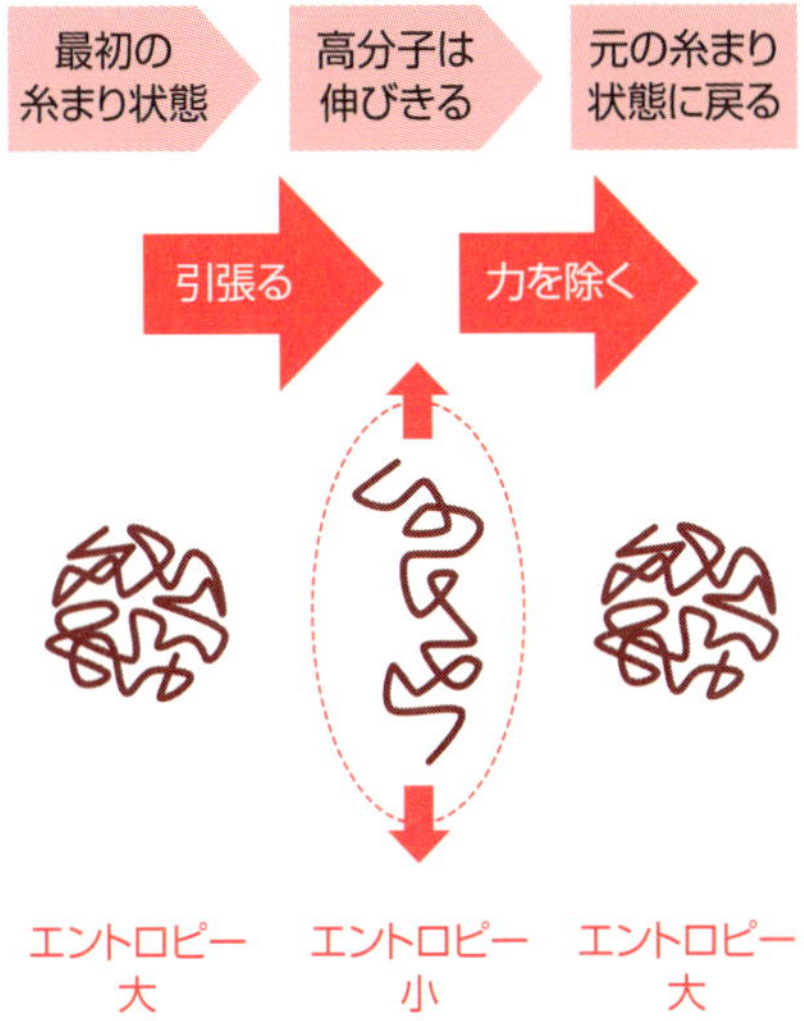
最初の
糸まり状態
高分子は
伸びきる
元の糸まり
状態に戻る
引張る
力を除く
エントロピー
大
エントロピー
小
エントロピー
大

未架橋ゴムと架橋ゴムの変形と戻り

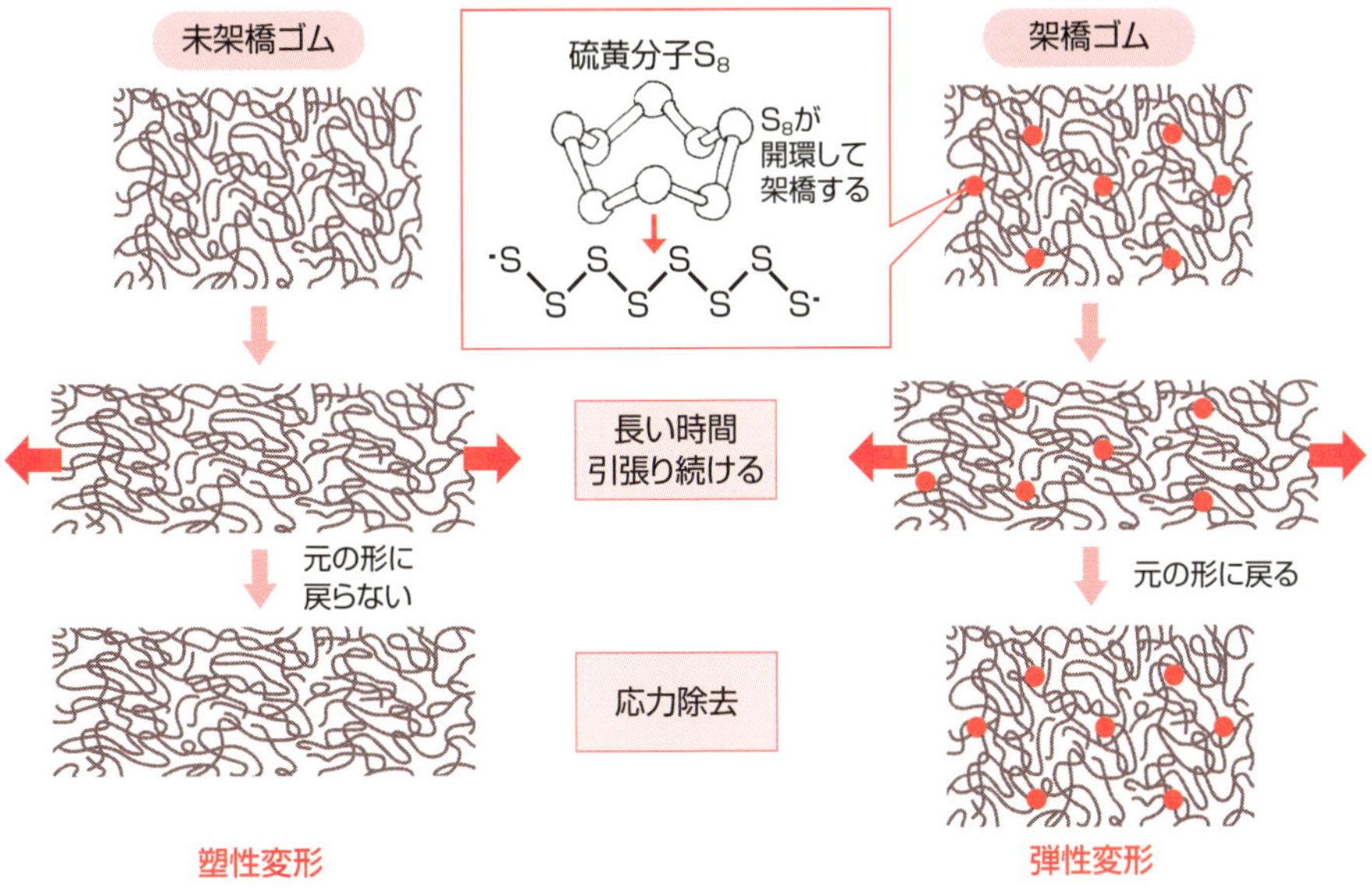
未架橋ゴム
硫黄分子S_8
S_8が
開環して
架橋する
·S S S S S S S S·
架橋ゴム
長い時間
引張り続ける
元の形に
戻らない
元の形に戻る
応力除去
塑性変形
弾性変形

31 日本の自動車タイヤの起源は〝地下足袋〟

タイヤ1位ブリヂストンを興した石橋正二郎

読者の皆様は「日本の三大発明」をご存知でしょうか？それは、①西尾正左衛門の〝亀の子束子（たわし）〟②石橋正二郎の〝地下足袋〟③松下幸之助の〝二股ソケット〟です。

現在、タイヤの世界第一位のシェアを誇るブリヂストンの創業者である石橋正二郎は、明治22年福岡県久留米市に生まれました。17歳のとき、家業の仕立物業（シャツ、ズボン下、足袋などの注文に応じる業）を兄と共に継ぎました。正二郎は仕立物屋を足袋専門業に改め、徒弟制度の廃止や機械化による生産の効率化を図りました。大正時代、日本の勤労者の履物は依然として「わらじ」でした。しかし、わらじは足に充分に力が入らないため作業の効率が悪く、釘やガラスの破片を踏み抜きやすく危険でもありました。そこで彼はわらじよりもはるかに耐久性に富む、ゴム底足袋（足袋にゴム製の底を縫い付けたもの）の開発に取組みました。縫い糸が切れやすく耐久性がないという課題に突き当たりました。東京の百貨店で見つけた米国製のテニス靴からヒントを得て、従来のゴム底縫い付け方式から、ゴム糊をゴム底の粘着に用いた貼合わせ方式での生産に成功しました。大正12年に〝地下足袋〟という商品名で売り出したところ、爆発的な人気を獲得し、地下足袋と言う言葉は今日では普通名詞になりました。

その後、彼は自動車タイヤに注目します。当時は日本国内の自動車台数はわずか5万台程度、アメリカでは２３００万に達していました。将来日本でも国産自動車が数多く作られるようになると考えた彼は、タイヤの国産化を開始しました。社名には石橋の姓を英語風にもじって〝ストーンブリッヂ〟を考えましたが、あまり語呂が良くないことから〝ブリヂストン〟と並び替え、タイヤの商標名にもしました。米国でグッドイヤーが天然ゴムを加硫してエボナイトを実用化してからちょうど80年後の１９３１年ことでした。

要点BOX

- 足袋とゴム底の組み合わせの発明“地下足袋”
- 石橋を逆に並び替えた“ブリヂストン”

日本の三大発明とは

西尾正左衛門の亀の子束子（たわし）

亀の子
束子

石橋正二郎の地下足袋

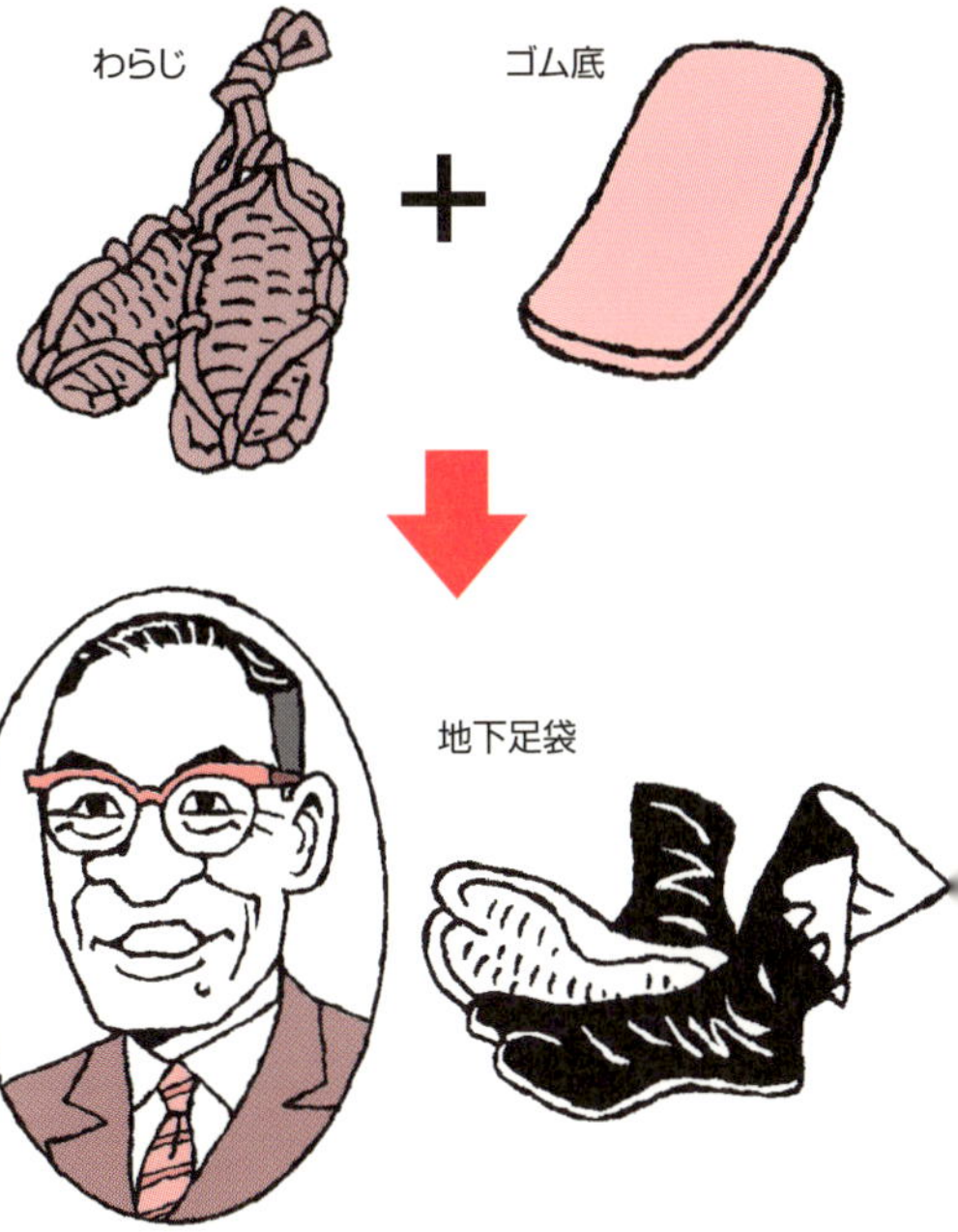
わらじ
ゴム底
地下足袋

石橋正二郎
（明治22年～昭和51年）

松下幸之助の二股ソケット

タイヤの世界シェア（2013年売上高ベース）

一位　ブリヂストン（日本）、二位　ミシュラン（仏）　三位　グッドイヤー（米）

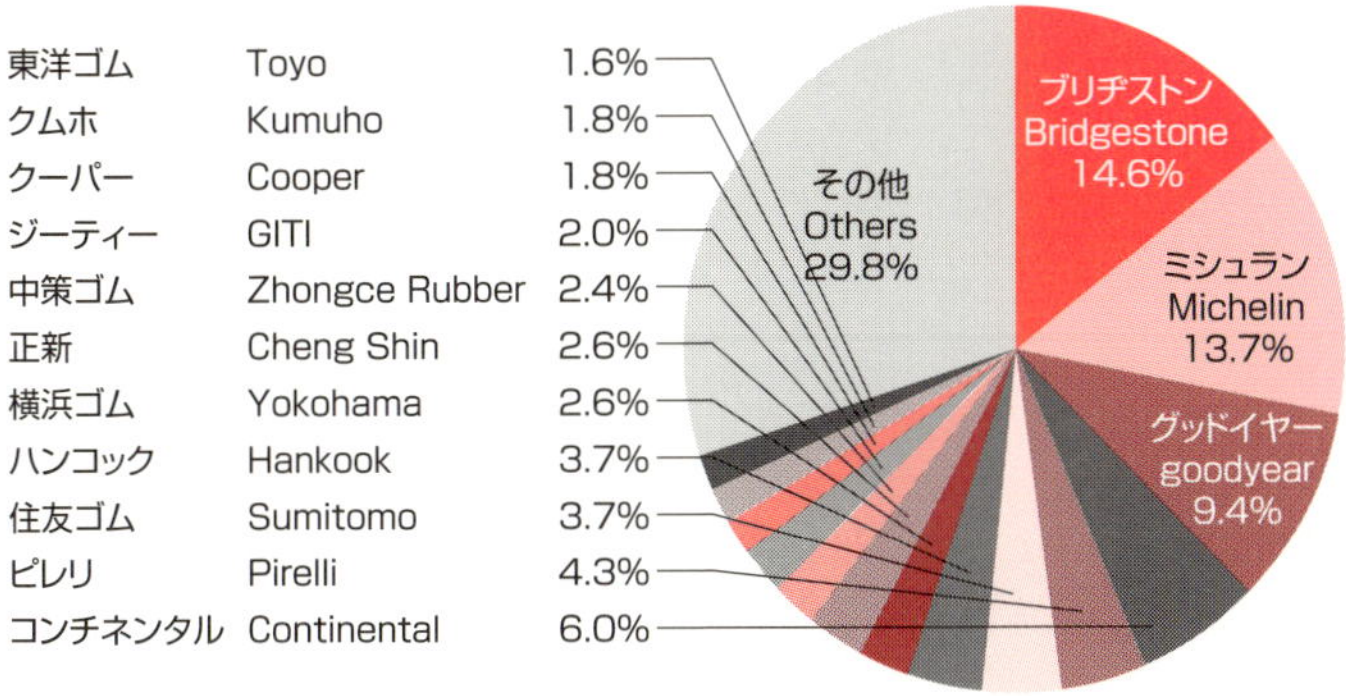
東洋ゴム Toyo 1.6%
クムホ Kumuho 1.8%
クーパー Cooper 1.8%
ジーティー GITI 2.0%
中策ゴム Zhongce Rubber 2.4%
正新 Cheng Shin 2.6%
横浜ゴム Yokohama 2.6%
ハンコック Hankook 3.7%
住友ゴム Sumitomo 3.7%
ピレリ Pirelli 4.3%
コンチネンタル Continental 6.0%
ブリヂストン Bridgestone 14.6%
ミシュラン Michelin 13.7%
グッドイヤー goodyear 9.4%
その他 Others 29.8%

出典:「ブリヂストンデータ2014」

32 ハイブリッド車のタイヤはハイブリッドゴム

合成ゴムの種類「汎用ゴム」と「特殊ゴム」

ゴムは、「ゴムの木」から採取される樹液を原料とする「天然ゴム」と、原油から人工的に合成される「合成ゴム」に分類できます。

天然ゴムの主成分はポリイソプレンで、ゴムの木の中で付加重合して生成されます。樹液中では水溶液にゴム成分が分散したエマルジョンの状態になっており、ラテックスと呼ばれています。しかしながらゴムの樹液がどのようなプロセスで生成されるのかは、緑葉植物の光合成と同様、その詳細は霧に覆われている部分が残されています。「合成ゴム」は更に、「汎用ゴム」と「特殊ゴム」に分類されます。プラスチックでいう、汎用プラとエンプラの分類に似ています。

汎用ゴムの代表的なものに、ＩＲとＳＢＲがあります。ＩＲ（イソプロピレンゴム）は、天然ゴムと同じポリイソプレンを主成分とした、まさに「人工的に合成した天然ゴム」です。多くの産業分野で天然ゴムの代替として使用されています。しかし未だに本当の天然ゴムの引張り強度を越えるＩＲは開発されていません。

ＳＢＲ（スチレン・ブタジエンゴム）は、スチレンとブタジエンの共重合体です。ＳＢＲの力学特性は天然ゴムに最も近く、耐熱性、耐摩耗性に優れ、成形加工性も良く、天然ゴムや他の合成ゴムとのブレンド性も良好です。自動車タイヤの主原料は、天然ゴムとこのＳＢＲのハイブリッド材なのです。

一方、特殊ゴムとは、天然ゴムにない特性をもち、特定の用途の工業製品に用いられる合成ゴムです。エチレン・プロピレンゴム（ＥＰＤＭ）は、ゴムの中で最も比重が小さいゴムです。自動車のモール類をはじめ、建築用や家庭用の給水や給湯器になどに多く用いられています。アクリルゴム（ＡＣＭ）は、自動車のトランスミッションやクランクシャフトのパッキンやシールに用いられています。フッ素ゴムは最高の耐熱性、耐薬品性をもつため、自動車エンジン周りに用いられています。

要点BOX

- ●合成ゴムは汎用ゴムと特殊ゴムに分類できる
- ●汎用ゴムの代表例SBRはタイヤに使われる
- ●特殊ゴムも適材適所で、車に使われている

ゴムの分類

ゴム

天然ゴム

ゴムの木から採取される樹液を原料とするゴム

天然ゴムの分子構造は、電磁誘導の法則を発見した英国のマイケル・ファラデー（1791〜1867）によって、1826年に解明された。その後に、単量体C_5H_8は、「イソプレン」と命名された。

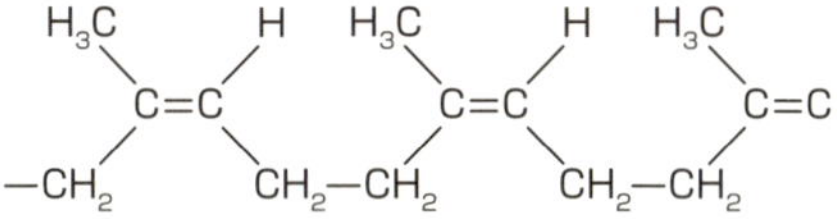

合成ゴム

主に原油から化学的に合成されるゴム

自動車のタイヤ

天然ゴムとSBRが主原料

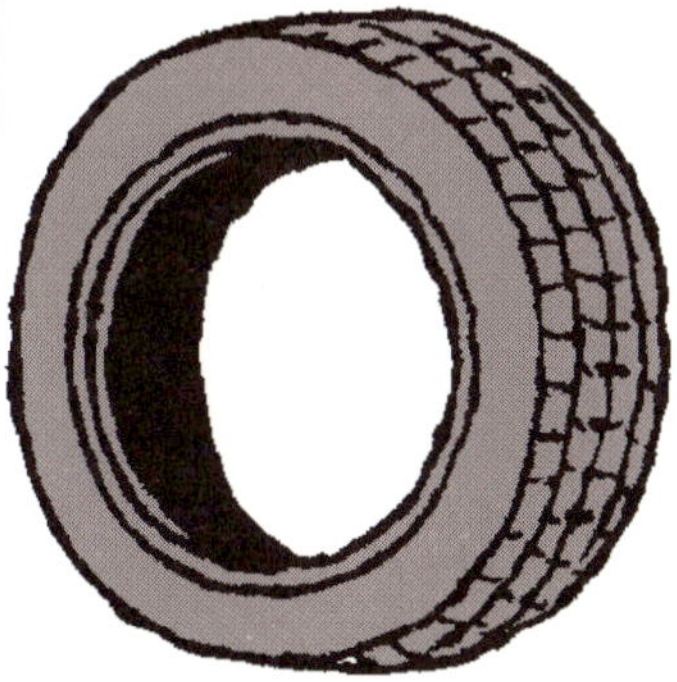

汎用ゴム

(1)IR　イソプレンゴム

（ポリイソプレン）

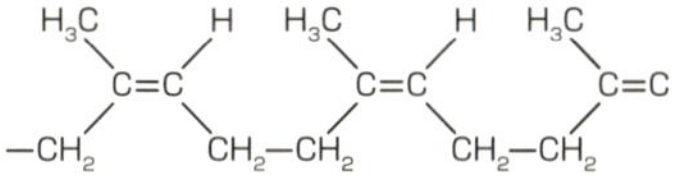

(2)SBR　スチレン・ブタジエンゴム

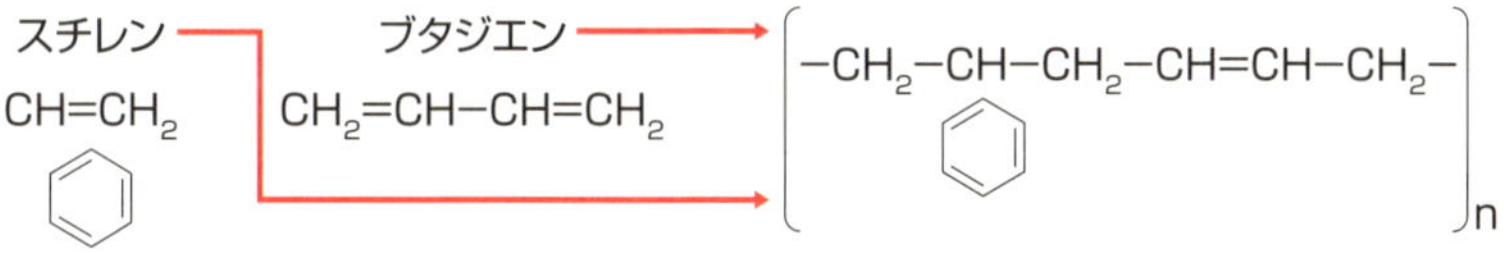

特殊ゴム

主な特殊ゴムと自動車用途

名称	特徴	用途
エチレン・プロピレンゴム（EPDM）	ゴムの中で最も比重が小さい。耐老化性、耐オゾン性、極性液体に対する抵抗性、電気性質が良い。	ウィンドモール ルーフモール ガラス窓枠 サンルーフ窓枠
アクリルゴム（ACM）	高温における耐油性が良い	トランスミッションやクランクシャフトのパッキンやシール
フッ素ゴム	最高の耐熱性と耐薬品性をもっている	燃料ホース ターボチャージャー ホースインジエクター Oリング シリンダーヘッド ガスケット

33 タイヤの歴史は5千年、空気入り自動車タイヤの歴史は120年

ミシュランタイヤの走りは最高級の『三つ星』？

最古の陸上輸送手段はそりであったと言われています。そりは陸上では摩擦力が大きく、そりの下に車輪を取り付けたのは紀元前3千年頃のシュメール人でした。それは木の板をつぎ合わせ、その中心に心棒をつけた簡素な車輪でした。しかし輸送能力は飛躍的に向上しました。そしてなんとこの車輪の外周には動物の皮を被せ、銅の釘で固定していました。今日の自動車タイヤの原型とも呼べる構造なのです。この構造のタイヤが3千年に渡って使われてきました。キリストが誕生した頃、ライン川流域のケルト人によって鉄のタイヤが発明されました。以降鉄のタイヤの時代が続きました。

ゴムタイヤが使われ始めたのは1867年からです（グッドイヤーが天然ゴムを加硫してエボナイトを実用化したのが1851年）。当時の自動車タイヤはゴムの輪を車輪の外周に単に取り付けたソリッドタイプのもので、最高速度は30㎞／h程度で長く走ると熱でゴムが焼け焦げたそうです。

現在の空気入りタイヤが、ダンロップによって自転車に初めて使われたのが1888年で、ベンツが世界初のガソリンエンジンを搭載した自動車を発明した3年後のことです。ダンロップはゴムを塗布したキャンバスでゴム製のチューブを包んだ構造のタイヤを発明しました。フランスの貴族ミシュラン兄弟は、1895年のパリ～ボルドー往復の自動車耐久レースに、自分達で開発した自動車用空気入りタイヤで参戦し、完走こそしましたが22本のスペアタイヤを使い切る数多くのパンクにより、時間超過で惜しくもリタイヤとなりました。しかしレース途中では優勝車の倍以上の60㎞／hを記録し、乗り心地などで圧倒的な性能を見せつけました。彼らの空気入りタイヤは一躍有名になり、一般の車にも普及して行きました。余談となりますが、ミシュラン社が発行する、いわゆる『三つ星』評価付きの旅行ガイドブックは有名です。

要点BOX

- ●最初はソリッドタイプのゴムタイヤ
- ●ダンロップは自転車用空気入りタイヤを開発
- ●ミシュランは自動車用空気入りタイヤを開発

紀元前3000年当時の車輪

そりは、雪上や氷上には適しているが、陸上では摩擦力が大きくなるため、車輪を必要とした。

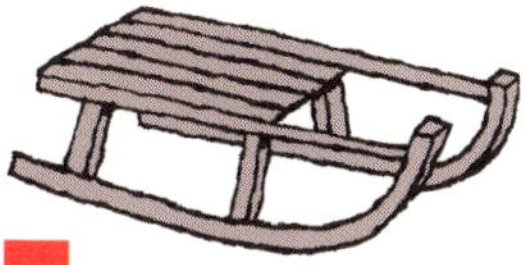

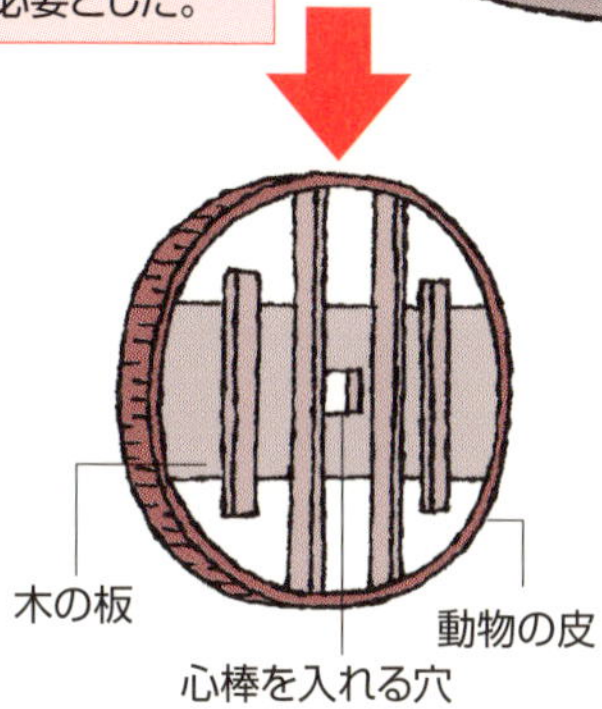
木の板
心棒を入れる穴
動物の皮

1900年ごろの自動車タイヤ

ソリッド（中空ではなく、中実）のゴムタイヤ。ゴム製の輪を車輪の外周に取り付けたもの

自転車用「空気タイヤ」

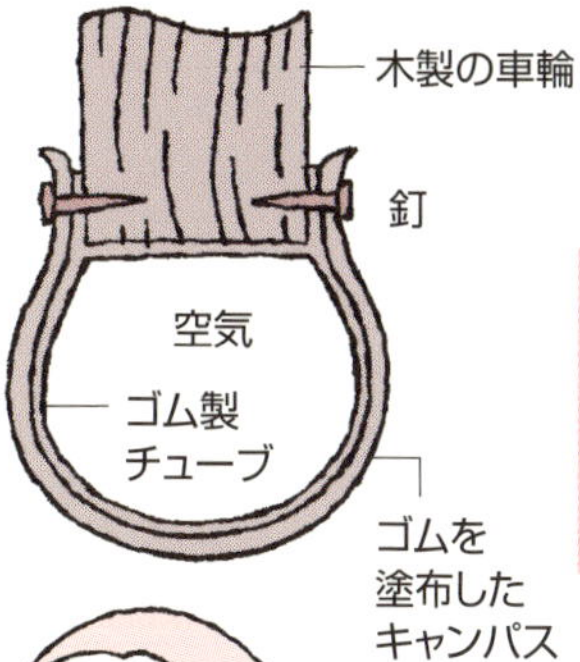
木製の車輪
釘
空気
ゴム製
チューブ
ゴムを
塗布した
キャンバス

自転車用「空気タイヤ」を発明したダンロップ（1840〜1921）

自動車用「空気タイヤ」を発明したミシュラン（1859〜1940）

20世紀以降の自動車タイヤ

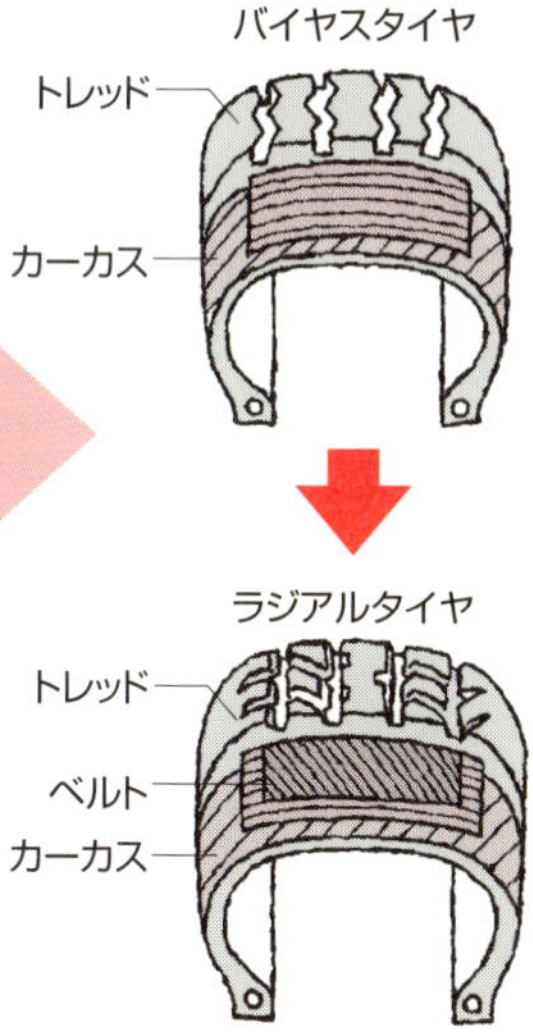
バイヤスタイヤ
トレッド
カーカス
ラジアルタイヤ
トレッド
ベルト
カーカス

ミシュランガイド
☆（1つ星）　その分野で特に美味しい料理
☆☆（2つ星）極めて美味であり遠回りをしてでも訪れる価値がある料理
☆☆☆（3つ星）それを味わうために旅行する価値がある卓越した料理

Column

Charles RollsとHenry Royceが創ったロールス・ロイス

イギリスの高級車の代名詞であるロールス・ロイス社は1903年に創立されました。ロールス・ロイスの信頼性、静粛性およびアフターサービスについては、数々の伝説や逸話が残っています。ある紳士がヨーロッパに旅行に出かけたところ、スイスの山道でクランクシャフトが壊れてしまった。早速工場に電話をして部品を送るように要請すると、やがてヘリコプターが飛んできて、整備工が降りてきて手際よく修理し、再びヘリコプターで飛び去った。帰国した紳士は、修理代の請求が来ないことに不審を抱き工場電話したところ、「お客様、ロールス・ロイスのクランクシャフトは壊れません」と言われたという逸話です。

この話は、ラドヤード・キップリングという英国人の体験談を元にしていると言われています。彼はロールス・ロイスの熱心なファンで、1925年に発売された「ファントム」を運転して長距離ドライブに出かけました。途中でトラブルが発生し走行不能になったため、ホテルまで牽引してもらって、最寄のディーラに電話した。ディーラはホテルから遠く、明朝に出発しても到着は明日の昼過ぎと考えた彼は、大酒を飲んで寝てしまった。翌日昼頃起きてきた彼に対してホテルの支配人が、「お客様のクルマはもう修理が済んでいます。今日の早朝に数人の整備工がやって来て、修理を終えてもう帰りました。」と伝えました。請求書は送られてこなかった、という体験談です。ファントムシリーズは007などの映画にもよく登場するモデルです。また、「ボンネットの上で銀貨を立ててエンジンをかけても倒れない」という伝説がありますが、これは事実のようです。1906年から発売されて世界的な名声を獲得した「シルバーゴースト」は、出荷検査としてこの方法を採用していたようです。ロールス・ロイス社の自動車部門の製造販売は、2003年からドイツのBMWが行っています。

第5章

自動車を美人に化かす塗料の化学

34 塗料とは4成分混合系のカルテット

車のイメージをいかに色彩として表現するか

塗装の目的は被塗装物を保護すること、美観と機能を付加することです。自動車塗装における保護とは、ほとんどが鉄素材からなる車体を錆《さび》から守り、車の寿命が終えるまで素材の強度を保つことです。美観とは、色、肌、艶などで視覚を通してお客様に訴えかけるものです。色は車のボディデザインとともに個人の嗜好に大きく依存します。塗料・塗装は車のコンセプトとイメージをいかに色彩として表現するか、という命題をもっています。機能とは傷が付きにくい、メンテナンス性が良い、といったことです。塗料は、樹脂（高分子）、顔料、添加剤、溶剤の4成分から構成されています。この4成分はその役割によって次のように分類できます。①塗膜主要素：塗料が固着し、本来の目的である保護と美観に直接関わりをもつ樹脂と顔料の主成分ことです。②塗膜副要素：塗料をつくりやすくしたり、塗料が丈夫できれいに乾燥するように積極的に助ける役割をする分散剤、安定剤などの添加剤のことです。③塗膜助要素：樹脂と顔料を練り合わせるときに使う溶剤や塗装しやすいように加えられるシンナーなどのように、塗料が乾燥するとなくなる成分です。

自動車用塗料の樹脂は、一般的には熱硬化性樹脂を用います。低分子量樹脂が硬化剤との反応によって高分子に成長して塗膜となります。熱可塑性樹脂とは異なり、分子構造は三次元網目構造となるため、耐候性に優れた硬くて強い塗膜が形成されます。着色顔料は有機顔料と無機顔料に類別されます。色味、着色力、下地の隠ぺい力、耐候性がこれで決まります。有機顔料は一般に鮮明な色と着色力をもちますが、隠ぺい力や顔料の分散性に劣ります。フレーク顔料は自動車のメタリック塗料に用いられる顔料で、燐片状のアルミニウム、着色マイカなどことです。宝石のように深く透明感があり、輝くような色を醸し出すことができます。

要点BOX

- 塗料は樹脂、顔料、添加剤、溶剤の4成分
- 自動車用塗料の樹脂は熱硬化性樹脂が多い
- 着色顔料は有機顔料と無機顔料に類別される

塗料の成分

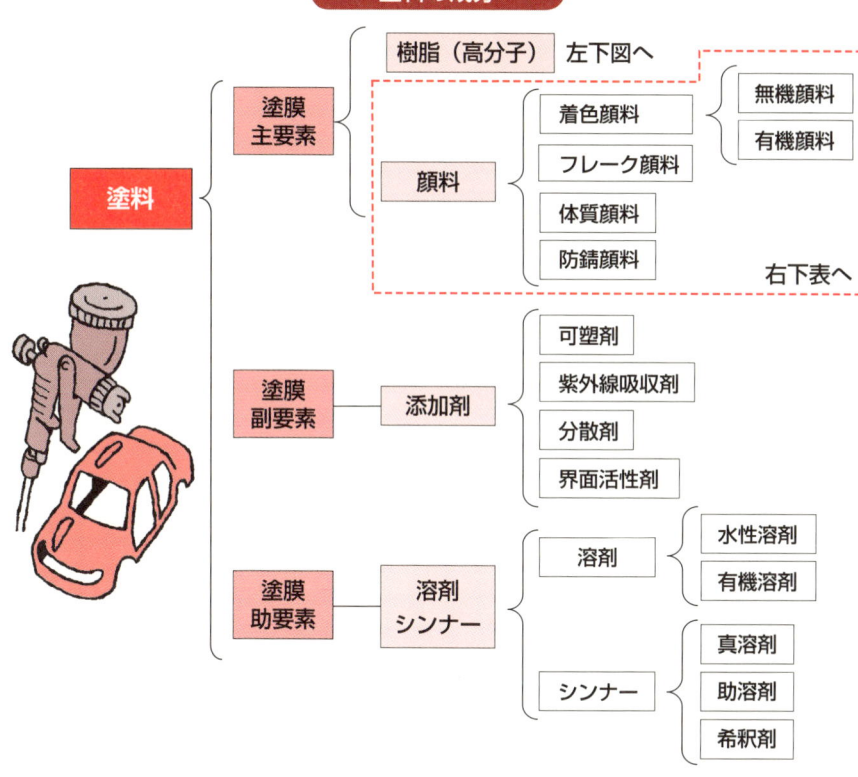

- 塗料
  - 塗膜主要素
    - 樹脂（高分子） 左下図へ
    - 顔料
      - 着色顔料
        - 無機顔料
        - 有機顔料
      - フレーク顔料
      - 体質顔料
      - 防錆顔料

      右下表へ
  - 塗膜副要素
    - 添加剤
      - 可塑剤
      - 紫外線吸収剤
      - 分散剤
      - 界面活性剤
  - 塗膜助要素
    - 溶剤シンナー
      - 溶剤
        - 水性溶剤
        - 有機溶剤
      - シンナー
        - 真溶剤
        - 助溶剤
        - 希釈剤

塗料中の樹脂成分

樹脂

熱可塑性樹脂

・高分子量樹脂液から溶剤が蒸発して塗膜になる
・塗膜は溶剤に溶け、熱により溶融する
例）塩化ビニル樹脂、酢酸ビニルエマルション、アクリルエマルション

熱硬化性樹脂（硬化剤を添加）

・低分子量樹脂と硬化剤の反応により塗膜になる
・塗膜は溶剤に溶けず、熱によって流動しない
例）アクリル樹脂、アルキド樹脂、メラニン樹脂、エポキシ／イソシアネート樹脂、ポリエステル樹脂

顔料の種類

分類		代表例
着色顔料	無機顔料	酸化チタン、モリブデン、赤黄鉛、カーボンブラック
	有機顔料	ペリンレッド、フタロシアニンブルー、フタロシアニングリーン
フレーク顔料		アルミニウム、着色マイカ、ガラスフレーク、シリカフレーク
体質顔料		炭酸カルシウム、タルク、カリオン、硫酸バリウム
防錆顔料		ジンククロメート、鉛丹、亜鉛化鉛、ストロンチウムクロメート

35

塗膜はこのように形成される

有機溶剤塗料と水性エマルション塗料

塗料は、被塗装物に塗装され、乾燥・硬化して塗膜になります。この過程を成膜過程といいます。この成膜が形成されるメカニズムを代表的な二つの塗料で見てみましょう。塗料の成分は前節で説明しましたが、一つ目は樹脂が熱硬化樹脂で溶剤が有機溶剤の組み合わせの塗料。二つ目は、樹脂が熱可塑性樹脂で溶剤が水の場合です。一つ目の塗料は自動車でもよく使われているタイプです。この塗料は塗料の段階では、樹脂成分は低分子の状態です。そこに硬化剤（過酸化物など）を加えて適度な温度に加熱すると、不飽和基（-C＝C-）を起因とする化学反応が起こり、低分子同士が三次元的につながった構造の高分子が形成されます。同時に有機溶剤やシンナーが蒸発して、硬くて強い塗膜がつくられます。

二つ目の水系塗料ですが、その代表的なものがエマルション塗料と呼ばれるものです。一般にはエマルジョンと濁りますが、塗装分野ではなぜかエマルションというので、本書もそれに従います。エマルション塗料は、最初から樹脂は高分子になっています。水（親水性）に高分子（疎水性）を均一に分散させるために界面活性剤を用います。界面活性剤の疎水性部分が樹脂に吸着し、親水性部分が水と接触して安定分散します。これを塗布して加熱します。すると水が蒸発することと、樹脂界面の水の毛細管効果により、樹脂同士が接近します。さらに樹脂同士が融着して熱可塑性樹脂製塗膜が形成されます。残存する界面活性剤が塗膜の性能を低下させます。また樹脂同士の融着は完全なものに成り難く、塗膜の表面状態が凹凸になるため光沢が得られません。エマルション塗料は現在、建築物内装などで実績がありますが、このままでは自動車用としては適切ではありません。ここで紹介したのは最もわかりやすい事例ですが、エマルション塗料でも、硬化反応を併用して塗膜性能を向上させることができます。

要点BOX

- ●熱硬化性樹脂の塗膜は、硬くて強い
- ●熱可塑性樹脂の塗膜は、凹凸で光沢がない

塗料から塗膜形成のメカニズム

（1）熱硬化性樹脂×有機溶剤の組み合わせ……一般的な自動車塗料

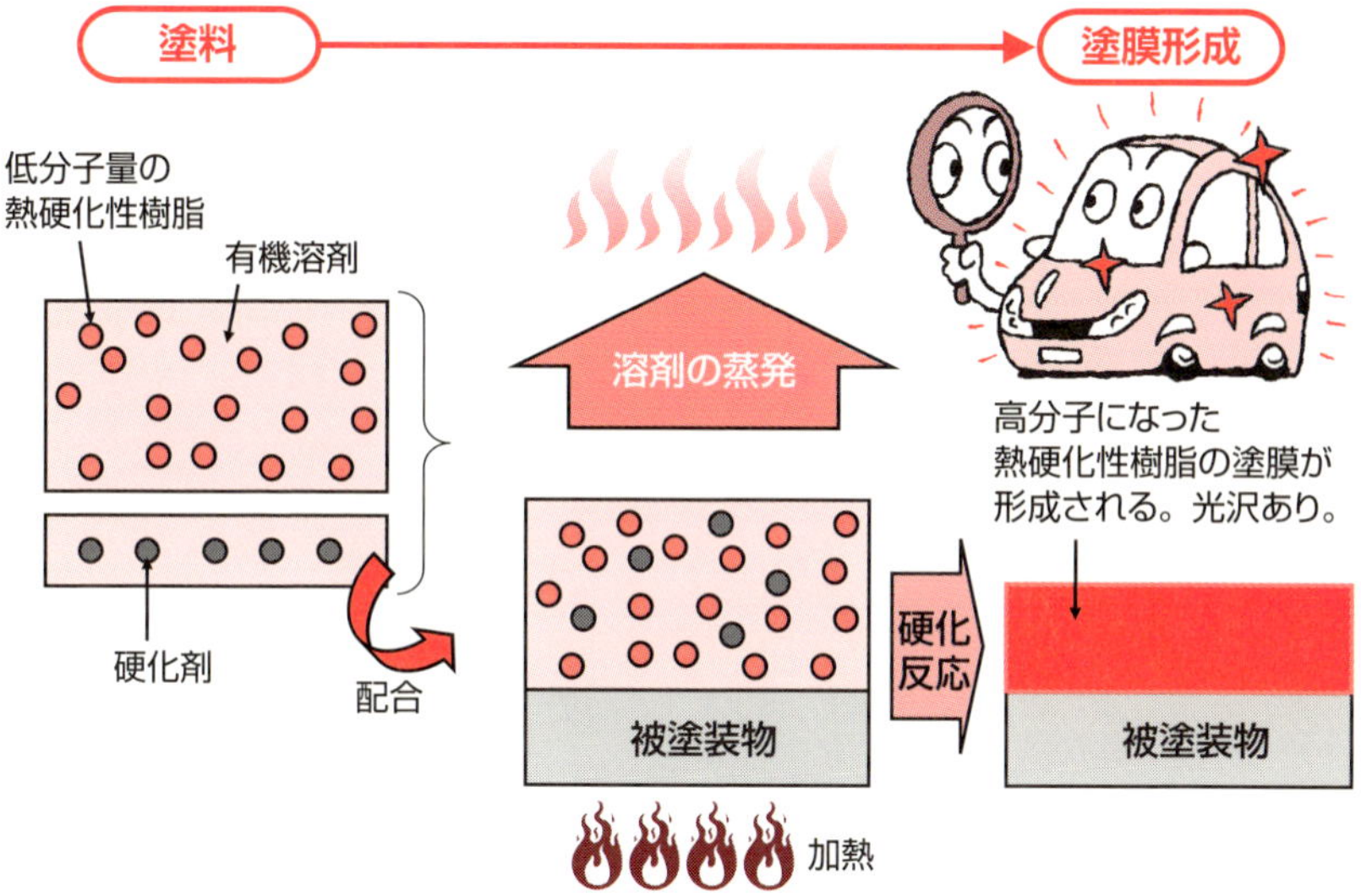
塗料
塗膜形成
低分子量の
熱硬化性樹脂
有機溶剤
硬化剤
配合
溶剤の蒸発
被塗装物
加熱
硬化
反応
高分子になった
熱硬化性樹脂の塗膜が
形成される。光沢あり。
被塗装物

（2）熱可塑性樹脂×水性溶剤の組み合わせ……エマルション塗料

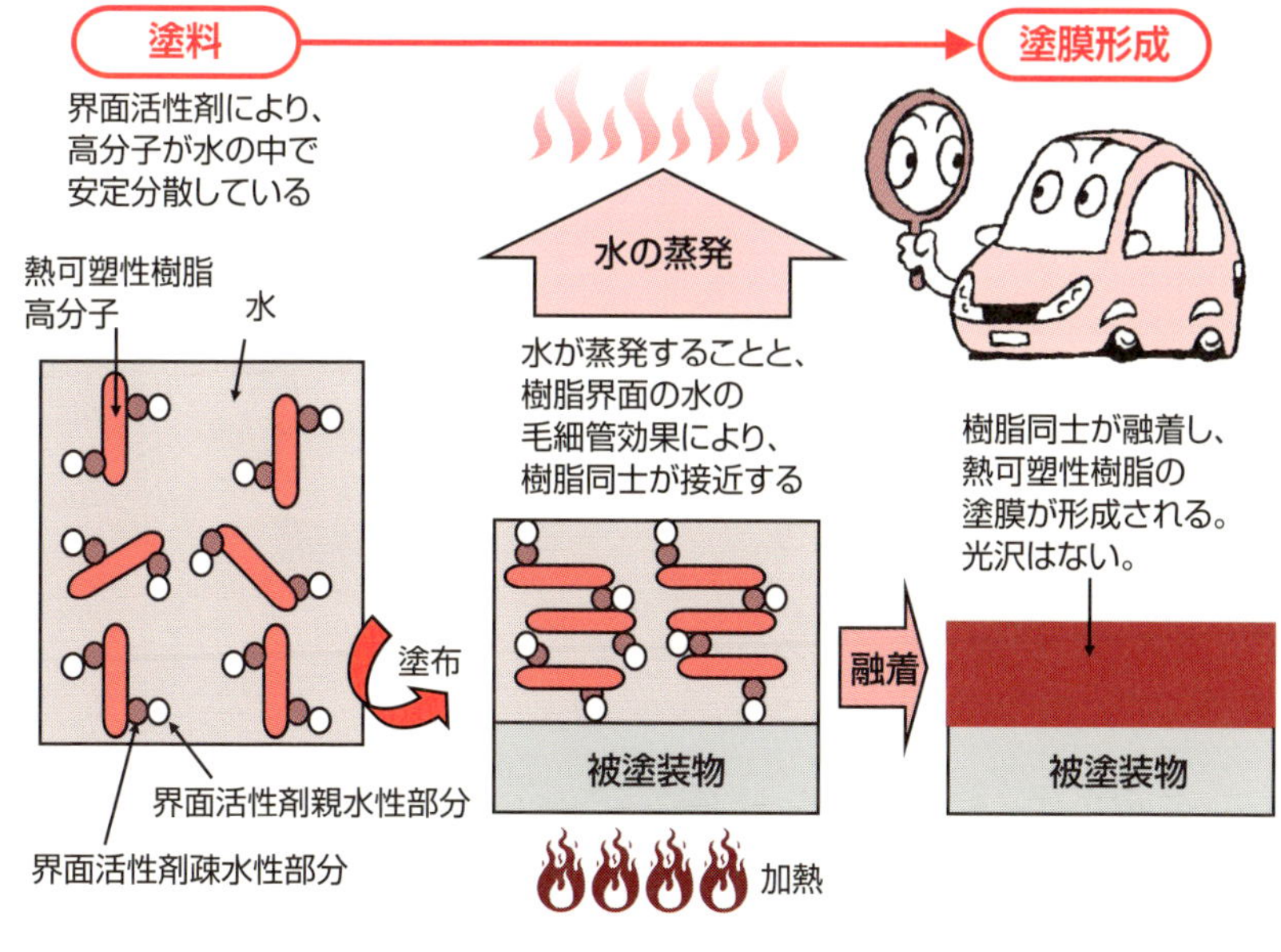
塗料
塗膜形成
界面活性剤により、
高分子が水の中で
安定分散している
熱可塑性樹脂
高分子
水
塗布
界面活性剤親水性部分
界面活性剤疎水性部分
水の蒸発
水が蒸発することと、
樹脂界面の水の
毛細管効果により、
樹脂同士が接近する
被塗装物
加熱
融着
樹脂同士が融着し、
熱可塑性樹脂の
塗膜が形成される。
光沢はない。
被塗装物

36

自動車ボディ塗装のお色直しは3回

下塗り、中塗り、上塗り

自動車鋼板の塗装は、下塗り、中塗り、上塗りの3層から構成されます。自動車の形に組み立てられた鋼板は脱脂などの前処理工程を経た後に下塗り工程に入ります。下塗りには従来からカチオン電着塗装が採用されています。電着塗装はめっきの原理で塗る水性塗装の一種です。被塗装物を－に帯電させ、＋イオンの塗料粒子（エポキシ樹脂）を、電気の＋－が引き合う力で被塗装物に付着させます。自動車ボディのような複雑形状品に対しても均一な塗膜が塗着でき、優れた防錆性能（10年保証）を確保できます。

中塗り以降は、静電塗装（スプレー塗装の一種）で塗装されるのが一般的です。中塗りは下塗り電着層の荒れた表面を隠蔽して、上塗り塗装が美観性を出す助けをします。また下塗り層と上塗り層を強固に密着させ、走行中の石跳ねによるチッピング剥がれを防ぐ役割を担います。用いられる樹脂は、ポリエステル・メラニンを主体として、耐チッピング性能向上のために柔軟なウレタンを加える場合も多いです。

上塗り塗膜には意匠を含めた外観品質の確保、長期にわたる屋外耐久性の付与が求められており、新車の魅力をいかに高めるかが問われています。上塗り塗装には様々な方法がありますが、最近の主流はメタリックカラーと呼ばれるベース／クリヤ（2Coat 1Bake）であり、色を出すベース層と平滑性・耐久性を付与するクリヤ層を塗り重ねた後、同時に焼き付ける方法です。ベースコート塗料には様々な色に見える着色顔料と、光輝感を与えるアルミなどのフレーク顔料が処方されています。クリヤコートは最上層塗膜であるため、外観品質のほか、耐候性、耐擦り傷性など市場環境下での劣化要因に対する高い抵抗性が要求されます。またウェットオンウェット工程で塗装されるため、ベースコートとの混層を防ぐ必要もあります。上塗りにはアクリル・メラニン樹脂が用いられます。

要点BOX

- ●下塗り電着塗装で、防錆性能を確保
- ●中塗りと上塗りは、静電塗装
- ●中塗りで耐ピッチング性、上塗りで外観確保

自動車の下塗り…カチオン電着塗装

カチオン電着塗装は、メッキの原理で塗る水性塗装の一種です。被塗装物を−に帯電させ、+イオンの塗料粒子を、電気の+−が引き合う力で被塗装物に付着させる塗装方法のことです。

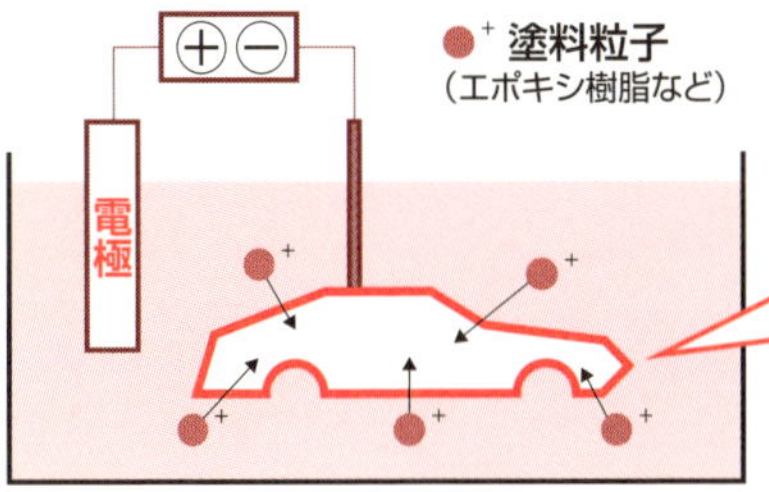

塗料粒子
（エポキシ樹脂など）
電極

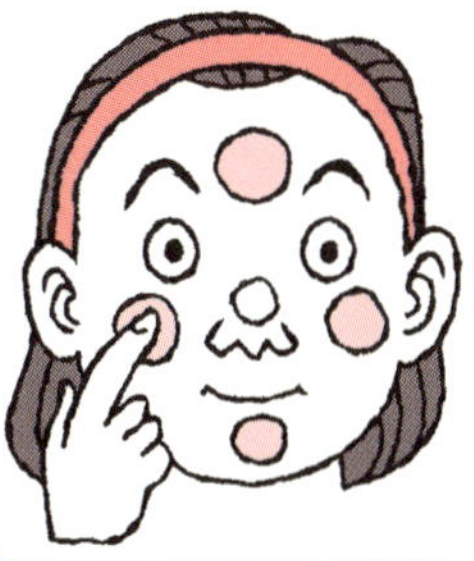

化粧下地

「下塗り塗装」は、化粧にたとえると白粉などの化粧のノリをよくする目的で使う「化粧下地」のようなものです。

自動車の中塗り、上塗り…静電塗装

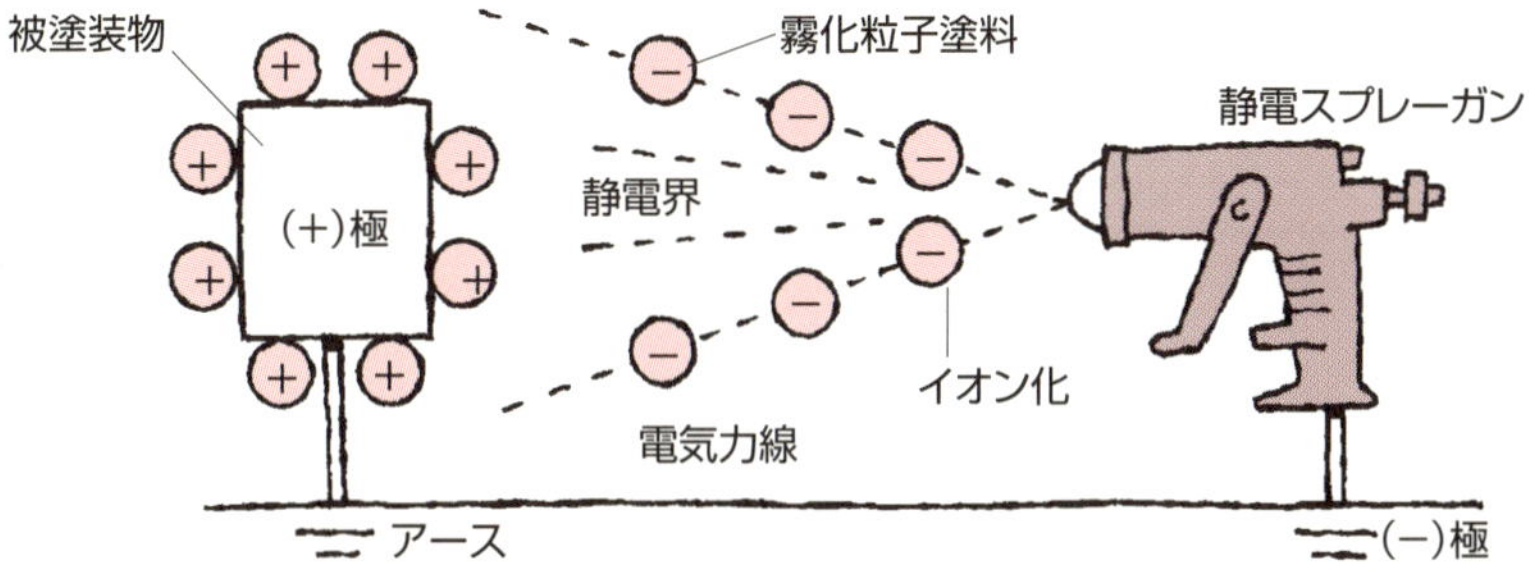

被塗装物
(+)極
霧化粒子塗料
静電スプレーガン
静電界
イオン化
電気力線
アース
(−)極

静電塗装とは、アースした被塗物を正極、塗料噴霧装置を負極とし、直接高電圧をかけて両極間に静電界をつくり、塗料微粒子を負に帯電させて、塗装する方法。スプレー塗装の一種。

自動車鋼板塗膜の構成概略図（メタリックカラーの場合）

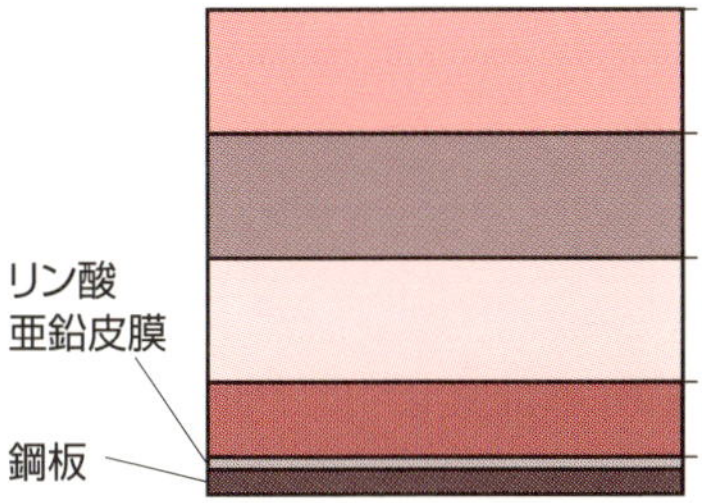

リン酸
亜鉛皮膜
鋼板

	付与する機能	
上塗りクリア 30～40μm	耐候性、耐擦り傷性、耐酸性、低汚染性	外観性
上塗りベース 15～20μm	意匠性、耐候性	
中塗り 30～40μm	耐チッピング性	
下塗り 15～25μm	防錆	

37 環境にやさしい自動車塗装とは

VOCとCO_2の排出抑制に向けて

　2006年以降、大気汚染防止の観点で日本でもVOC（揮発性有機化合物、トルエンなどの有機溶剤のこと）に関する法制化がなされました。また地球温暖化の原因とされるCO_2排出低減も叫ばれています。自動車塗装では、特に上塗りベース塗料のVOC量が最も多いことから、1980年台後半から対策が行われ、北米ではハイソリッド化が、欧州では水性化が導入されています。日本でも2000年頃から急速に水性化が進められるようになりました。開発された水性塗料は、メタリック塗料の外観品質を保つため霧化粒子の状態では低粘度で、塗料が被塗装物に塗着したときは高粘度になるようなレオロジー特性をもつため、タレ不良やフレーク顔料のムラ不良を防ぐことができます。現在普及しつつありますが、水分を除くプレヒート工程が必要で、かつ厳しい温度湿度調整が必要であるという課題が残っています。中塗りのVOC低減に対しては、北米は粉体塗料を、欧州と日本は水性塗料を指向しています。上塗りクリヤ塗装は塗膜品質が厳しく、VOC対策に対しては最も技術的難易度が高いです。粉体クリア塗装の技術はある程度確立されており、VOC削減に対しては理想的な塗料（基本的にはVOCはゼロ）です。一部採用実績はありますが、専用塗装設備が必要で設備費が高くなり、塗膜外観品質にも問題があり、全面的な展開には時間がかかりそうです。他に水性スラリー、2液水性、超ハイソリッド、UV塗料などの検討がされています。

　CO_2排出削減として塗装工程での熱エネルギーを低減するために、中塗りの焼付け工程を廃止して、【中塗り／上塗りベース／上塗りクリヤ】を重ね塗りし、たった1回の工程で焼き付ける3ウェット方式が有望です。外観品質が低下する技術課題が残されていますが、自動車塗装工程でのエネルギー低減方策の本命として、期待されている技術です。

要点BOX

- ●VOC削減としては、水性塗料と粉体塗料
- ●熱エネルギー低減としては、3ウェット塗装による焼付け工程の工程数低減

水性塗料によるVOC低減の効果

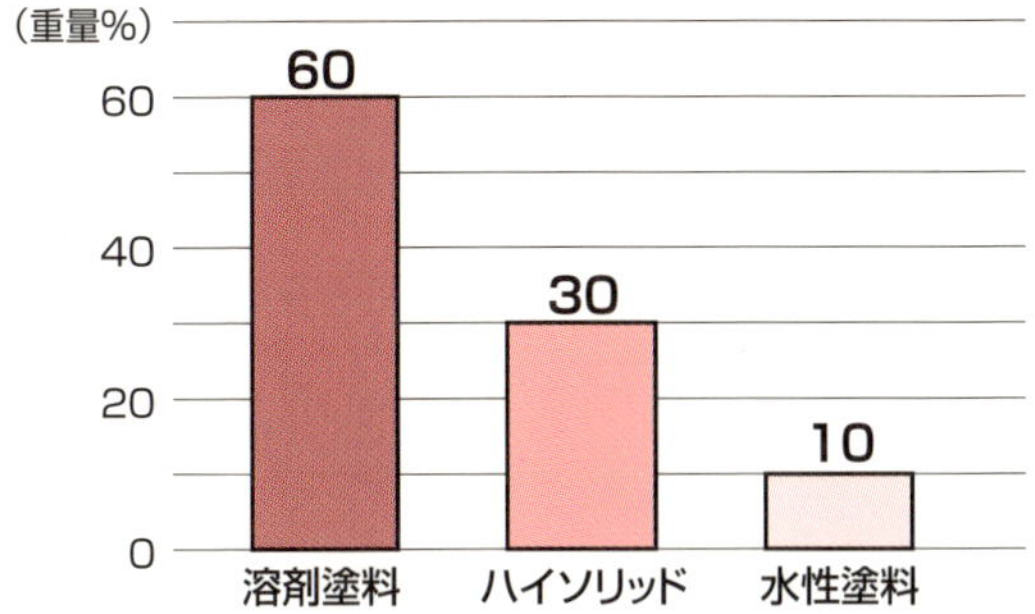
（重量%）
60
40
20
0
60
30
10
溶剤塗料
ハイソリッド
水性塗料

VOC

（㈱日本ペイントのデータをもとに作成）

粉体塗料とは（熱硬化型粉体塗料）

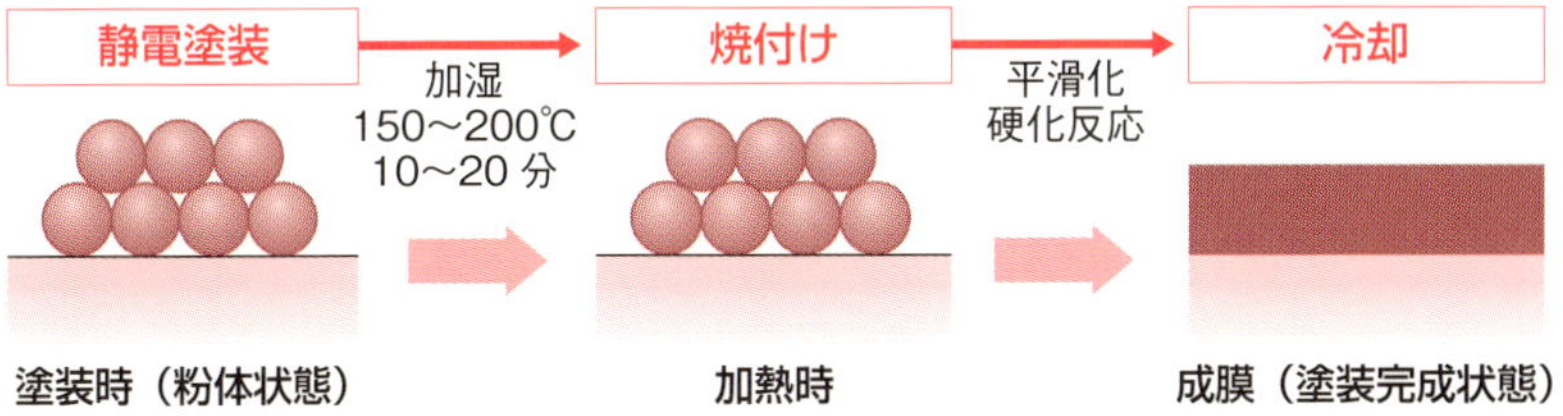
静電塗装
加湿
150〜200℃
10〜20 分
焼付け
平滑化
硬化反応
冷却
塗装時（粉体状態）
加熱時
成膜（塗装完成状態）

粉体粒子が付着した塗装物をオーブンに入れ、150〜200℃で加熱します。加熱された粉体粒子は徐々に軟化し平滑化された後に硬化し、塗膜を形成します。

3ウェット塗装とは

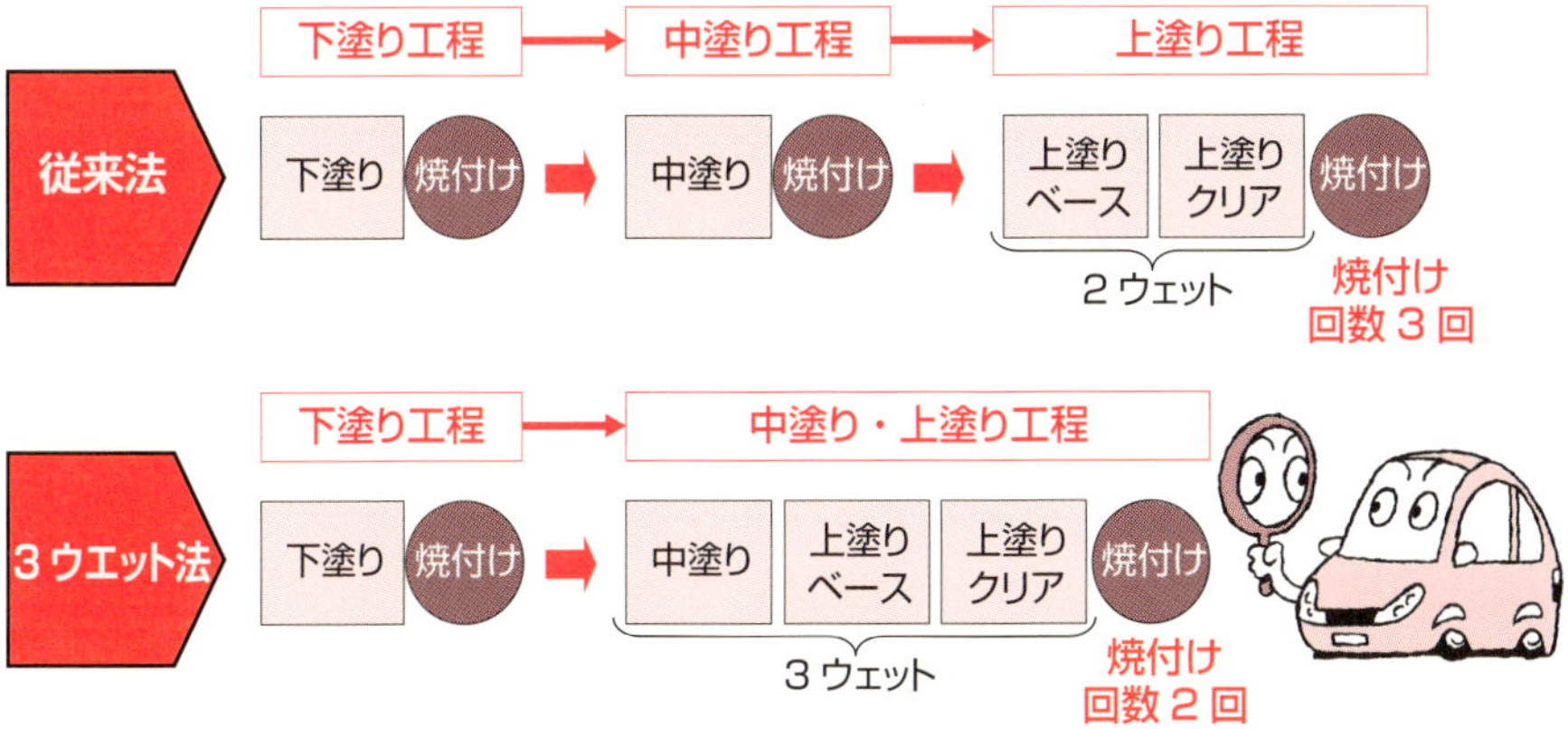
下塗り工程
中塗り工程
上塗り工程
従来法
下塗り
焼付け
中塗り
焼付け
上塗り
ベース
上塗り
クリア
焼付け
2 ウェット
焼付け
回数 3 回
下塗り工程
中塗り・上塗り工程
3 ウエット法
下塗り
焼付け
中塗り
上塗り
ベース
上塗り
クリア
焼付け
3 ウェット
焼付け
回数 2 回

3ウェット法は、焼付け回数が1回減り、加熱エネルギーが低減できる

38 真っ赤なポルシェはなぜ赤く見えるのか？

"色"とは何か？「光の3原色の原理」

色は車のボディデザインとともに個人の嗜好に大きく依存します。塗料・塗装は車のコンセプトとイメージをいかに色彩として表現するか、という命題をもっています。本章の最終項として、「色とは何か？」について復習しましょう。人間は可視光領域の電磁波の波長の違いを認識することができ、それを何種類もの色として表現します（左上図）。しかしそれぞれの色を示す波長領域は、物理的に定義されたものではなく、例えば黄と橙を区別する波長が物理的に決まっているわけではなく、あくまでも光によって引き起こされる人間の生物学的な現象で、色の感じ方は個人によっても異なるのです。光は人間の目の網膜にある錐体（すいたい）細胞によって感知されます。錐体細胞は、吸収する光の波長領域によって3種類（青錐体、緑錐体、赤錐体）に分類できます（左中央図）。例えば炎色反応でナトリウムから発せられる５８９㎚の光は、赤錐体と緑錐体を刺激し青錐体をほとんど刺激しません。この状態で脳に信号が伝達されると、私たちはその光を黄色と認識するのです。人間が物体を見ることができるのは、太陽光などから放射された光が物体の表面で反射して人間の目に入るからです。物体の表面で可視光領域の光が全て反射されればその物体は白色に見え、全て吸収されれば黒色に見え、一部の光を吸収する場合はその物体は色をもつことになります。

物体に吸収される光の色とその物体が見える色との関係は光の三原色の原理に基づいて説明できます（左下図）。例えば植物の葉っぱが緑色に見えるのは②式に示すように、葉っぱの色素クロロフィルが青色の光と赤色の光を吸収するからです。真っ赤なポルシェが真っ赤に見える原理は、④式に示すように塗膜の中に青色の光を吸収する顔料と緑色の顔料を吸収する顔料が入っているからです。読者の皆様は何色の車が好きですか？私はもちろん真っ赤なポルシェです。

要点BOX

- 色を示す波長領域は物理的でなく生物学的
- 物体に吸収される光の色とその物体が見える色との関係は、光の3原色の原理で説明可能

可視光の波長およびそれに対応する色の種類

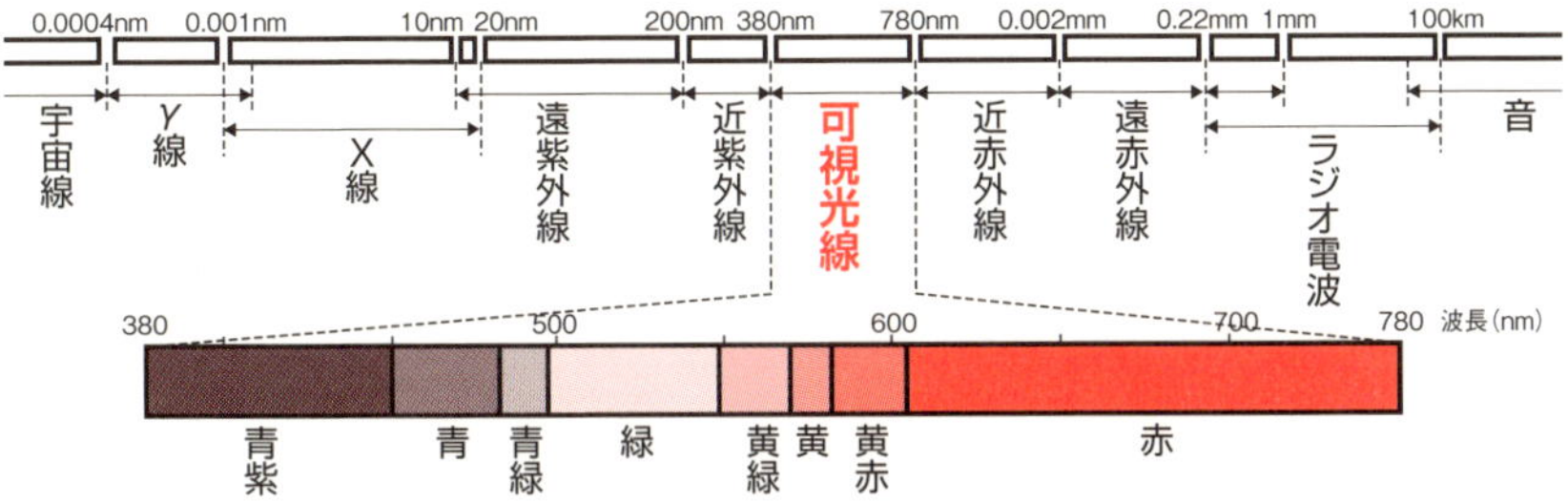
0.0004nm
0.001nm
10nm
20nm
200nm
380nm
780nm
0.002mm
0.22mm
1mm
100km
宇宙線
γ線
X線
遠紫外線
近紫外線
可視光線
近赤外線
遠赤外線
ラジオ電波
音
380
500
600
700
780
波長(nm)
青紫
青
青緑
緑
黄緑
黄
黄赤
赤

人間の錐体細胞の光の吸収スペクトル

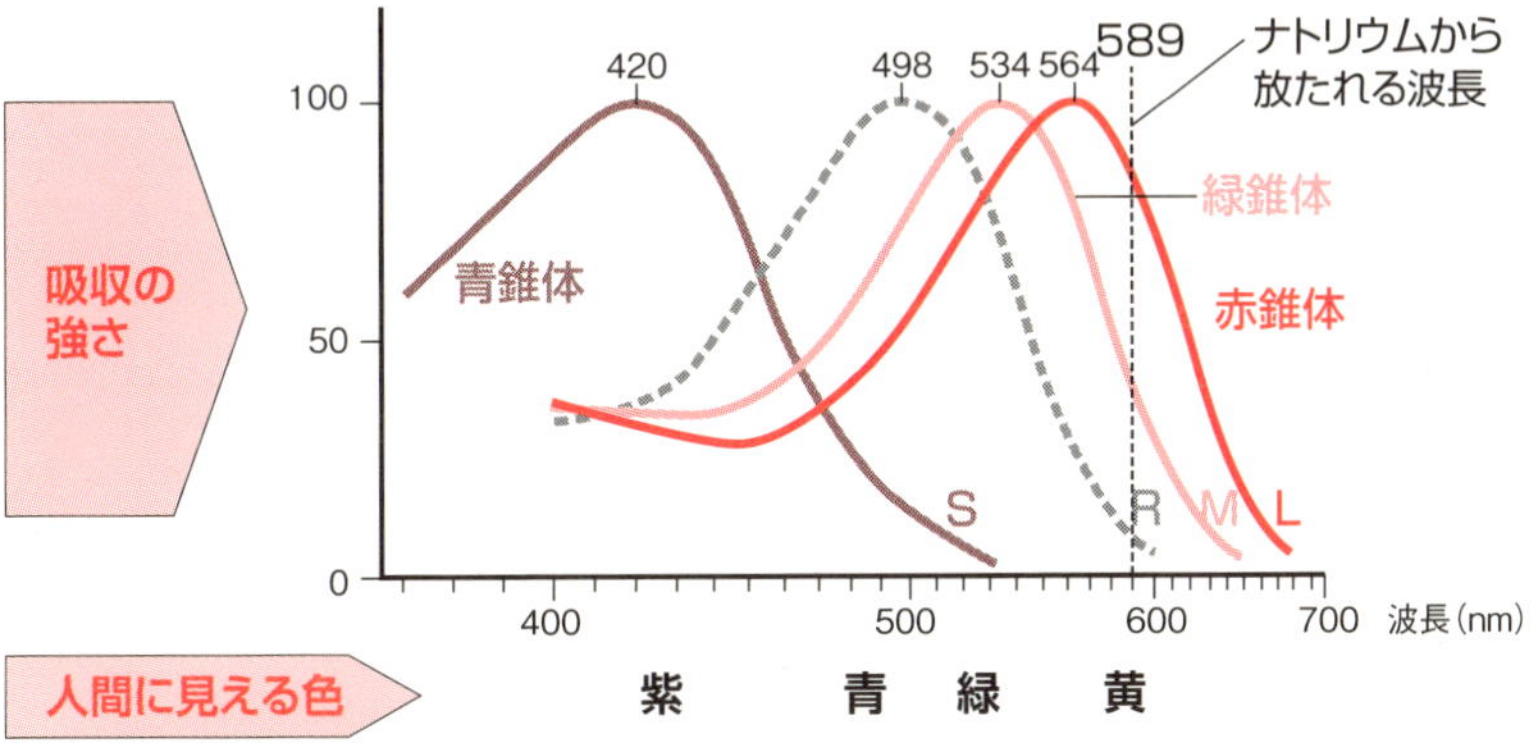
吸収の強さ
100
50
0
420
498
534
564
589
ナトリウムから放たれる波長
緑錐体
青錐体
赤錐体
S
R
M
L
400
500
600
700
波長(nm)
人間に見える色
紫
青
緑
黄

物体によって吸収される光の色とその物体が見える色との関係

光の３原色の原理

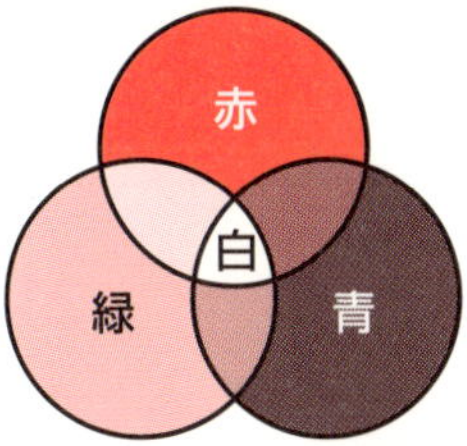
赤
白
緑
青

真っ赤なポルシェ911
カレラ

白色光＝赤色の光＋緑色の光＋青色の光……①

	物体に吸収される光の色		その物体が見える色	
白色光－	（青色の光＋赤色の光）	＝	緑色の光	……②
白色光－	（緑色の光＋赤色の光）	＝	青色の光	……③
白色光－	（青色の光＋緑色の光）	＝	赤色の光	……④

イタリア最大の企業グループ、FIAT～その創業者ジュヴァンニ・アニェッリ

社名FIATとは、Fabbrica Italiana Automobili Torinoの頭文字を取ったもので、「トリノのイタリア自動車製造所」を意味します。「フィアット、陸に海に空に！」のスローガンの下、自動車のみならず、鉄道車両、船舶、航空機などの製造業を中核に、金融や出版など多角経営をしています。「フランスはルノーを持っているが、フィアットはイタリアを持っている」とかつて評されたこともある、イタリアの最大企業グループです。

ジュヴァンニ・アニェッリ（1866～1945）ら数人の実業家の出資によって1899年にトリノで創業されました。ジュヴァンニはイタリアのピエモンテ州で、町長をやっていた父の元に生まれました。軍隊学校に入学して軍人になりましたが、父の遺志を継ぎ1895年に町長になりました。そして自動車会社フィアットを創業して大企業へと発展させ、自ら社長に就任しました。第一次世界大戦を機に、イタリア軍に軍需製品を供給し大成長を遂げました。ディーゼルエンジン、航空機、トラクター、鉄道車両などを生産し、従業員数は3万人を越えるほどの規模になりました。彼は独裁者ムッソリーニを支持し、自らもファシスト党の上院議員になりました。第二次世界大戦においても、イタリア軍需産業において中心的な存在であったため、敗戦後はイタリア開放委員会によって、他の公職とともにフィアットから追放されました。

フィアットの経営は、彼の孫であるジャンニ・アニェッリが引き継ぎました。当時のイタリアには自動車メーカーが乱立していましたが、ジャンニはランチア、フェラーリ、アルファ・ロメオ、マセラティ、アウトビアンキなどの企業を次々と傘下に収め、フィアットをイタリア最大の自動車メーカーに発展させました。現在フィアット本体は小型大衆向け乗用車を中心に、高級車やスポーツカーは傘下のメーカーが生産しています。

第6章

電池の歴史と電気自動車EV・ハイブリッド車HEV用電池の化学

39

100年前に流行した電気自動車

蒸気自動車、電気自動車、ガソリン車の戦い

1834年、米国のダベンポートは実用的な直流モータを発明し、翌年にボルタの電池を積んで、レールの上を走る模型の電気機関車の公開実験を行いました。この年は鉄道の父、英国のスティーブンソンが発明した蒸気機関車〝ロコモーション1号〟が、ストックトンとダーリントン間の運転を成功した9年後、またフランスのキュニョーが世界最初のクルマ蒸気自動車を試走させた66年後に当たります。路上走行可能な最初の電気自動車は、1881年にパリ国際博覧会で、トルーベによって展示されました。米国ではモリスとサロムが、ニューヨークで電気自動車によるタクシーの事業を、1897年に創業しました。この当時、欧米で蒸気自動車と電気自動車が普及し始めた背景には、大都市の人口密度が高くなり、馬車が都市で急増し、糞尿公害が問題化したことが挙げられます。当時の自動車は、「馬なし車（Horseless Carriage）」と呼ばれ、蒸気自動車、電気自動車およびガソリン車が覇権を争っていました。電気自動車は始動が簡単で、振動、騒音、排気臭がなく、またギア変速不要で運転操作が容易であるという長所があり、主に米国で普及しました。1899年に、ジェナツィの電気自動車〝Jamais Contente〟は、最高時速106㎞を記録しています。当時の電力供給事情としては、ドイツでは1866年にシーメンスがダイナモ式の発電機の画期的な改良を行い、1870年にその実用化をグラムがしています。米国では1879年にエジソンが白熱電球を発明し、2年後にニューヨーク市で世界初の電灯事業（直流電流）が始められました。1886年に変圧器を用いた交流配電が成功し、交流発電所が設立されて現在に至っています。

電気自動車はガソリン車の台頭で姿を消しましたが、21世紀の現在再び注目されています。本章では、電池の進歩の歴史とともに自動車用電池の変遷を辿ります。

要点BOX

- ●蒸気自動車の次に電気自動車が誕生
- ●電気自動車も欧州で生まれ米国で普及
- ●ガソリン車の台頭で、どちらも衰退

蒸気自動車と電気自動車が登場した理由

欧米の都市で馬車が急増

馬の糞尿公害が問題化

馬なし車
(Horseless Carriage)
の登場

①蒸気自動車(24項参照)
②電気自動車

時速100kmを記録した電気自動車

Jamaisi Contente
(ジャメ・コンタント)1899年

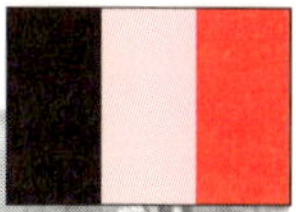

ベルギーの発明家ジェナツィが発明した、Jamaisi Contente 。1899年、フランスのパリ近郊で、ジェナツィ本人が運転するこのジャメ・コンタントは、時速106キロを記録。世界初の車による100キロ超えは、電気自動車によって果たされました。 Jamaisi Contente とは、フランス語で、「決して満足しない」という意味だそうです。

スティーブンソンの蒸気機関車

ジョージ・スティーブンソン
(1781〜1848)

1825年、ジョージ・スティーブンソンが英国ストックトンとダーリントンの間で運転に成功した蒸気機関車“ロコモーション1号”。
80トンの石炭をけん引し、2時間で15kmを走行した。
最高時速は39km。旅客車両も連結されていた。

ロコモーション1号

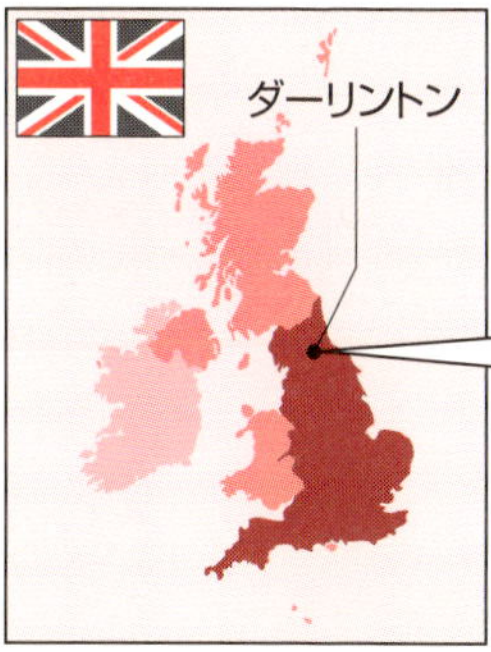

40 バクダッド電池は本当にあったのか？

古代人が金めっきの電源に使った？

電池の歴史は、紀元前250年頃につくられた「バクダッド電池」と呼ばれる土器の壺まで遡る必要があるかもしれません。1932年、イラクの首都バクダッド近郊のトランプファ遺跡で発見されたことからこの名がつきました。この土器の壺は、呪文が書かれた他の三つの鉢とともに見つかりました。大きさは高さが約10cm、最大直径が約3cmで、粘土を焼いた素焼きの土器です。この壺の中に、左上図に示すようにアスファルト（原油が固形化した天然の材料）で固定された薄い銅の筒が入っており、さらにその中に鉄の棒が挿入されており、入り口はアスファルトで塞がれていました。また壺底には電解液とも思える液体の痕跡が残っていました。

発掘当時は用途不明の出土物でしたが6年後に、「これはガルバーニ電池（次項参照）の一種ではないか」とする論文が、イラク国立博物館のドイツ人研究員によって発表され、ドイツの化学会社ボッシュが、復元実験を行いました。電解液としてその当時に存在していたと思われる酢やワインを用いたところ、銅筒と鉄棒の間に何と0.9～2.0ボルトの電圧が生じたのです。ただしこの復元実験は、壺や銅筒などは模擬品を用いており、また壺の入り口に封止してあったアスファルトは取り除いた状態にして、原理だけを復元した実験でした。電解液にぶどうの果汁を用いて電圧を得た実験では、シアン化金の溶液に浸した銀製品を、数時間で金めっき加工させることに成功しました。このことからこの壺は、金属製の装飾品に金めっきを施すための電源として使われていた、とする説が提唱されました。もちろん多くの反論があります。トランプファ遺跡と同時期の他の遺跡から発掘された壺からは、パピルス繊維が確認されていることから、この壺は宗教的な祈祷文の巻物を入れて埋める壺であり、鉄棒は巻物の芯棒で銅筒は保護容器である、とする反論などです。

要点BOX

- ●鉄棒が正極、銅筒が負極？
- ●電解液はぶどうの果汁？

バクダッド電池のしくみ

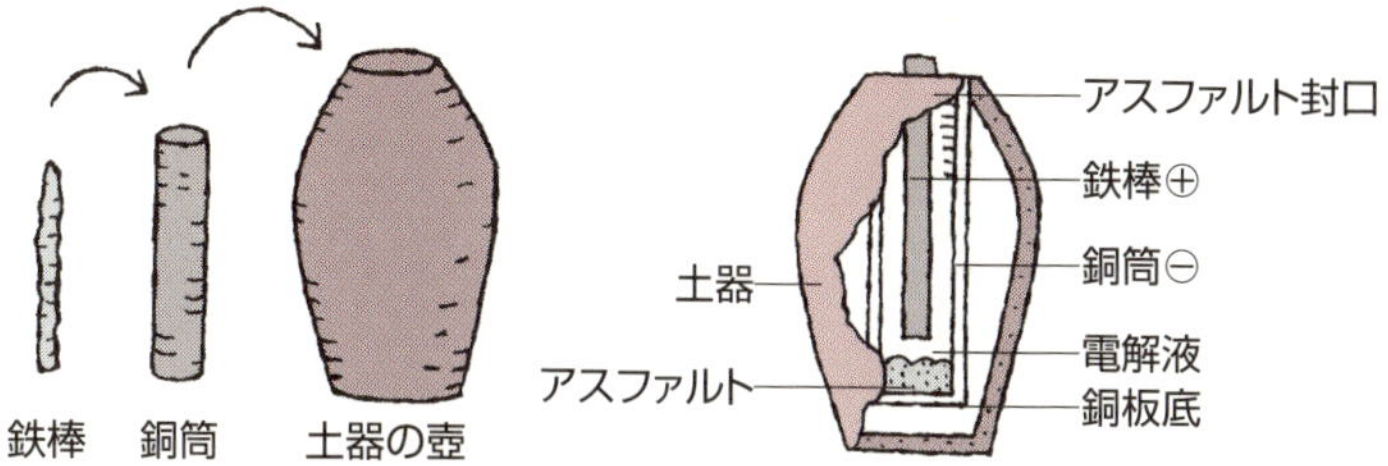

古代人は、バクダッド電池を用いて、装飾品を金めっきしていた?

電池の歴史

西暦	発明内容
紀元前250頃	イラクの遺跡から発掘された壺が、電池であったとする説がある。
1780年	ガルバーニ電池。カエルの足に2つの針金を入れると、けいれんを起こすことから発見。
1800年	ボルタの電池。世界初の電池とされる。
1836年	ダニエル電池。実用的に使える最初の定常電池。
1839年	グローブが燃料電池を発明。
1859年	ガストン・プランテが鉛蓄電池を発明。
1867年	ルクランシャがマンガン乾電池の元になるルクランシャ電池を発明。
1887年	日本人の屋井先蔵が、乾電池を発明。
1888年	ガスナーが現在の乾電池に近い電池を発明。
1899年	ユングナーがニッケル・カドミウム電池を発明。
1940年	アンドレが酸化銀アルカリ蓄電池を発明。
1951年	ニューマンが、ニッケル・カドミウム電池の密閉化技術を発明。
1960年代	非水電解液のリチウム電池の研究が本格化。
1965年	燃料電池が、ジェミニ5号の電源として採用された。
1969年	アポロ宇宙船に燃料電池が搭載された。
1970年代	水素貯蔵合金の電池へ適用が検討された。
1970年代後半	電気二重層キャパシタが実用化された。
1987年	リチウム金属を用いたMoli Energy電池が開発された。
1990年	ニッケル・水素電池の量産が開始される。
1991年	ソニーが$LiCoO_2$／カーボン電池の量産を開始した。
1997年	トヨタ自動車が量産HEVとしてプリウスを販売開始。
1998年	米国カリフォルニア州でZEV(Zero Emission Vehicle)法を公表。
2000年代	ニッケル・水素電池を用いたHEVが普及期に入る。 鉛電池を用いたアイドリングストップ車が量産される。 リチウム電池を搭載した、量産EVが販売される。

41 カエルの解剖で発見したガルバーニ電池

きっかけは、夫人病気療養のカエル料理

ガルバーニは、イタリアのボローニャ出身の医師で、解剖学者です。1780年、カエルの解剖をしていたとき、固定用と切断用の2つの針金を死んだカエルの足に入れると、足がピクピクと動くのを発見。カエルの足の中に電気が発生する「ガルバーニの発見」は、電池発見の口火となりました。約10年前に彼はこの大発見を導く「カエルの足に静電気を通じるとカエルの足はけいれんする」という小発見をしています。この小発見には次のような逸話があります。ガルバーニ夫人は病弱であったので、療養のためにカエルを食べさせようとして、ガルバーニがカエル料理をつくろうとして、足の皮を剥いだままにしていたところ、偶然にも静電気がカエルの足に流れてしまい、この事実を見つけたというものです。この出来事を機に彼はカエルを料理ではなく、解剖として皮を剥ぎ、カエルの足の筋肉のけいれんと静電気の関係について、その後10年にわたり研究を続けました。

一連の実験をくり返すうちに、静電気を通じない場合にも、カエルの足がけいれんする場合がありました。最も重要な発見は、銅と亜鉛のように二つの異なった金属（針金）を組み合わせてカエルの足に入れると、カエルの足がピクピク動くという、「ガルバーニの発見」です。彼はこの驚くべき現象を、カエルの脳髄が発する「動物電気」のためである、と理解しました。この動物電気説は、神経を経て筋肉に流れ込み、筋肉の表面と内部は正負反対の電荷を帯びており、金属を神経に接触させると放電が起きるために、筋肉はけいれんする、とするものです。

彼の論文「電気の作用について」は、欧州の学会や一般市民の間に、まさに〝電気〟のような衝撃を与えました。彼の動物電気説が科学者たちに呼び起こした嵐は、同じ時代に吹き荒れたフランス革命に匹敵するものでした。ただ、ボルタ一人だけはこの説を疑問視していました。

要点BOX

- ●カエルの足に静電気を流すとけいれんする
- ●二つの異種金属を入れてもけいれんする
- ●ガルバーニが唱えた「動物電気説」

ガルバーニの電池とは

ルイージ・ガルバーニ
（1737〜1798）イタリア

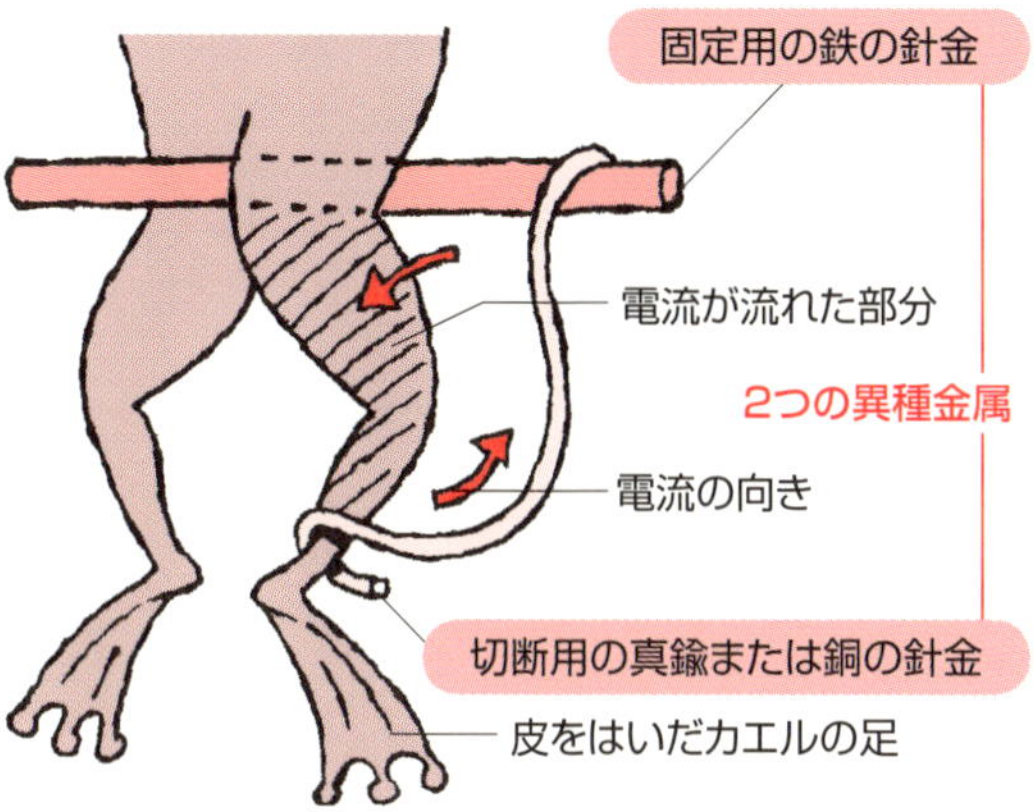
固定用の鉄の針金
電流が流れた部分
2つの異種金属
電流の向き
切断用の真鍮または銅の針金
皮をはいだカエルの足

ボローニャにあるガルバーニの記念碑

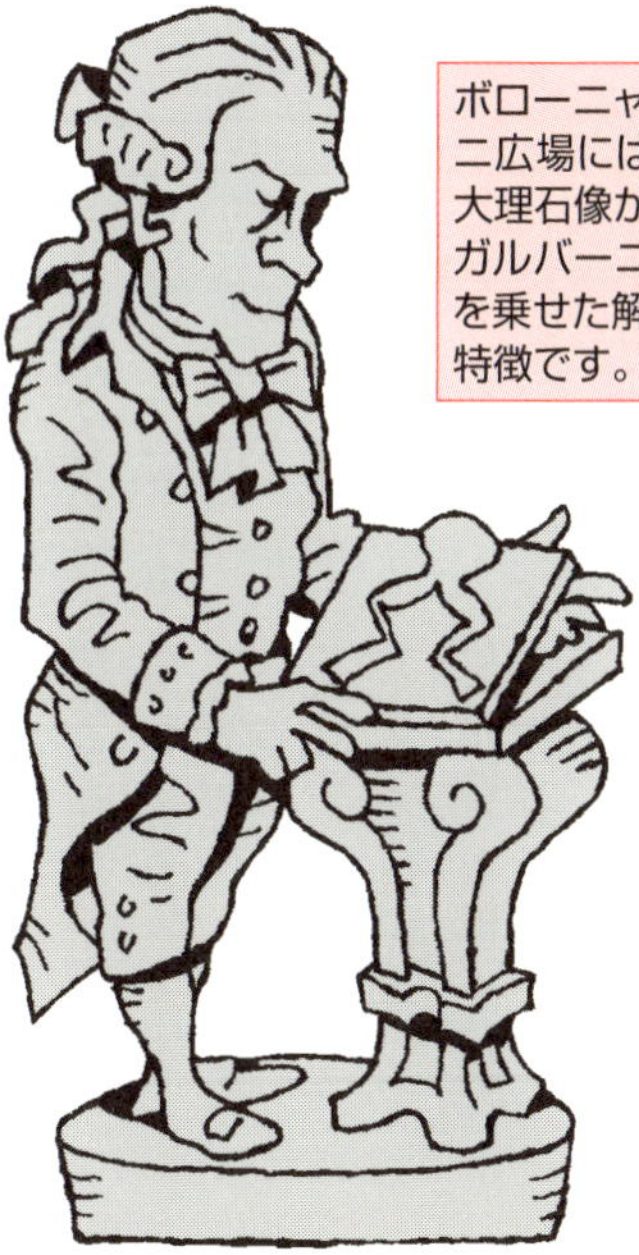

ボローニャ大学に面したガルバーニ広場には、ガルバーニの大きな大理石像があります。
ガルバーニの左手は、カエルの足を乗せた解剖台を持っているのが特徴です。

ガルバーニ（Galvani）を語源にした英単語galvanizeは、現在次の意味で用いられています。

①〜に電気を通す。
②亜鉛めっきをする。
③（人々）に衝撃を与える。

42 「動物電気説」ではなく「金属電気説」

ナポレオンが賞賛、世界初のボルタの電池

　ガルバーニの研究を発展させ、世界初の電池を発明したのが同じイタリア人で、ほぼ同時代を生きたボルタでした。ボルタは研究を始めた当初は、ガルバーニの「動物電気説」を信じていました。しかしやがて、カエルの足のけいれんを引き起こす原因となる電気の発生源は、カエルの脊髄ではなくて外部の金属にある、と考えるようになりました。

　その根拠になったが、１７５０年にドイツのズルツァーという数学者によって報告された現象です。ボルタはこの現象を自分の舌で再現実験しました。スズ箔の一片を自分の舌の先に置き、舌の裏側に銀貨を置いて、その二つの金属を導線で繋ぎました（左上図）。すると舌に強い酸味を感じました。この実験から「金属が電気の発生者で、動物の神経はその受け手である」と考えました。１７９４年、彼はガルバーニの動物電気説に対して、「金属電気説」を唱えました。ボルタは色々な物質について、左上図右に示す電圧列を発表しました。二つの物質を組み合わせて接触させたときの電気的作用の強さは、この列において互いの物質が隔たっているほど大きくなることも発見しました。これは現在のイオン化傾向の原型です。

　このように異なった物質を接触させるだけで電気を生ずるという考えは、ボルタの電池へと昇華します。彼はまた左上図右に示すように、接触電位差には加算性が成立することも見出し、現在の電極電位の規則性をも予見していました。ボルタは電気化学の基礎を築いたのです。ボルタは１８００年に、負極に亜鉛、正極に銅、電解液に食塩水や硫酸を用いたボルタの電池を発明しました。世界初の電池が誕生したのです。ボルタ電池の発明は西欧各国に大反響を呼び起こし、多くの賞賛を受けました。中でもフランスのナポレオンは、ボルタをパリに招き入れ、レジョン・ドヌール賞や金牌を贈り、さらに１８１０年に伯爵の爵位を授けました。

要点BOX

- 動物電気説を否定し金属電気説を提唱
- 世界初の電池を発明
- 電気化学の基礎を構築

ボルタの実験

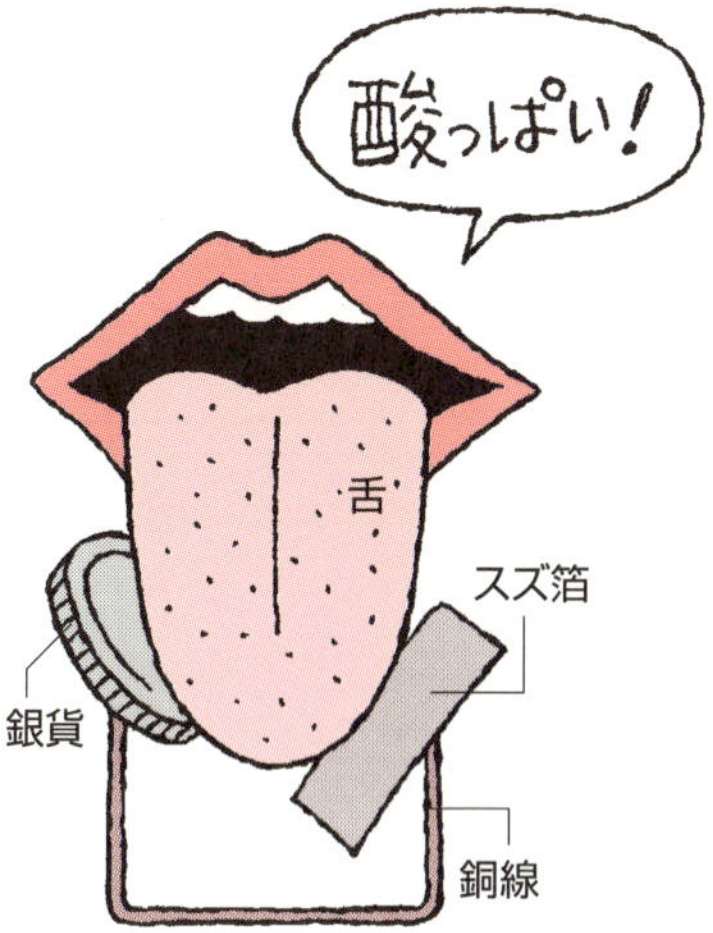
酸っぱい！
舌
スズ箔
銀貨
銅線

ボルタの電圧列

（イオン化傾向の原型）

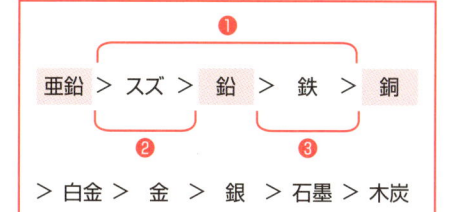

❶

亜鉛 ＞ スズ ＞ 鉛 ＞ 鉄 ＞ 銅

❷　❸

＞ 白金 ＞ 金 ＞ 銀 ＞ 石墨 ＞ 木炭

接触電位差の加算性

（標準電極電位の先駆）

❶亜鉛と銅の電位差　＝
❷亜鉛と鉛の電位差＋❸鉛と銅の電位差

ボルタの電池のしくみ

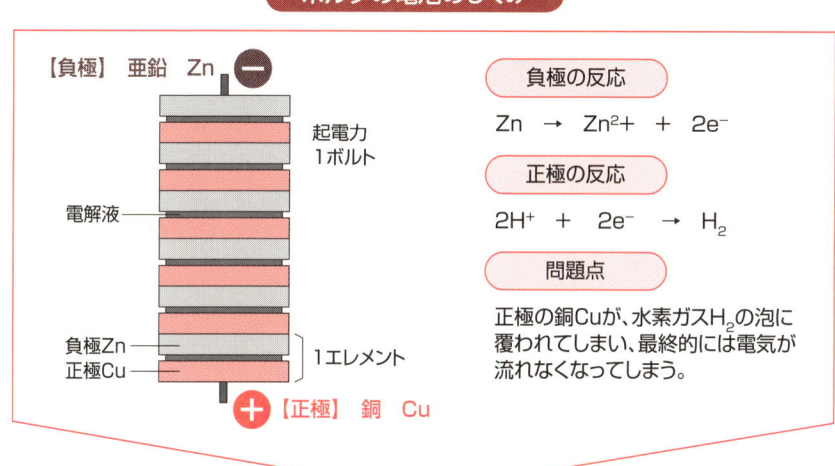

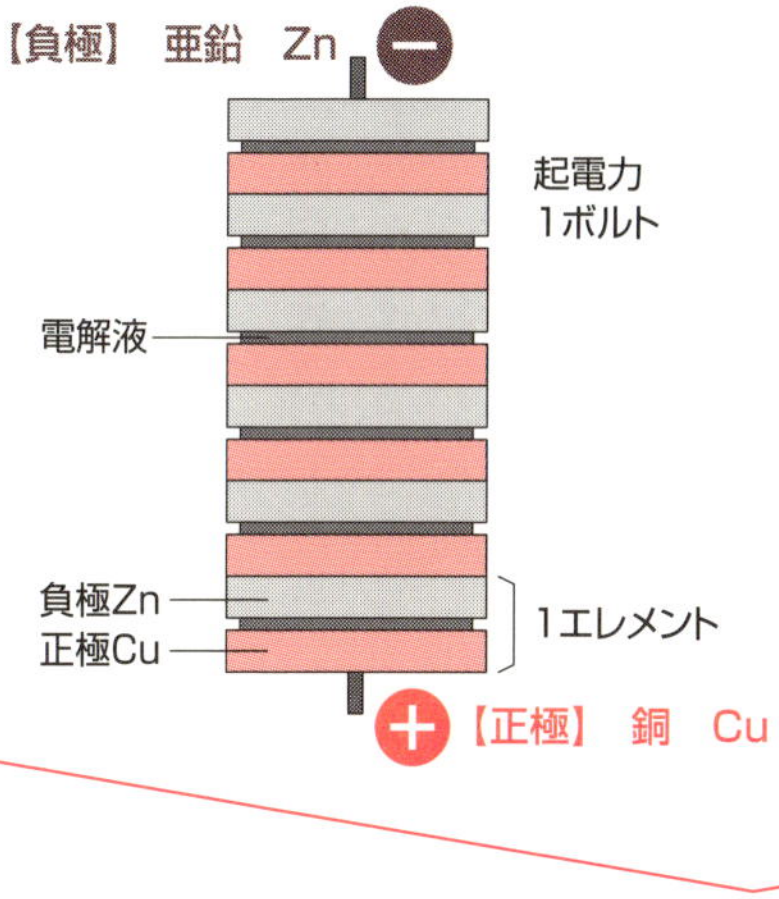
【負極】 亜鉛 Zn
起電力
1ボルト
電解液
負極Zn
正極Cu
1エレメント
【正極】 銅 Cu

負極の反応

$$Zn \rightarrow Zn^{2+} + 2e^-$$

正極の反応

$$2H^+ + 2e^- \rightarrow H_2$$

問題点

正極の銅Cuが、水素ガスH_2の泡に覆われてしまい、最終的には電気が流れなくなってしまう。

イタリア
ボルタ
（1745〜1827）
賞賛
フランス
ナポレオン
（1769〜1821）

43 起電力が低下しないダニエル電池

十一月十一日は電池の日

ボルタが発明した電池は画期的なものでした。この電池は他の科学者たちに、貴重な電源を供給して、電気化学以外の分野の科学の進歩にも貢献しました。例えばイギリスの化学者デービー（1778〜1829、電磁誘導の法則を発見したあのファラデーの師）は、大規模なボルタの電池をつくり、それを用いて電気分解させてナトリウム、カリウム、カルシウムなどの元素を単離するのに成功しています。

しかしボルタの電池にも問題点がありました。ボルタの電池は、負極に亜鉛、正極に銅、電解液に希硫酸を用いており、正極で水素が発生しました。そのため正極の銅が水素ガスの泡に覆われてしまい、電子の授受が行われにくくなり、最終的には電気が流れなくなってしまうのでした（この現象は「分極」と呼ばれました）。つまりボルタの電池は、電流が一定値でなく、時間とともに減少する非定常な電池だったのです。

この問題点を解決して、世界で最初の定常電池を発明したのが、イギリスで化学の教授をしていたダニエルでした。1836年にダニエルが考察した電池は、電解液を2つ用いました。正極には電極に銅を、電解液に硫酸銅水溶液$CuSO_4$を用いました。また負極には電極に亜鉛を、電解液に硫酸亜鉛水溶液$ZnSO_4$を用いました。そして二つの電解液を混合しないように、素焼きの板や羊皮紙や包装紙などの多孔質物質で、分離したことで、安定した起電力を持続することができました。この電池では正極の銅の表面で水素は発生せず、銅が析出するために分極が発生せず安定した起電力が持続できるのです。ドイツのオームはこの電池を用いて、オームの法則を発見しました。ところで皆様は11月11日が何の日がご存知でしょうか？ 11月11日を漢字で書くと、＋（プラス）一（マイナス）＋（プラス）一（マイナス）となり、電池の正・負極を表すことから「電池の日」に制定されたのです。

要点BOX
- ●ボルタの電池は徐々に起電力が減少する
- ●その原因は、正極に発生する水素
- ●水素発生を二つの電解液で防いだダニエル

ダニエル電池の原理

(-) Zn | $ZnSO_4$ aq || $CuSO_4$ aq | Cu (+)

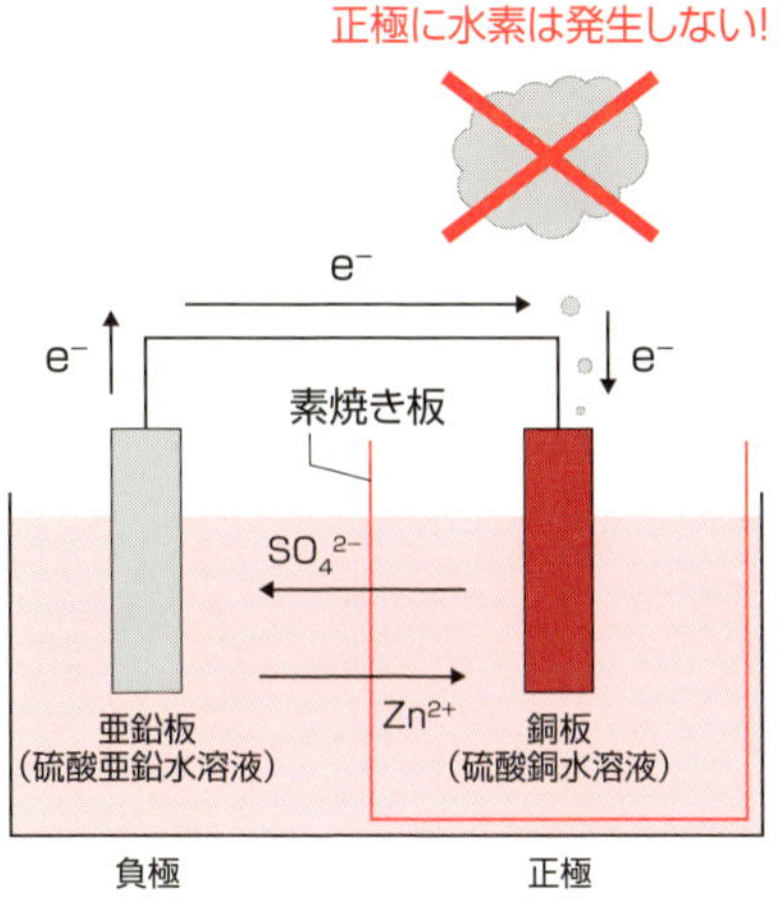

正極に水素は発生しない!
e⁻
e⁻
e⁻
素焼き板
SO_4^{2-}
Zn^{2+}
亜鉛板
（硫酸亜鉛水溶液）
銅板
（硫酸銅水溶液）
負極
正極

全体反応 ：$Zn + Cu^{2+} \rightarrow Zn^{2+} + Cu$

正極　　銅　Cu
電解液　硫酸銅水溶液　$CuSO_4$

$Cu^{2+} + 2e^- \rightarrow Cu$

負極　　亜鉛　Zn
電解液　硫酸亜鉛水溶液　$ZnSO_4$

$Zn \rightarrow Zn^{2+} + 2e^-$

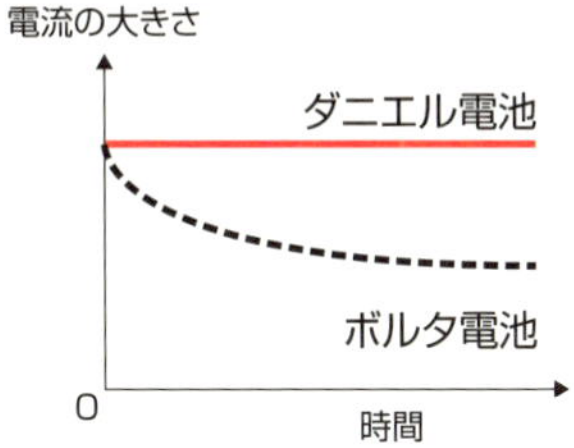

電流の大きさ
ダニエル電池
ボルタ電池
0
時間

ジョン・フレデリック・ダニエルの功績

（1790～1845）
イギリス

1820年:　ダニエル湿度計を発明
1830年:　銅ー亜鉛の熱電対を発明
1831年:　ロンドン大学の最初の化学の教授に就任
1836年:　ダニエル電池を発明

自動車の化学に関する記念日

①自動車の誕生日
1886年1月29日
（第1章　コラム参照）

②化学の日
10月23日
（本書「はじめに」を参照）

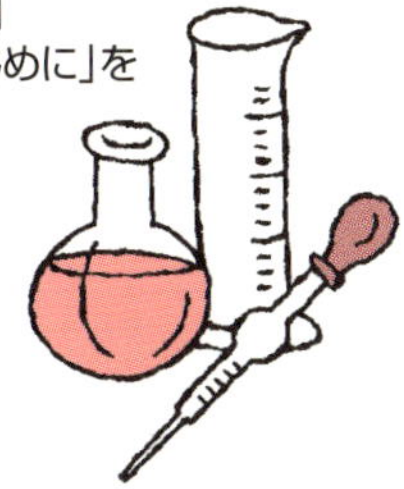

③電池の日
11月11日
（本項参照）

+
−

44 湿った電池から乾いた電池へパラダイムシフト

日本の「乾電池王」は誰だ？

ダニエル電池が開発されてから約30年後の1867年、フランスのルクランシェは、現在のマンガン乾電池の原型となるルクランシェ電池を発明しました。この電池は、正極に炭素C、負極に亜鉛Znを用い、電解液にはそれぞれ二酸化マンガン、塩化アンモニウム水溶液を用いました（左上図）。この電池は、負極の電解液が塩化アンモニウム水溶液であるため湿電池です。水素は正極の二酸化マンガンによって酸化されて水となるため、水素ガスを発生せず、長期間の使用が可能となりました。この電池は1.4～1.6ボルトの起電力を発生し、長時間電流を供給できたことから、当時は電信や電話の電源として使用されました。それまでの電話は、長時間話していると次第に相手の声が聞き取れなくなる現象が起こっていました。原因は電源として用いた電池の分極によるものでした。ルクランシェ電池は、分極が発生しないため急速に普及しました。しかし、塩化アンモニウム水溶液が漏れ、それが金属を腐食し、使えなくなるという大きな問題点があり、日常生活の使用は困難でした。後の技術者たちの努力と改善によって現在のマンガン乾電池に発展しました。それに大きく貢献したのが、屋井先蔵という日本人なのです（左下図）。

屋井先蔵は、炭素棒にパラフィンを浸み込ませることによって、金属の腐食を防ぐことに成功。パラフィンとは飽和炭化水素のことで、化学的に安定で反応性に乏しいため、乾電池の材質としては最適でした。彼はルクランシェ電池発明20年後の1887年（明治20年）に、日本で最初の乾電池を発明しました。屋井乾電池を発売した当初の世論の多くは、「乾電池などというものは怪しい！」というもので、まったく売れなかったそうです。しかし日清戦争で通信用の電力として屋井乾電池が使われたのをきっかけに売れ始め、彼はやがて「乾電池王」とまで呼ばれるようになりました。

要点BOX
- ●マンガン乾電池の原型、ルクランシェ電池
- ●湿電池から乾電池へシフト
- ●日本の「乾電池王」、屋井先蔵

ルクランシェ電池とは・・・マンガン乾電池の原型

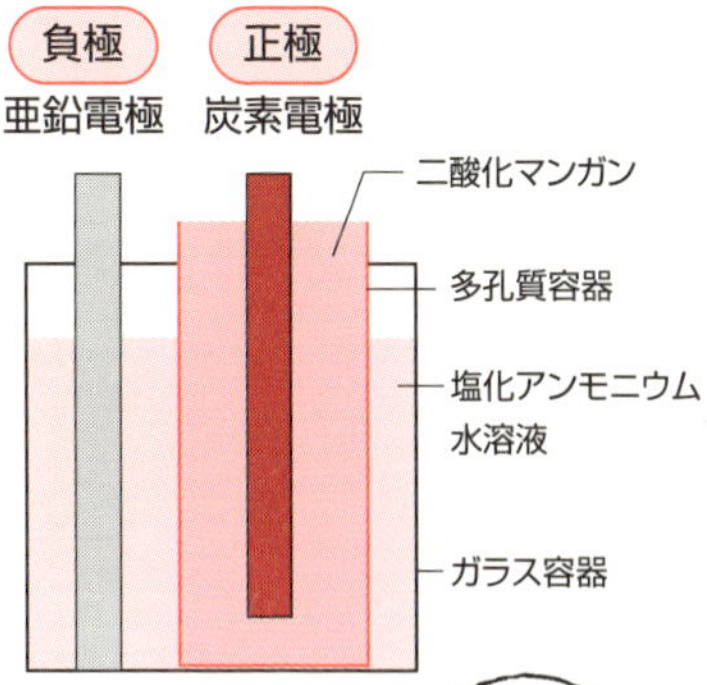
負極
亜鉛電極
正極
炭素電極
二酸化マンガン
多孔質容器
塩化アンモニウム水溶液
ガラス容器

負極:　電極　亜鉛Zn

電解液　塩化アンモニウム水溶液 (NH_4Cl)

$$Zn \rightarrow Zn^{2+} + 2e^-$$
$$NH_4^+ \rightarrow H^+ + NH_3$$

水素イオンH^+は、多孔質容器を通って二酸化マンガンに引き付けられます。

正極:　電極　炭素　C

電解液　二酸化マンガン(MnO_2)

$$2MnO_2+2H^++2e^- \rightarrow Mn_2O_3 + H_2O$$

フランス

ジョルジュ・ルクランシュ
(1839～1882)

屋井先蔵が開発したマンガン乾電池

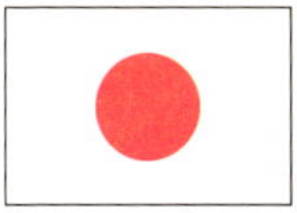

特許
屋井乾電池
屋井乾電池

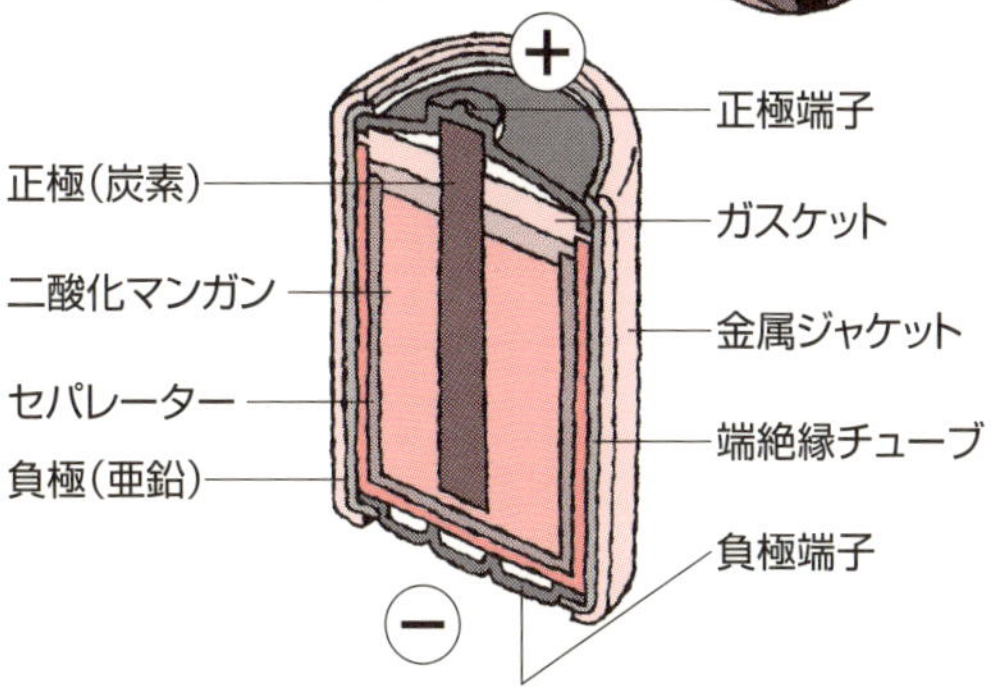
正極(炭素)
二酸化マンガン
セパレーター
負極(亜鉛)
正極端子
ガスケット
金属ジャケット
端絶縁チューブ
負極端子

屋井先蔵の略歴

1864年	越後長岡藩士屋井家に生まれる。
1877年	13歳で時計屋の丁稚となる。
1885年	乾電池の開発に着手。
1887年	東京理科大学の学者の助言により、パラフィン処理をして、乾電池を発明。
1892年	屋井乾電池を東京大学が、シカゴ万博に出展し、関心を集める。
1894年	日清戦争で、通信用の電源として屋井乾電池が使われる。
1910年	乾電池の本格的な量産を開始。
1927年	病気により死去。享年65歳。

1950年以降、屋井乾電池は乾電池工業会の名簿から消えており、現存していません。

45 使い捨て電池から充電できる電池へ

「再生可能」は燃料より電池の方が先輩

バクダッド電池に始まり、ルクランシェ電池まで説明してきましたが、これらの電池はすべて一次電池と呼ばれるものです。一次電池とは、電池の放電が進むと放電生成物を生じ、逆起電力によって電圧が徐々に下がり、ある一定限度以下では役に立たなくなるためその時点で寿命を迎えます。言わば使い捨ての電池です。それに対して、二次電池は、蓄電池とか充電式電池ともいい、充電を行うことにより電気を蓄えて、繰り返し使用できる電池のことをいいます。近年、充電式電池を簡略化して充電池と呼ぶようになってきています。1859年にフランスのガストン・プランテによって発明されました。プランテがつくった初期の鉛蓄電池は、2枚の鉛板（Pb）の間に2本のゴム帯を挟みこみ、それを包んで円筒状にしたものを希硫酸中に入れた構造です。正極には二酸化鉛、負極には鉛を使用しています（左上図）。約2・1ボルトの起電力です。ダニエル電池などとは違い、繰り返し充電して使えることから、その後世界各地で鉛蓄電池の改良が進み、その結果として自動車バッテリが誕生し、現代の自動車社会には欠くことのできないものになっています。

鉛蓄電池の、放電と充電の原理を左下図に示します。「酸化される＝電子を失うこと」「還元される＝電子を得ること」という化学の酸化・還元反応が正極と負極で起こっています。1899年にスウェーデンのユングナーが独自のニッケル・カドミウム蓄電池を開発しました。電解液には水酸化カリウム水溶液、正極にはニッケル水酸化物、負極はカドミウムの粉末を用いました。特徴としては、低温で急に放電する性能が優れていること、適応温度範囲が、−50〜70℃と広いこと、自己放電が少ないことが挙げられます。また二次電池といえども寿命があり、ニッケル・カドミウム蓄電池の寿命は、鉛蓄電池の4倍近く長いです。起電力は1・2ボルトです。

要点BOX
- 使い捨ての一次電池
- 繰り返し使える二次電池
- プランテが発明した鉛蓄電池

ガストン・プランテの鉛蓄電池の構造

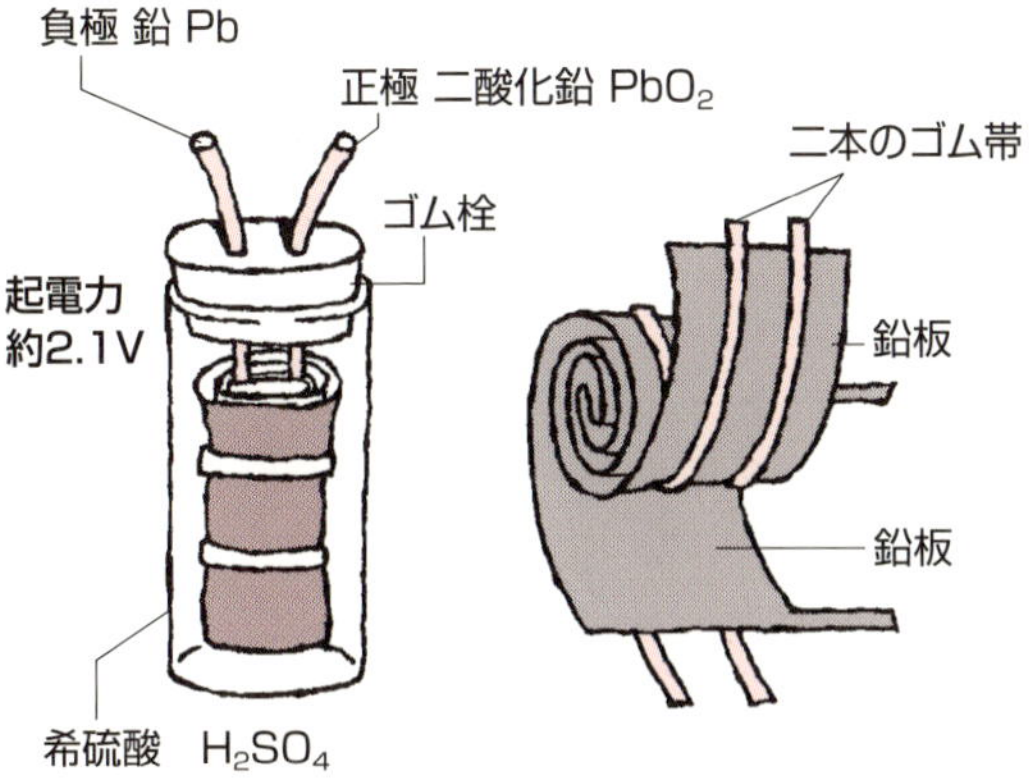
負極 鉛 Pb
正極 二酸化鉛 PbO_2
ゴム栓
起電力
約2.1V
希硫酸　H_2SO_4
二本のゴム帯
鉛板
鉛板

「蓄電池の父」
ガストン・プランテ
（1834～1889）
フランス

ガストン・プランテがつくった初期の鉛蓄電池は、2枚の鉛板（Pb）の間に2本のゴム帯を挟みこみ、それを包んで円筒状にしたものを希硫酸中に入れた構造です。正極には二酸化鉛、負極には鉛を使用しています。

鉛蓄電池の放電と充電の原理

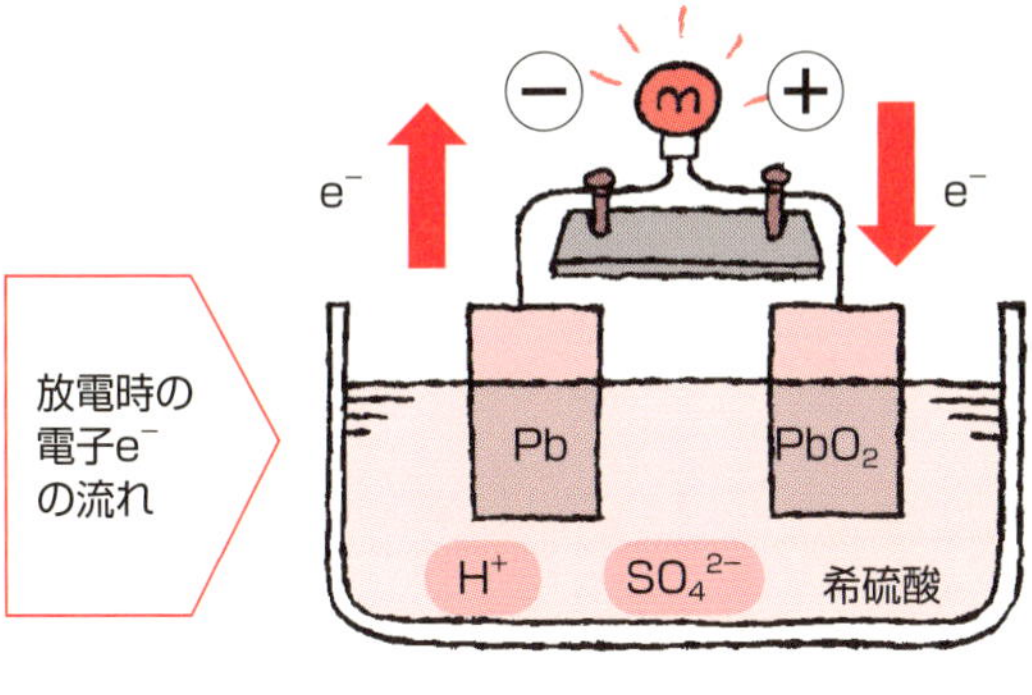
放電時の
電子e^-
の流れ
e^-
e^-
−
+
Pb
PbO_2
H^+
SO_4^{2-}
希硫酸

	負極	正極
放電時	$Pb+SO_4^{2-}\rightarrow PbSO_4\ \ +2e^-$	$PbO_2+4H^++SO_4^{2-}+2e^-\rightarrow PbSO_4+2H_2O$
	Pbは電子を失い酸化される	PbO_2は電子を得て還元される
充電時	$PbSO_4+2e^-\rightarrow Pb+SO_4^{2-}$	$PbSO_4+2H_2O\rightarrow PbO_2+4H^++SO_4^{2-}+2e^-$
	$PbSO_4$は電子を得て還元される	$PbSO_4$は電子を失い酸化される

46

アイドルが立ち止まる? アイドリングストップ車用鉛電池

高電圧化が進む自動車用電源

鉛電池はプランテによって発明され、その優れた実用性から150年を経た現在も自動車用および非常用電源や電動フォークリフトなどの産業用として広く用いられています。特に自動車では、エンジンルームの中の高温環境における耐久性、低温始動性に適応し、不動の地位を得てきました。内燃機関を用いた自動車に鉛電池が使用されるようになったのは1920年頃であり、電気自動車よりも20年位後のことです。当時の自動車は電気で動く装置は少なく、電気負荷は始動装置(Stating System)、照明装置(Lighting System)と点火装置(Ignition System)だけでした。よって電圧は6Vで足り、これらの電気装置の頭文字をとって、SLIバッテリと呼ばれていました。1950年代に入ると、徐々に電気装置の数が増加して電圧は現在の12Vに引き上げられました。

今日では、窓の開閉、ミラーの調整、スライドドアの開閉などに100個を越えるモータが使われるようになりました。またオーディオ装置、ナビゲーションシステムなどに加え、電動パワーステアリング、電動油圧式ブレーキ、最近ではアイドリングストップシステムなどのパワートレン系の装置での電気負荷が増大しています。このような電気負荷増大の背景の中で、欧州の高級車を中心に、自動車電源の42V化が一時期叫ばれました。50年に一度の大変革と言われる42V化はその後やや後退して、自動車の鉛電池はまだ12Vが主流です。しかし、いずれ12Vと36Vの2電源化や36Vの1電源化という時代が来ると予測されます。ハイブリッド車(HEV)は、高電圧用にはニッケル・水素電池またはリチウムイオン電池を用いていますが、補機用電源としては必ず12Vの鉛電池を搭載しています。

このように従来車はもとより、HEV、電気自動車、燃料電池車などの次世代車も、補機用電源としては今後も鉛電池を搭載するものと思われます。

要点BOX

- ●ガソリン車誕生当初は、6Vのバッテリ
- ●現在は12Vが主流だが高電圧が進む
- ●次世代車も補機用電源として鉛電池を搭載する

アイドリングストップとは?

シ〜ン

アイドリングストップとは、自動車が無用なアイドリングを行わないことを意味する和製英語で、駐停車や信号待ちなどの間にエンジンを停止させることで、燃料節約を図ります。

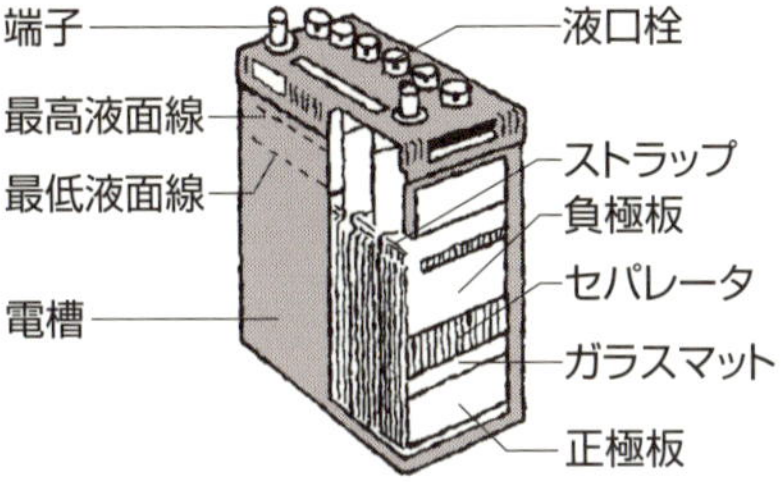

端子
液口栓
最高液面線
最低液面線
ストラップ
負極板
セパレータ
電槽
ガラスマット
正極板

アイドリングストップ車用鉛電池に求められる性能

①アイドリングストップ中の電気負荷をバッテリから供給するため、深い放電に対する耐久性が要求される。
②エンジン再始動には大電流放電が必要であり、エンジン再始動の信頼性を確保するため、低くて安定した内部抵抗も要求される。
③さらに放電した電力を回復するための充電受入性も要求される。

ハイブリッド車(HEV)のシステムの構成

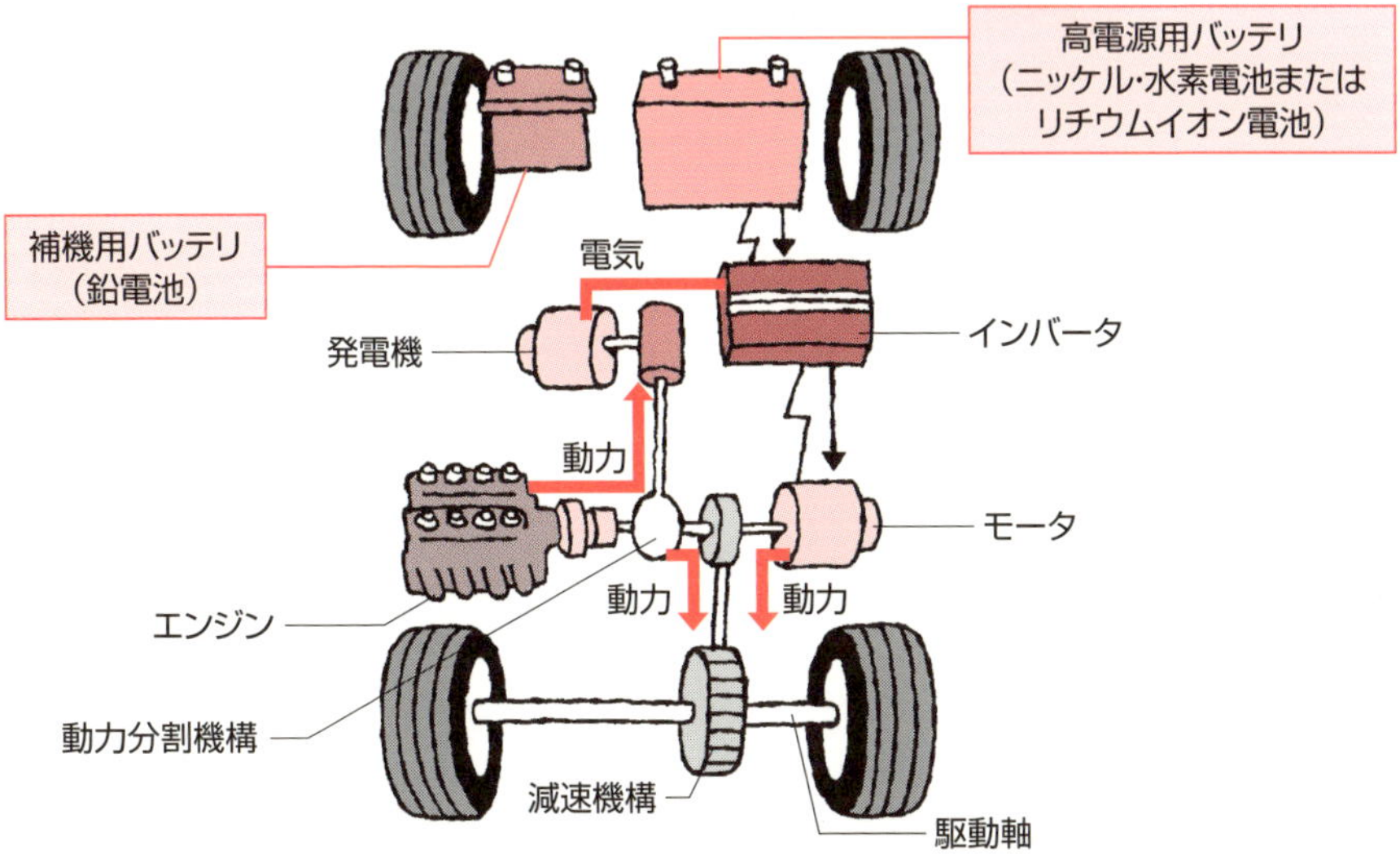

高電源用バッテリ
(ニッケル･水素電池または
リチウムイオン電池)
補機用バッテリ
(鉛電池)
電気
発電機
インバータ
動力
モータ
動力
動力
エンジン
動力分割機構
減速機構
駆動軸

47 リチウムイオン電池で注目される水島博士と吉野博士

リチウム（Li）イオン二次電池開発の歴史

Liは、あらゆる元素の中で最も卑な標準電極電位-3・04Vを示し、かつ比重が0・53と軽いのが特徴です。この特徴を活かしてリチウムイオン二次電池（以降リチウムイオン電池）の開発は1970年代に始まりました。1979年に水島公一博士らは正極に、リチウムと酸化コバルトの化合物であるコバルト酸リチウムを発見しました。1981年に三洋電機はリチウムを吸蔵できる黒鉛炭素質を負極に提案しました。

同じ頃、旭化成の吉野彰博士らは、2000年にノーベル化学賞を受賞した白川英樹博士が発見した導電性高分子ポリアセチレンを負極、リチウムを含む多層構造の複合化合物を正極、そして有機溶媒を電解液とするリチウムイオン電池の基本構想をつくり上げました。しかしポリアセチレンは負極剤材料として不安定であったため、負極をカーボンにするなどの改良が施され、現在のリチウムイオン電池に近いものが完成されました。

1991年、ソニーエナジーテックが世界で初めてリチウムイオン電池の量産化に成功しました。この電池は、ニッケル水素電池に比べ、同じ重さで2〜3倍のエネルギーを蓄えることができるため、各種携帯機器用の電池として瞬く間に採用が広がりました。現在民生機器向けに出荷される二次電池のうち、数量ベースで約3分の2をリチウムイオン電池が占め、市場規模は1兆円に達しています。リチウムイオン電池は自動車用には、1997年に日産より法人向けに30台リース販売された電気自動車（プレーリーEV）に、初めて採用されました。

Liの標準電極電位は-3・04Vでカリウム-2・93Vより小さいにも拘らず、40年近く前に筆者が大学受験のときに暗記した「イオン化傾向の覚え方」にはLiは入っていませんでした。Liに現在ほど関心が持たれていなかったからでしょう。そこでLiを含めたイオン化傾向の筆者流の覚え方を提案します。

要点BOX

- 正極コバルト酸リチウムを発見した水島博士
- 負極ポリアセチレンを発見した白川博士
- それを組み合わせて大きく改良した吉野博士

二次電池のエネルギー密度の比較

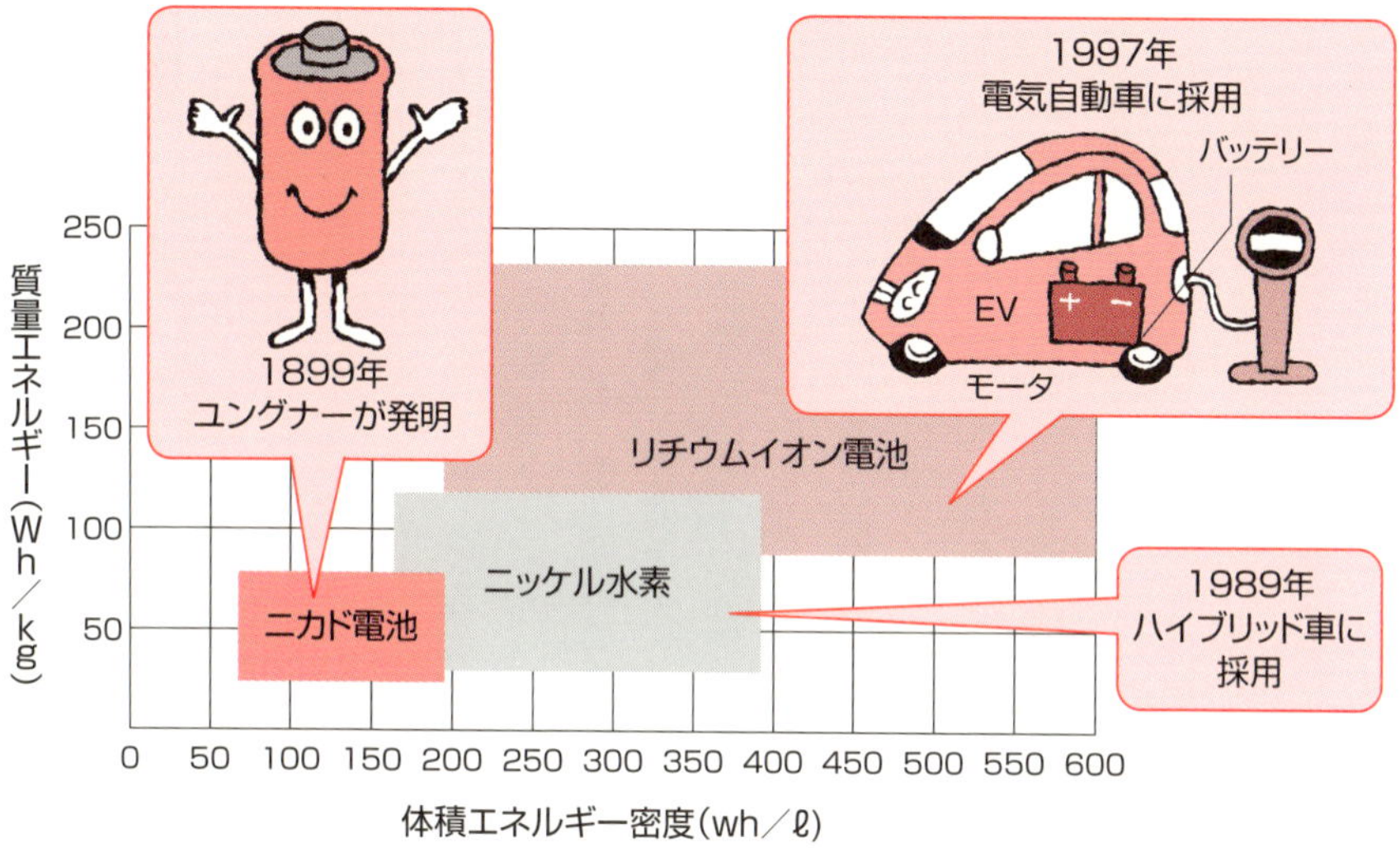
1899年
ユングナーが発明
1997年
電気自動車に採用
バッテリー
EV
モータ
1989年
ハイブリッド車に
採用
リチウムイオン電池
ニッケル水素
ニカド電池
質量エネルギー(Wh/kg)
250
200
150
100
50
0 50 100 150 200 250 300 350 400 450 500 550 600
体積エネルギー密度(wh/ℓ)

Liを含めたイオン化傾向

Li K Ca Na Mg Al Zn Fe Ni Sn Pb H Cu Hg Ag Pt Au

大 ←→ 小

Li(李さん)に、
貸そうかな、
まああてにすんな、
ひどすぎる借金。

水島博士と吉野博士によるリチウムイオン二次電池の開発の歴史

正極

コバルト酸リチウムの発見

水島公一博士(1941〜)

日本の物理学者。1964年、東京大学理学部物理学科卒業。1979年、オックスフォード大学無機化学研究所にて、リチウムイオン電池の新電極材料を模索。コバルト酸リチウムなど一連の物質を発見。現在、東芝リサーチコンサルティングエグゼクティブフェロー。

→ 吉野博士がコバルト酸リチウムを採用

現在のリチウムイオン二次電池の原型を発明

吉野彰博士(1948〜)

日本の化学者。1970年、京都大学工学部石油化学卒業。1983年に正極にコバルト酸リチウム、負極にポリアセチレンを用いたリチウムイオン二次電池を考案。1985年、正極をカーボン材料に変更し、現在の原型を発明した。現在、旭化成フェロー。

負極

導電性高分子ポリアセチレンの発見

白川英樹博士(1936〜)が1976年に発見。白川博士は2001年にノーベル化学賞を受賞

吉野博士がリチウムイオン二次電池の負極材に採用 → 吉野博士がカーボン材料に変更

48 電池の中を駆け回る？リチウムイオンLi^+

リチウムイオン電池の動作原理とは？

リチウムイオン電池の起電力は3.6Vです。カーボン材料の薄膜を銅箔上に形成したものを負極、コバルト酸リチウム（$LiCoO_2$）の薄膜をアルミ箔上に形成したものを正極とする二次電池です。この二つの薄膜はセパレータを介して重ねられ、非水溶性の電解液の中に浸してあります。正極での反応を⑴式、負極での反応を⑵式、電池全体の反応を⑶式に示します。複雑そうな反応式ですが、わかりやすく表現すると、リチウムイオンLi^+が、正極と負極の間を行き来しているのです。

負極に用いられるのがグラファイト系の炭素材料です。グラファイト結晶自体は、ベンゼン環が無限に縮合した平面が層状に連なったスタック構造をしています。ベンゼン環のπ電子は、平面状に非局在化すると同時に、面に垂直な方向にも電子間相互作用があり、導電性が生じます。グラファイトの層状構造の特徴として、層間に原子を取り組んでインターカレーション化合物形成します。リチウムイオン電池では、充電時にLi^+のインターカレーション化合物ができます（左下図右）。正極に用いられるのが、$LiCoO_2$などの金属酸化物です。O^{2-}は面心立方格子を形成し、Li^+やCo^{3+}が（111）面上つまり正八面体の空隙に位置します。Li^+は、（111）面上を動きやすく、充電時に最大で70％のLi^+が外部に逃げます（左下図左）。水溶液系電解液は、リチウムによって電気分解されてしまうので、使用できません。よく用いられている溶媒は、プロピレンカーボネイト（融点40℃、比誘電率90）とエチレンカーボネイト（融点49℃、比誘電率64）です。これらは非プロトン性溶媒といいます。またLi^+は電極間を実際に移動する必要はなく、濃度変化が伝わればよいのです。そのために、非プロトン性溶媒の中にLi^+を入れておく必要があります。そこで$LiAsF_6$、$LiBF_4$、$LiClO_4$、$LiPF_6$のようなリチウム塩が、電解質として用いられています。

要点BOX

- Li^+が正極と負極の間を行き来する
- 正極は$LiCoO_2$、負極はグラファイト
- 電解液は非プロトン性溶媒とリチウム塩

リチウムイオン電池の化学反応

正極の反応

$$LiCoO_2 \underset{\text{放電}}{\overset{\text{充電}}{\longleftrightarrow}} Li_{(1-x)}CoO_2 + xLI^+ + xe^- \qquad (1)$$

負極の反応

$$xLi^+ + xe^- + C \underset{\text{放電}}{\overset{\text{充電}}{\longleftrightarrow}} LixC \qquad (2)$$

電池全体の反応

$$LiCoO_2 + C \underset{\text{放電}}{\overset{\text{充電}}{\longleftrightarrow}} Li_{(1-x)}CoO_2 + LixC \qquad (3)$$

1817年にリチウムを発見したアルフェドソン（スウェーデン）

世界最大のリチウム埋蔵量を有するボリビアのウユニ塩湖

リチウムイオン電池の動作原理

正極　コバルト酸リチウム $LiCoO_2$

電解液

溶媒:非プロトン性溶媒
電解質:リチウム塩

負極　グラファイト　C

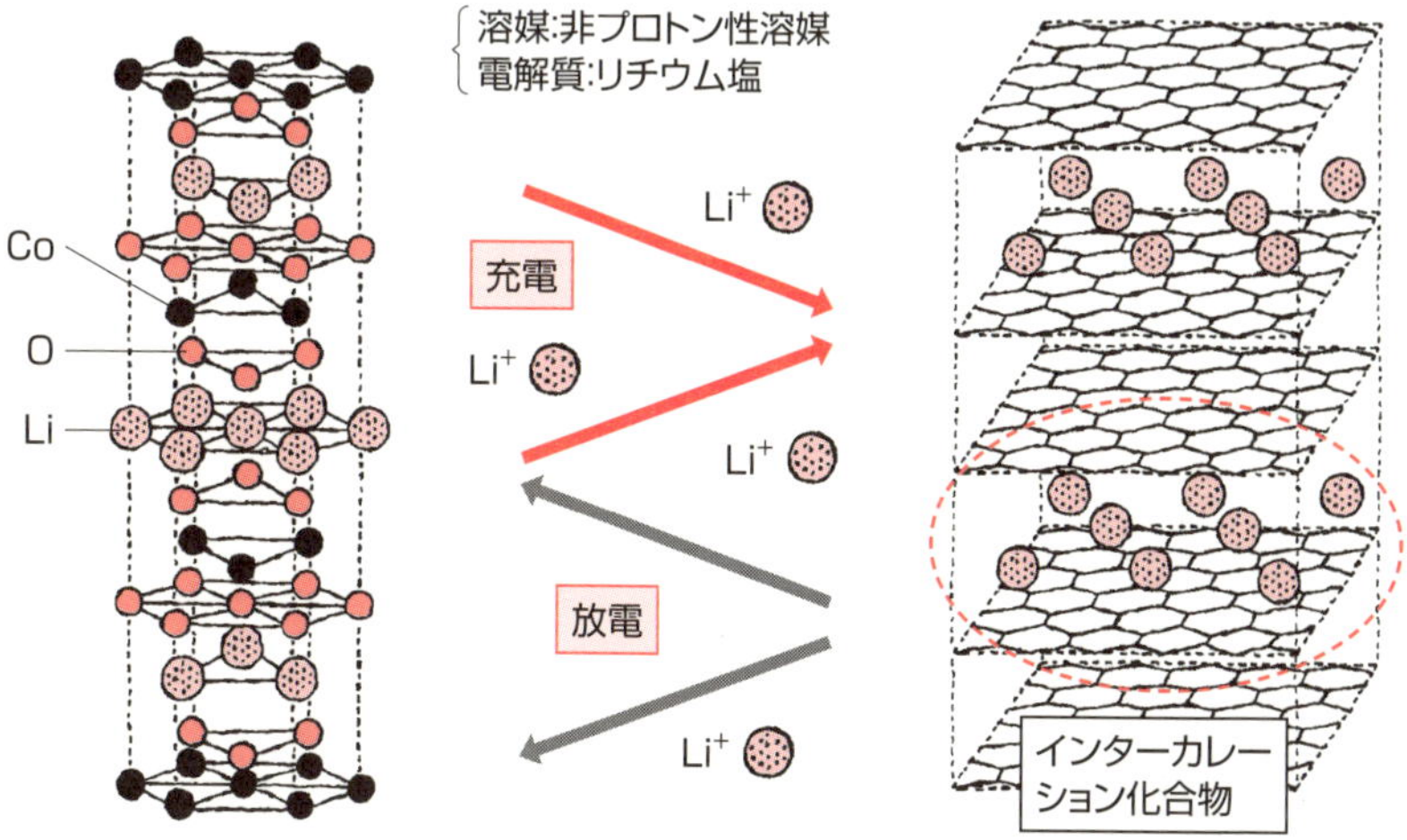

49 三度目の正直？ 電動化の機運

現在EVなどの電動車投入の機運が高まっていますが、歴史的には自動車の黎明期を除いて、3度目の高まりです。一度目は大気汚染が問題化した1970年代前半で、米国マスキー法の導入をきっかけとして、排ガスの全く出ないクリーンカーであるEVの開発が活発化しました。日本では鉛蓄電池を使った小型乗用EV試作車が、当時の通産省主導で開発されました。しかし、三元触媒などの技術が開発され、ガソリン自動車の排出ガス低減化が進んだため、EVは普及しませんでした。二度目は1990年に入り、大気汚染に悩む米国カルフォルニア州が、各自動車メーカーに一定台数以上のEVの販売を義務づけるZEV(Zero Emission Vehicle)法導入を表明したことから、日本を含む多くの自動車メーカーはEV開発に着手しました。当時はニッケル水素電池が主流であり、それを搭載したEV、HEVの市場投入が始まったのがこの時期です。トヨタ自動車の1995年のラブ4EV、1997年のHEV初代プリウスなどが例です。併せてリチウムイオン電池を用いた自動車の開発が着手されたのもこの時期です。

そして2005年に京都議定書が発効され、地球環境問題が大きく取り上げられるようになり、更に原油価格の高騰などで、環境およびエネルギーに対する人々の意識が大きく変わってきました。この背景の中で、EVをはじめ環境対応車と呼ばれるHEV、PHEVなど電動車投入の三度目の動きが現在活発化しています。2009年に発売されたトヨタ自動車のHEV三代目プリウスは、ニッケル水素電池を搭載しており、世界販売台数は年間で約40万台（初代プリウス1～2万台）と劇的に増え、本格的な電動車時代の幕開けとなりました。リチウムイオン電池は同年に三菱自動車から発売されたi-MiEV（軽自動車EV）に採用されるなど、今後も急速に普及することが予測されています。

要点BOX

- ●電動車投入の機運は今回が3回目
- ●鉛電池⇒ニッケル水素電池⇒リチウムイオン電池という電動車用電池の歴史

電動車の分類

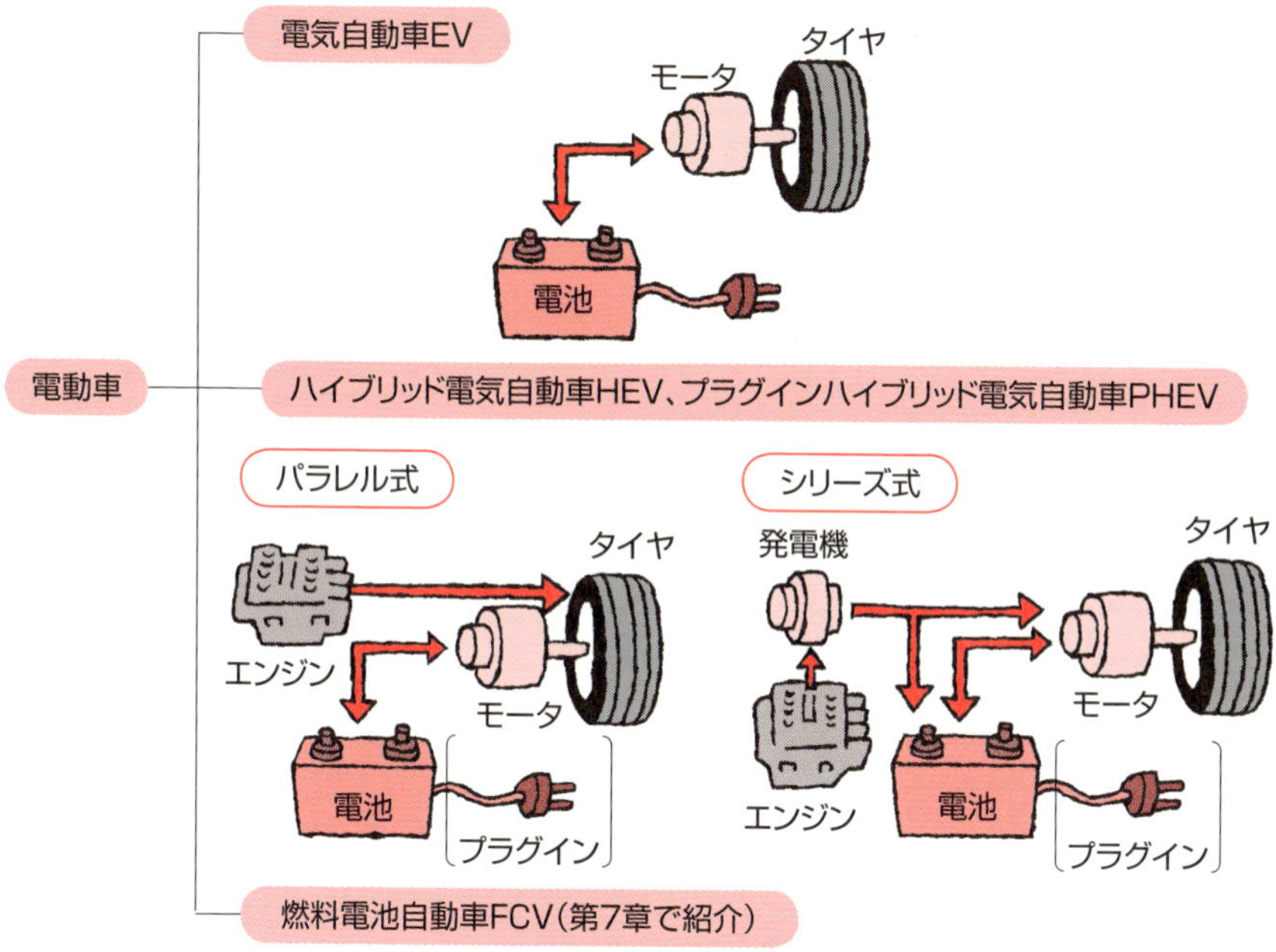
電動車
電気自動車EV
モータ
タイヤ
電池
ハイブリッド電気自動車HEV、プラグインハイブリッド電気自動車PHEV
パラレル式
エンジン
タイヤ
モータ
電池
プラグイン
シリーズ式
発電機
エンジン
タイヤ
モータ
電池
プラグイン
燃料電池自動車FCV（第7章で紹介）

電動車用電池の歴史

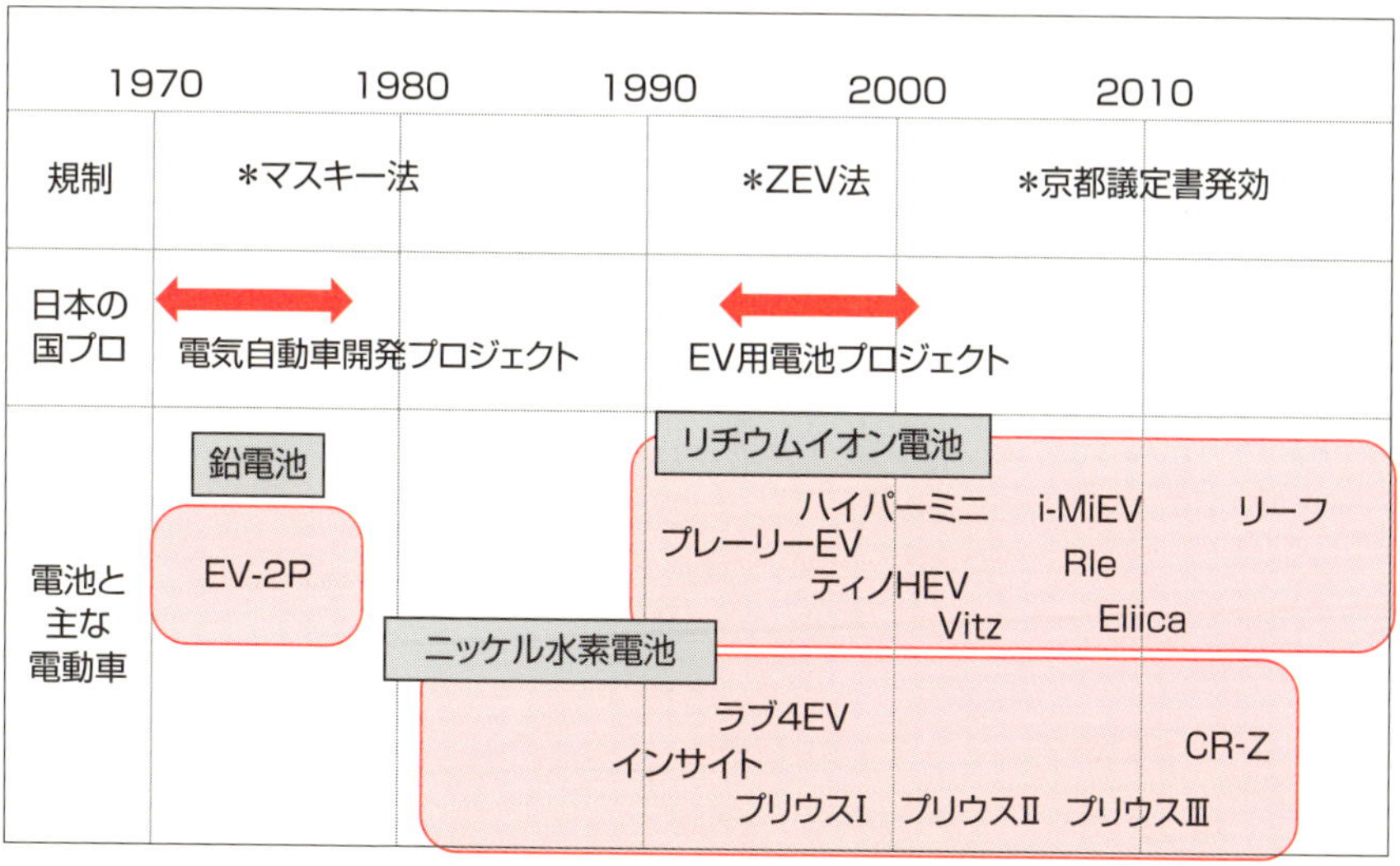
1970
1980
1990
2000
2010
規制
*マスキー法
*ZEV法
*京都議定書発効
日本の国プロ
電気自動車開発プロジェクト
EV用電池プロジェクト
電池と主な電動車
鉛電池
EV-2P
リチウムイオン電池
ハイパーミニ
i-MiEV
リーフ
プレーリーEV
Rle
ティノHEV
Vitz
Eliica
ニッケル水素電池
ラブ4EV
インサイト
CR-Z
プリウスI
プリウスII
プリウスIII

50 ハイパワーで長距離走れる電池を目指して

300km走れるEV用リチウムイオン電池とは!

電動車用の電池の性能は、エネルギー密度と出力密度で表されます。エネルギー密度とは、単位質量当たりに電池が蓄えることのできるエネルギーのことで、単位はWh／kgです。一方、出力密度とは、単位質量当たりに電池が放出できる仕事率のことで、単位はW／kgです。エネルギー密度は、走行距離に影響を与える指数で、出力密度は充放電のしやすさに影響を与える指数です。自動車は非常に広い温度範囲で使用されるので、この使用温度の全ての範囲で、電池性能を評価する必要があります。EV用、HEV用、PHEV用の電池に求められる相対的な性能を左上図に示します。EVの走行距離は、電池が充電できるエネルギー量に依存するため、EV用電池にとって最も重要な性能はエネルギー密度です。HEV用電池にとっては、出力密度が最も重要な性能です。加速をアシストするときや回生電力を受け入れるときには、短時間に大電流を流すことが求められます。PHEVはHEVよりも多くの電池を積み、EV走行する距離はHEVよりも長くなるので、HEVとEVの中間の性能が求められます。

自動車用電池のエネルギー密度の進化の歴史を左下図に示します。2014年現在で、量産EV用のリチウムイオン電池のエネルギー密度は100〜150Wh／kg程度、充電一回当りの航続距離は100〜230kmほどで短い。そこで航続距離300〜400kmを走れるEV車をめざして、エネルギー密度250Wh／kg程度の第二世代のリチウムイオン電池の開発が進められています。アプローチの方法は二つあります。一つは正極、負極、電解液などを変えていく方法。もう一つは同じ中身でもセルに詰め込む量を増やす方法です。前者の例としては、正極材質を現状のマンガン酸リチウム系から、ニッケル系やニッケル・マンガン・コバルト酸リチウム系などニッケルを多く含むものに変える試みなどが検討されています。

要点BOX

- ●EV用はエネルギー密度が重要
- ●HEV用は出力密度が重要

電動車用の二次電池に求められる性能（相対的な表示）

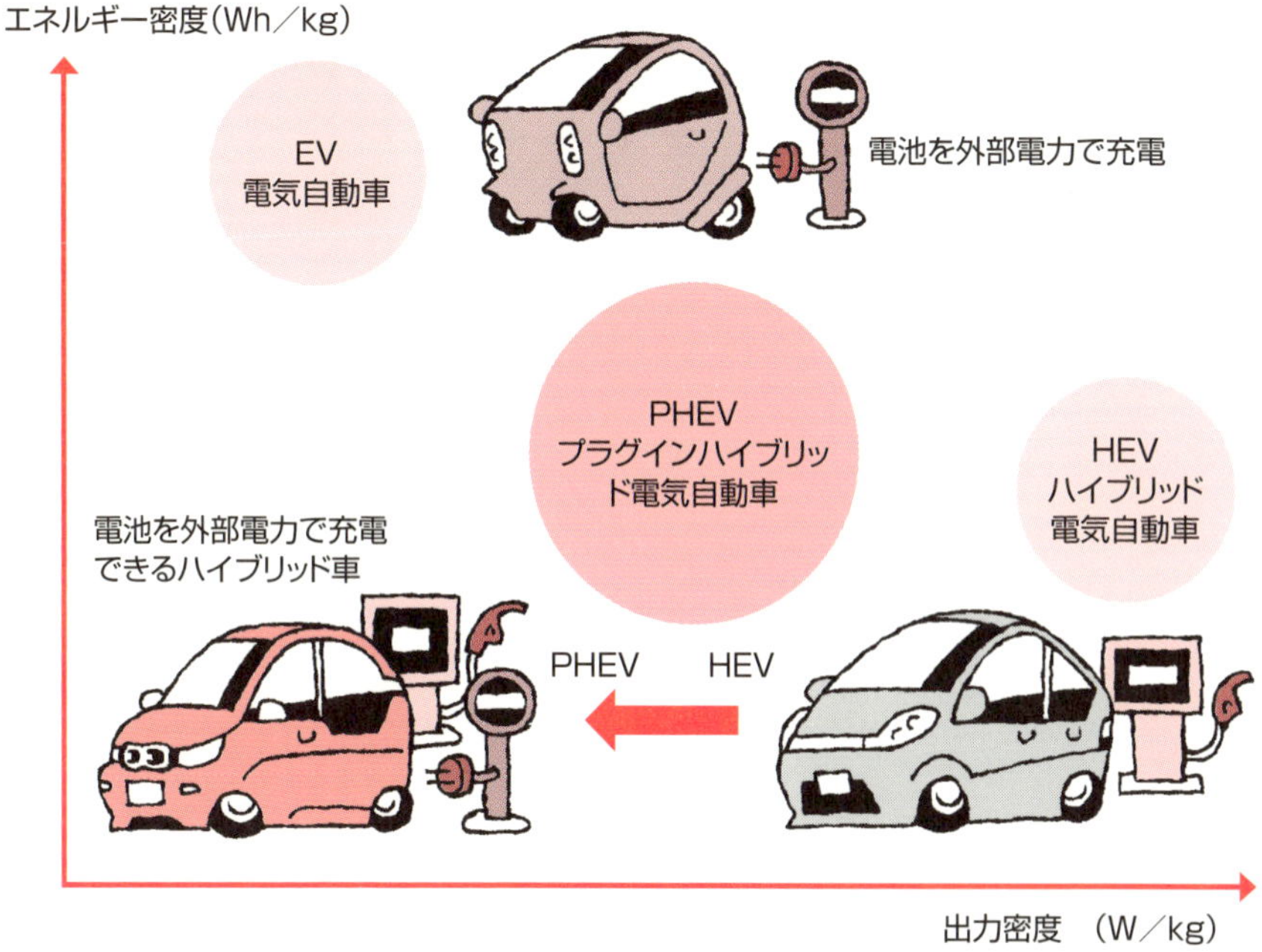
エネルギー密度（Wh／kg）
EV
電気自動車
電池を外部電力で充電
PHEV
プラグインハイブリッド電気自動車
HEV
ハイブリッド
電気自動車
電池を外部電力で充電
できるハイブリッド車
PHEV
HEV
出力密度　（W／kg）

二次電池エネルギー密度の進化の歴史

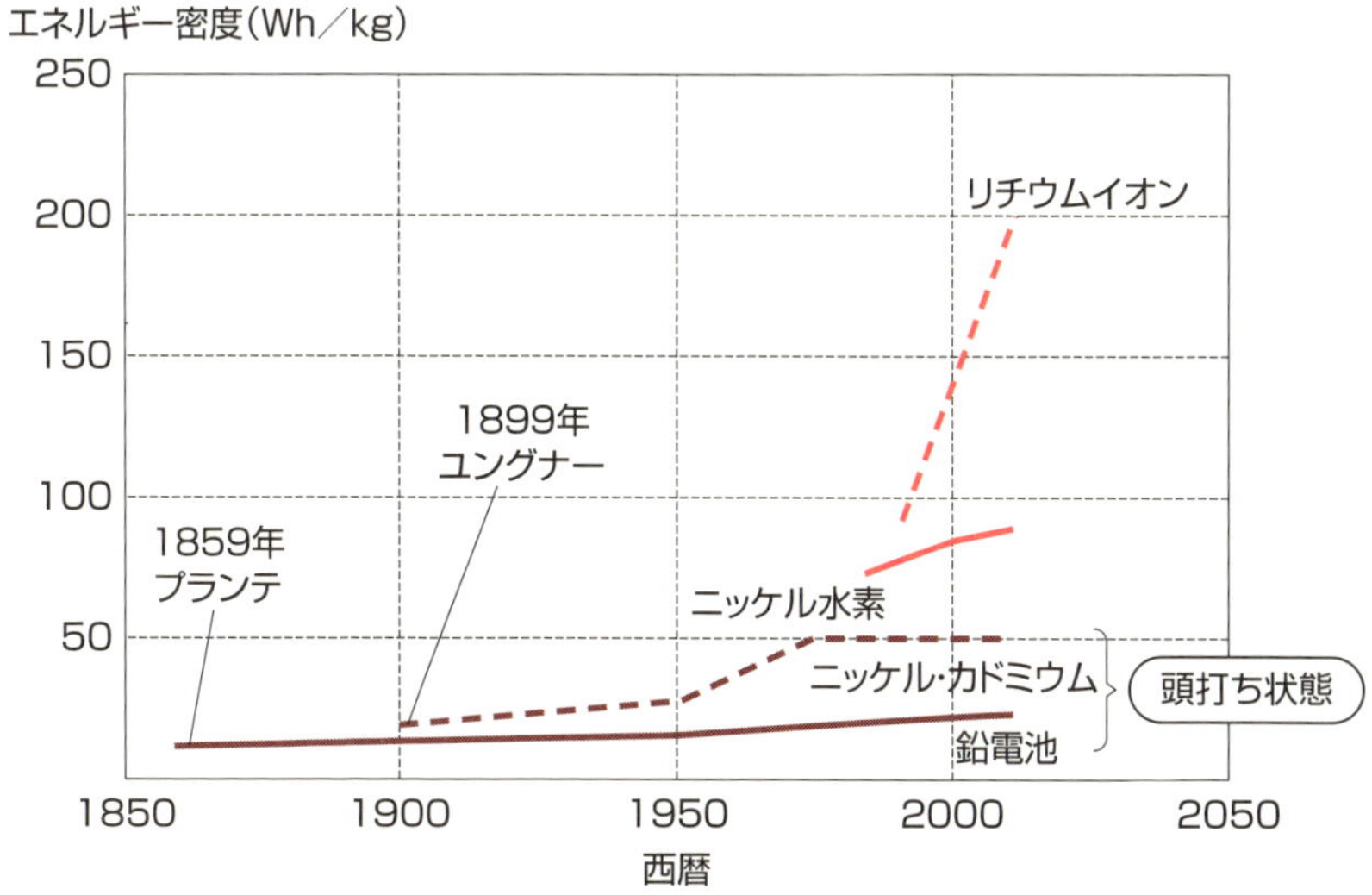
エネルギー密度（Wh／kg）
250
200
150
100
50
リチウムイオン
1899年
ユングナー
1859年
プランテ
ニッケル水素
ニッケル・カドミウム
頭打ち状態
鉛電池
1850
1900
1950
2000
2050
西暦

51 まるで"集団お見合い"のような電気二重層

異符号の電荷層が向かい合って電荷を蓄積

次項で電気二重層キャパシタを説明しますが、その前に電気二重層とは何であるかを復習しておきます。0.1M（モル／ℓ）の希硫酸に1Vの電圧をかけることを考えます。0.1Mの希硫酸には0・11Mの陽イオンH^+、0・09MのHSO_4^-と0・01MのSO_4^{2-}の陰イオンが存在します。これに1Vの電圧を加えると、電圧を感じた陽イオンのうちごく一部は陰極へ、陰イオンのうちごく一部は陽極へ移動します。その結果陽極の界面は陰イオンが、そして陰極の界面は陽イオンが少し過剰になります。一方、界面から離れた電解液の本体は、正負の電荷が打ち消し合っているので電気的には中性です。

左上図に示すように電極と電解液の界面では、電極表面の電荷と逆符号のイオンの電荷が同量ずつ対向しています。このように異符号の電荷層が向かい合った状態を「電気二重層」といいます。そのため、電気化学のエッセンスは電気二重層にあるといわれています。電気二重層は非常に薄く、0.1Mの希硫酸であれば1㎚程度で、H_2O分子三つ分程度の厚みしかありません。1㎚は、電解液側の物質が電極から電子を容易に授受できる距離です。1㎚の距離に1V近い電圧が加われば、電界の強さは1㎝当たり10^6～10^7V／㎝と大きくなります。電解液本体の領域Yには、電位勾配（電解）はほとんどありません。電界がなければイオンは電気力を感じません。0.1Mの希硫酸の電気二重層の厚みは約1㎚でしたが、電解液のイオン濃度が下がると、その平方根に反比例して電気二重層は厚くなります（左下図）。従って、電気二重層のうちの一部しか電子授受の起こる領域（1㎚程度）になりません。この領域を広げるためには高い電圧を加える必要があります。ところで常温の水溶液の中では、水分子も小型のイオンも熱運動で1秒間に0.1㎜程度も動き回っており、この値は電気二重層の厚さ1㎚の10万倍にも相当します。

要点BOX

- ●異符号の電荷層が向かい合った電気二重層
- ●電気二重層の厚さは非常に薄い
- ●イオンが熱運動で動き回る距離は大きい

0.1モル／ℓ希硫酸に1Vの電圧を加えたときに界面にできる電気二重層

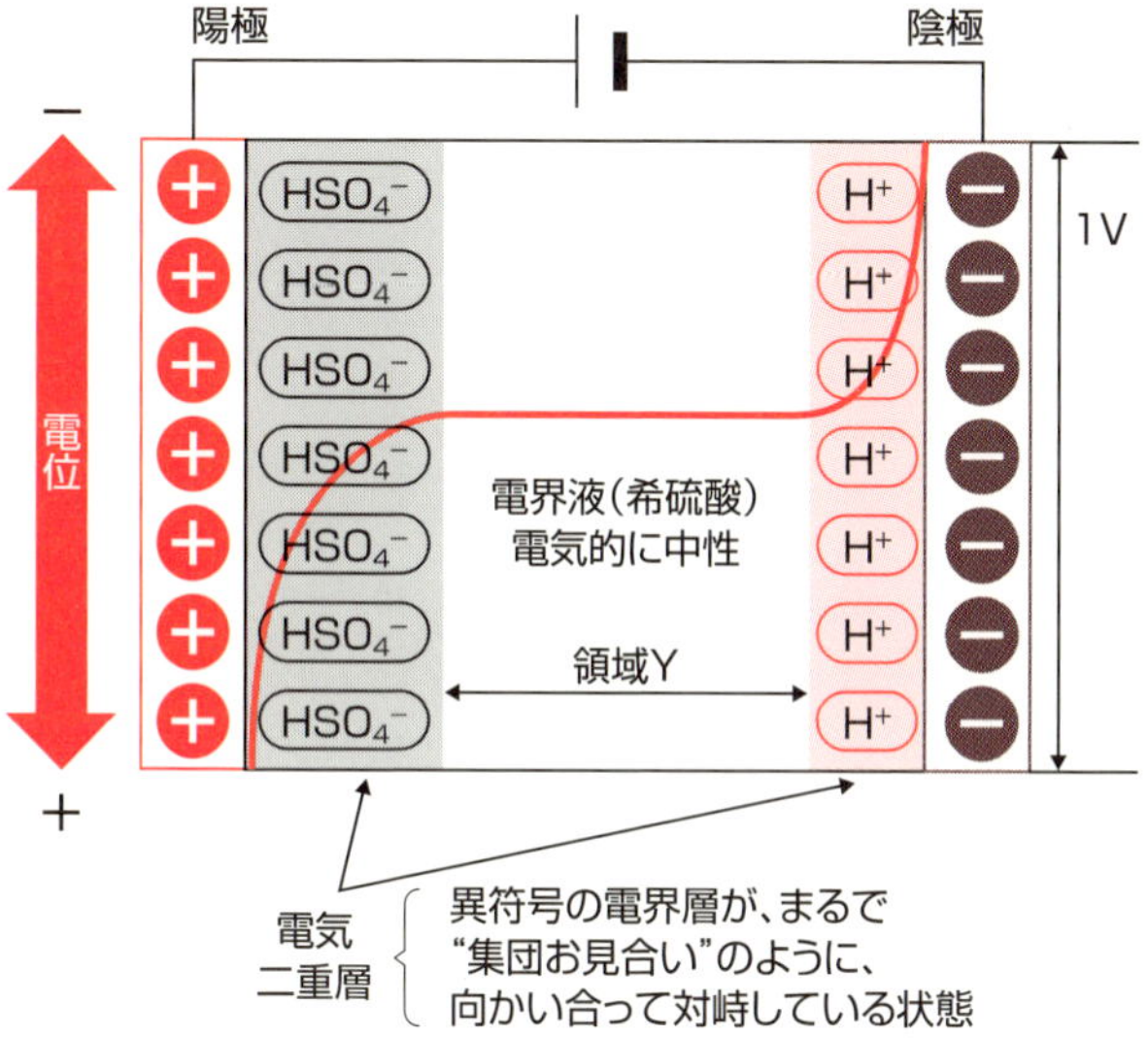
陽極
陰極
−
電位
+
HSO_4^-
H^+
1V
電界液（希硫酸）
電気的に中性
領域Y
電気
二重層
異符号の電界層が、まるで
“集団お見合い”のように、
向かい合って対峙している状態

電解質の濃度と電気二重層の厚さの関係

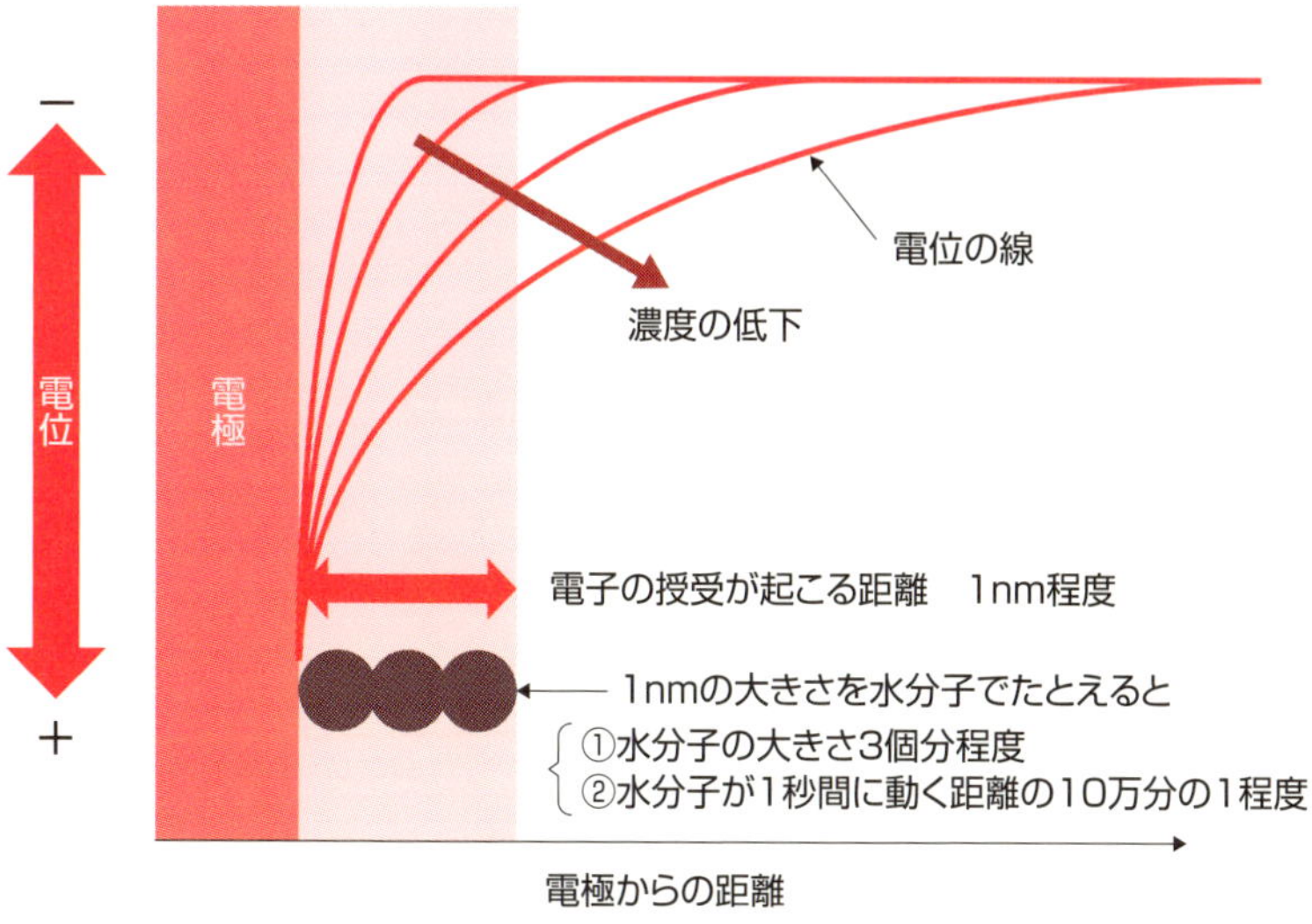
−
電位
+
電極
電位の線
濃度の低下
電子の授受が起こる距離　1nm程度
1nmの大きさを水分子でたとえると
①水分子の大きさ3個分程度
②水分子が1秒間に動く距離の10万分の1程度
電極からの距離

52 電気二重層キャパシタは電池？コンデンサ？

リチウムイオン電池の良きライバル！

電気二重層キャパシタ（以下EDLC）は、電気二重層という物理現象を利用することで、蓄電量が著しく高められたキャパシタで、ウルトラキャパシタとかスーパーキャパシタとも呼ばれます。キャパシタとはコンデンサと同義語です。短時間で放充電ができ、劣化が少ないので何万回も繰り返し充放電ができる長所があり、二次電池に対抗できるデバイスとして注目されています。

EDLCは、正極負極の活性炭素と電界液の界面に生じる電気二重層に電荷を蓄える蓄電デバイスです。充電時には、正極にはマイナスイオンが、負極にプラスイオンが物理的に吸着し、放電時に脱着します（左上図）。低温での性能も良好です。充放電時に化学反応をしないので充放電速度が速く、また充放電による劣化は理論的には無いため長寿命です。このような蓄電原理の違いから、放電時曲線も二次電池とは全く異なります。EDLCは、一定電流で放電時を行うと、左下図に示すように直線的に電圧が変動するので、残エネルギーの予測は容易です。しかし蓄えられるエネルギーE_1は図の三角形の面積$QcVc/2$と小さいです。一方、リチウムイオン電池は、一定電流で放電時を行うと、電圧はなだらかに変化するため残エネルギーの予測は困難です。しかし蓄えられるエネルギーE_2は、四角形の面積$QcVac$と、とても大きくなります。EDLCの耐電圧は、2.5～3.0Vです。この値は電界液自身の分解電圧よりも低い値です。EDCLの電極には活性炭が用いられており、活性炭には多くの微細孔が空けられています。その結果非常に大きな比表面積を有しています。EDLCの耐電圧が低い原因として、この活性炭表面の官能基と電解液が化学反応して電解液が分解することがあります。EDLCの特徴を復習すると、短時間で充放電でき寿命が長いのが長所。しかし蓄えられるエネルギー量が少なく耐電圧が低いのが短所です。

要点BOX

- ●電極と電界液の界面に電気二重層が生じる
- ●電気二重層に電荷を蓄える蓄電デバイス
- ●短時間で充放電できるがエネルギーは小さい

電気二重層キャパシタ（EDLC）の動作原理

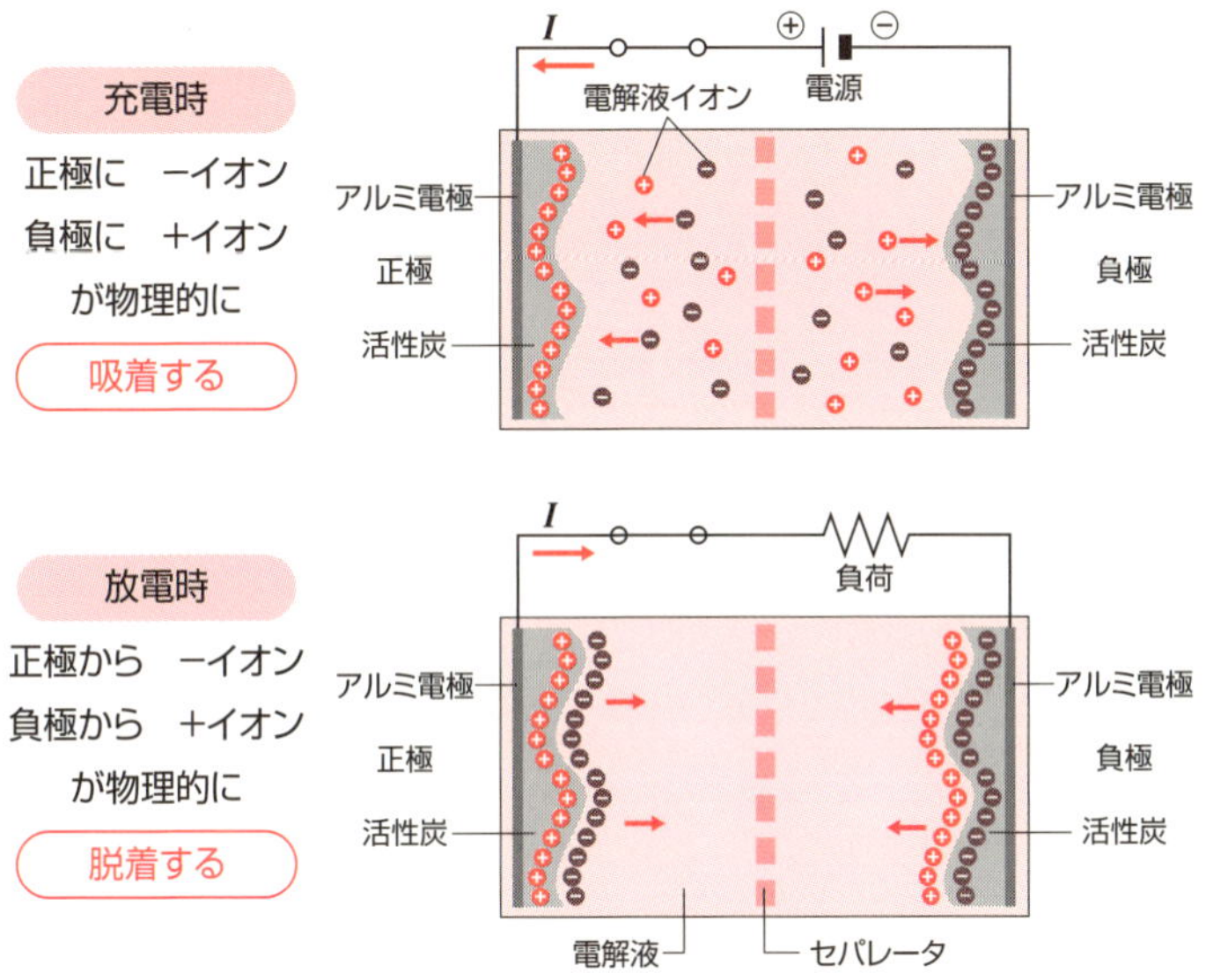
充電時
正極に　−イオン
負極に　＋イオン
が物理的に
吸着する
I
電解液イオン
電源
アルミ電極
正極
活性炭
アルミ電極
負極
活性炭
放電時
正極から　−イオン
負極から　＋イオン
が物理的に
脱着する
I
負荷
アルミ電極
正極
活性炭
アルミ電極
負極
活性炭
電解液
セパレータ

電気二重層キャパシタとリチウムイオン電池の充放電曲線

（1）電気二重層キャパシタ

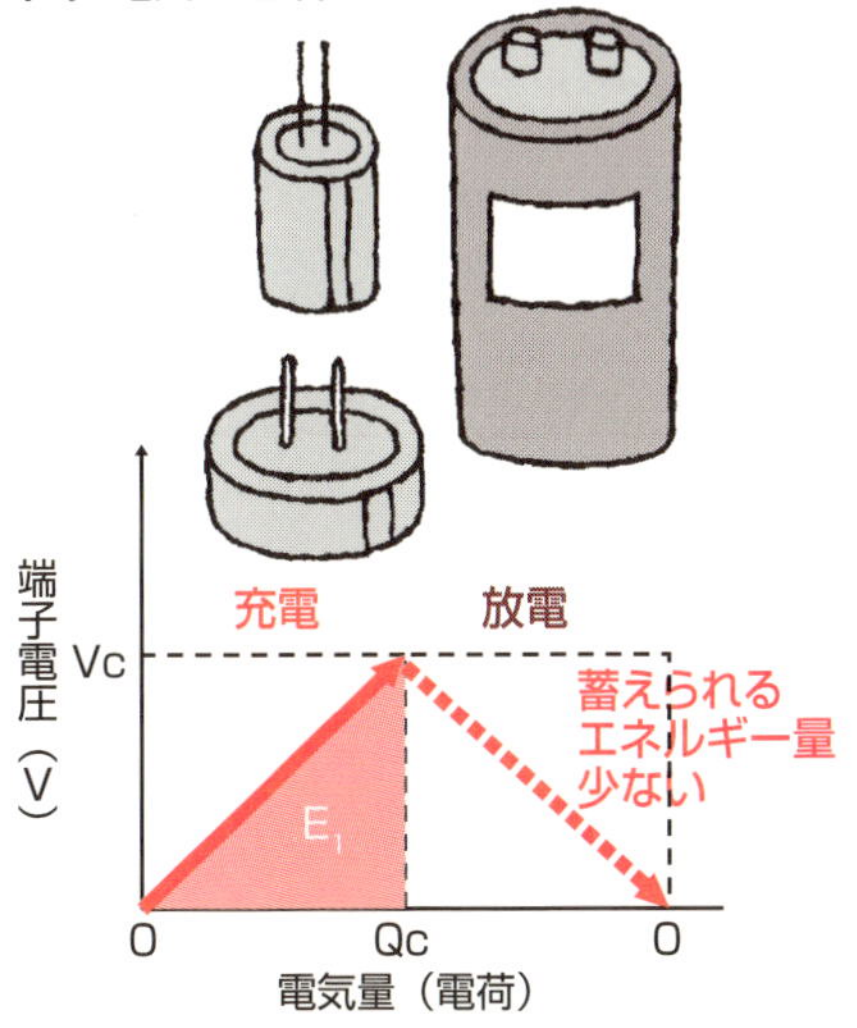
端子電圧（V）
Vc
充電
放電
蓄えられる
エネルギー量
少ない
E1
0
Qc
0
電気量（電荷）

エネルギー E_1=QcVc／2

（2）リチウムイオン電池

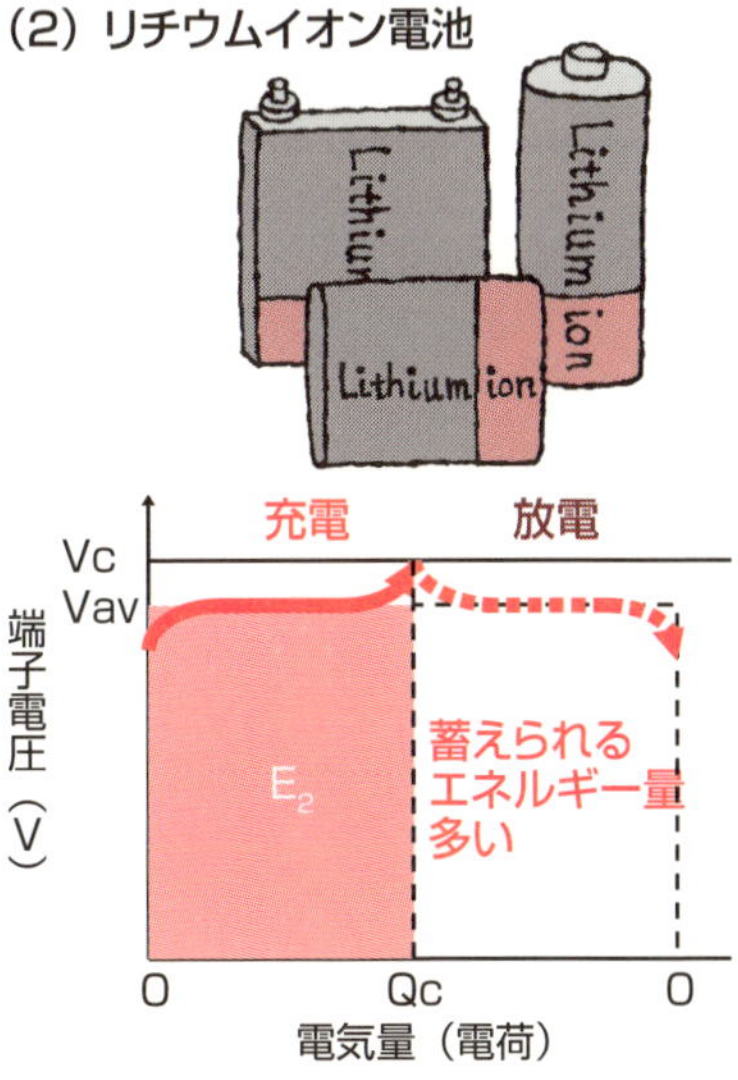
Lithium
Lithium ion
Lithium ion
充電
放電
Vc
Vav
端子電圧（V）
E2
蓄えられる
エネルギー量
多い
0
Qc
0
電気量（電荷）

エネルギー E_2=QcVav

Column

ルイ・ルノー（1877～1944）～ヨーロッパ最大の自動車会社ルノーの創業者

フランスのパリ郊外でブルジョア家庭に育ったルイ・ルノーは1898年に、ド・ディオン・ブートン車を改造して、現在のプロペラシャフト式フロントエンジン・リヤドライブ（FR）方式の原型であるダイレクトドライブシステムを発明しました。

この画期的な発明は、フランス国内の他の自動車会社に技術導入がなされ、莫大な特許料（当時の金額で数百万フラン）が彼の元に転がり込みました。翌年この機構を搭載した自動車「ヴォワチュレット」を発売したのを機に兄マルセルとフェルナンと共に同年10月に「ルノー・フレール」社（ルノー兄弟社）を設立しました。1900年以降は小型車を中心にする量産戦略によって発展を遂げ、先に創業したプジョーなどを追い抜きフランスで最大の自動車会社に成長しました。第二次世界大戦前後にはルノーFT-17軽戦などの軍用車両などの生産を行い、事業範囲を拡大しました。1939年に勃発した第二次世界大戦において戦争への準備不足であったフランスは緒戦から敗北を重ね、フランス全土はナチス・ドイツの占領下に入ります。ルノー社もドイツの接収に遭い、ベンツ社から役員が派遣され、ルイはドイツ占領軍の傀儡政権であるヴィシー政権に協力せざるを得ない状況に陥りました。1942年、連合国軍による空爆を受けルノー社の工場は破壊されました。1944年、連合国軍によるフランス解放後に対独協力者として彼は逮捕され、失意の内に獄中で病死しました。

創業者の死と生産設備の破壊という苦難に陥ったルノー社は、大戦終了後の1945年新たにフランスの指導者になったシャルル・ドゴール将軍の行政命令により国営化され、ルノー公団として再建されました。その後フランス政府は株式を売却し続け、1996年に完全民営化を果たしました。現在ルノーのCEOは、北米ミシュラン社のCEOの経験があるカルロス・ゴーンです。

第7章

進化する燃料電池と次世代革新電池の化学

53 「水の電気分解」の逆、燃料電池の発電原理

活物質水素と酸素を補充し続ける開放系装置

燃料電池は確かに電池の一種ですが、「発電装置」の一種と言った方がふさわしいものです。燃料電池は、「水の電気分解」と逆の原理で発電します。水の電気分解は、水に外部から電気を通して水素と酸素に分解します。燃料電池はその逆で、水素と酸素を電気化学反応させて、電気をつくります。もう少し具体的に言うと燃料電池は、補充可能な負極活物質水素と正極活物質である空気中の酸素を、常温または高温にて電気化学反応させることにより、継続的に電力を取り出すことができる発電装置です。

一次電池及び二次電池は閉鎖系装置で、装置内の〝限られた〟活物質を使用するために、電気容量も〝限られた〟ものになります。それに対して燃料電池は開放系装置で、両極の活物質である水素と酸素を〝限りなく〟補充し続けることで、電気容量も〝限りなく〟なり、永続的に放電を行うことができます。閉鎖系電池の最初の発見者であるボルタに言わせれば、「禁じて手を使っている」と非難されそうです。この意味で、燃料電池は電池というよりは、発電装置の一種であると表現する方がふさわしいのです。外部から供給する燃料は水素そのものとは限らず、都市ガスやLPGなどの場合があります。この場合は、燃料から水素をつくる改質器と呼ばれる装置が必要になります。燃料極（負極）では図の①式で示される酸化反応が起きます。電子は外部へと流れ、H^+はチャージキャリアとなって電解液中を拡散します。空気極（正極）では、H^+が電子と再結合して、酸素が還元され水になる②式で示される反応が起きます。②式の反応を酸素還元反応といいますが、①式の反応よりも遅いので、白金などの触媒を用いて速度を上げます。電解質は液体電解質か溶融塩電解質のいずれかです。その中を通るチャージキャリアにはH^+以外として、O^{2-}、CO_3^{2-}などがあります。代表的な燃料電池の特徴を左下表に示します。

要点BOX

- ●活物質水素と酸素を補充し続ける開放形装置
- ●電池というよりは発電装置の一種

燃料電池の発電原理

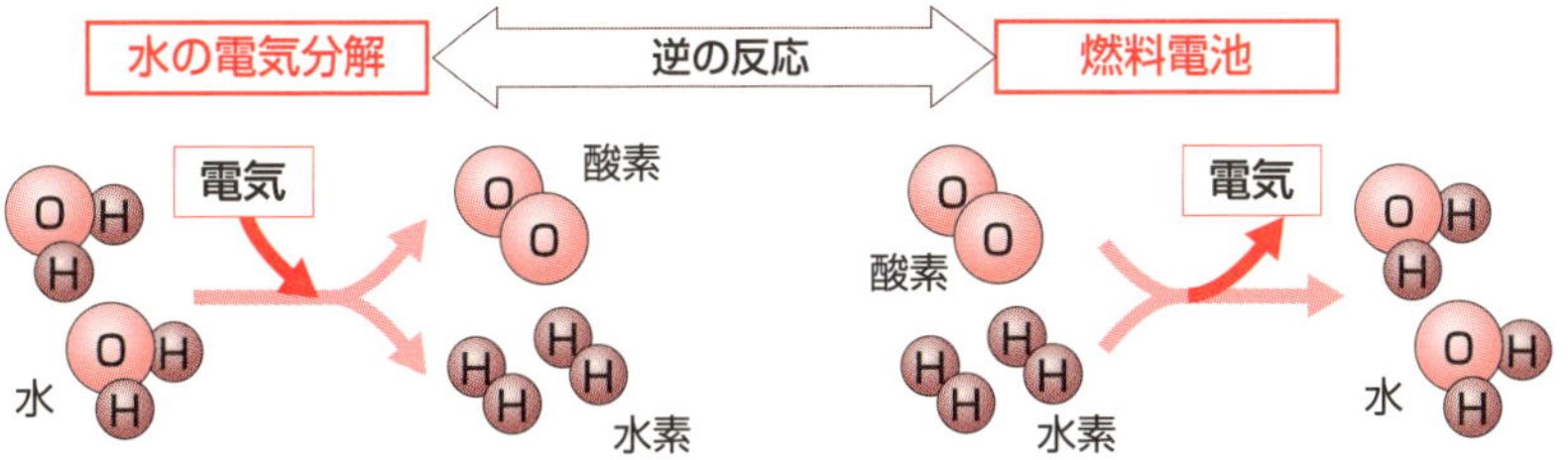

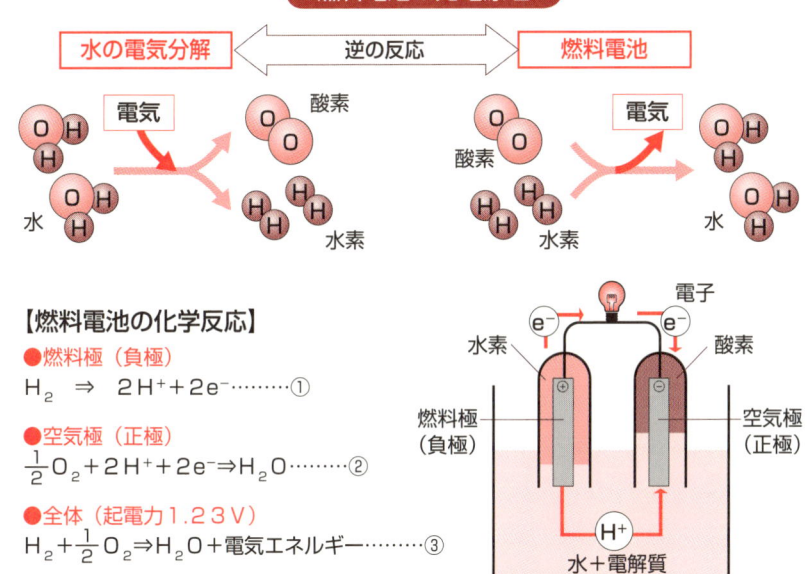

【燃料電池の化学反応】

●燃料極（負極）

$H_2 \Rightarrow 2H^+ + 2e^-$………①

●空気極（正極）

$\frac{1}{2}O_2 + 2H^+ + 2e^- \Rightarrow H_2O$………②

●全体（起電力1.23V）

$H_2 + \frac{1}{2}O_2 \Rightarrow H_2O$＋電気エネルギー………③

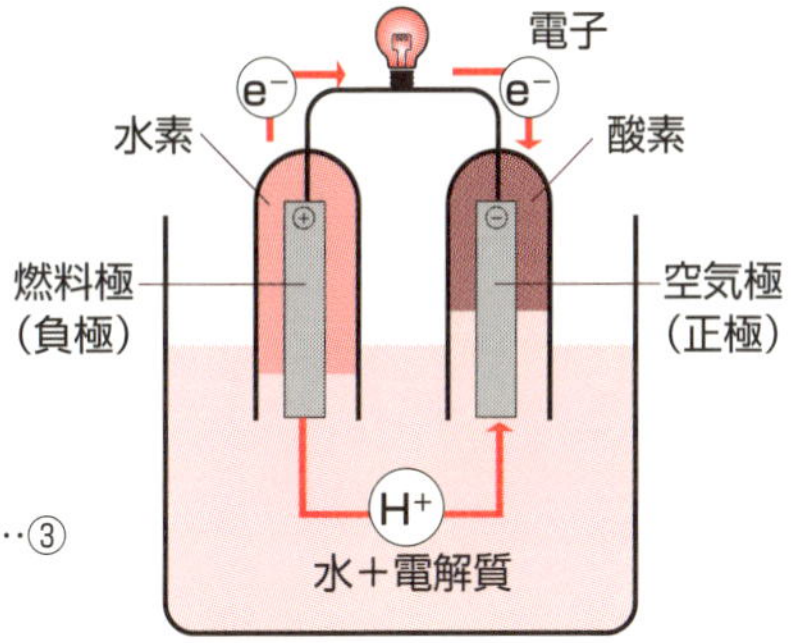

代表的な燃料電池

	固体高分子形 PEFC	リン酸形 PAFC	溶融炭酸塩形 MCFC	固体酸化物形 SOFC
燃料	水素	水素	水素・一酸化炭素	水素・一酸化炭素
チャージキャリア	H^+	H^+	CO_3^{2-}	O^{2-}
電解質	プロトン交換膜	リン酸	炭酸リチウム	安定化ジルコニア
作動温度（℃）	60～90	190～210	600～700	900～1200
触媒	白金系	白金系	不要	不要
発電出力（発電効率）	～50kW（35～40%）	～1000kW（35～42%）	1万～10万kW（45～60%）	1万～10万kW（45～65%）
開発状況	・家庭用では実用化 ・2014年12月トヨタ自動車から燃料電池車が発売された	・業務用（オフィス病院などの常時稼働型緊急電源）として多数実績がある	・日本以外での実績がある。拡大中	・家庭用は実用化 ・大型定置用は開発中

54 最近注目の『エネファーム』で使われている燃料電池

「エネルギー」と「ファーム（農場）」の造語

燃料電池本体は、左上図に示すセル（単電池）を積み重ねてできていることから「セルスタック」と呼ばれます。空気極と燃料極は気体を通す構造をしており、酸素と水素がその中を通ります。水素は電極中の触媒の働きで、H^+と電子に分離されます。電解質はイオンのみを通す性質のため、電子は外部回路を流れます。電解質の中を通過したH^+は、空気極に送られた酸素および外部回路に流れた電子と反応して水になります。「反応に関係する電子が外部回路を流れる」ことは、発電そのもののことで、左中央図に示したセル内の化学反応が燃料電池の具体的な発電原理です。ひとつのセルが作れる電気は電圧で約0.7Vです。従って大量の電気、例えば10kWの電気を作るためには500枚くらいのセルを重ねる必要があります。セルとセルの間にはセパレータが置かれ、水素と酸素の通路を物理的に分離するのと同時に、電気的には接続するという重要な役割を果たしています。現在、固体高分子型（PEFC）と固体酸化物型（SOFC）の燃料電池がエネファームに用いられています。エネファームとは、家庭用燃料電池コジェネレーションシステムのことです。「エネルギー」と「ファーム（農場）」を合成した造語です。都市ガス主成分メタンCH_4を水蒸気改質して取り出した水素H_2と、大気中の酸素を化学反応させて電気をつくり、その廃熱を活用してお湯をつくるシステムです。発電ではなく、あくまでも節電を目的に開発されたシステムです。廃熱を直接利用できるため、廃熱を利用しない火力発電や原子量発電と比べて、エネルギーの利用効率が高く、自宅で発電するので送電ロスはありません。給湯時の発電で家庭で消費する半分程度の電力量を賄えるため、電気料金が安くなる、などの長所があります。ただし、発電時の廃熱で貯湯タンク内のお湯を温めるための貯湯タンクのスペースが必要です。コジェネレーションは、「熱併給発電」または「熱電併給」と訳されています。

要点BOX

- ●燃料電池はセルを積み重ねた構造
- ●電解質はイオンを通すが電子を通さない
- ●最近注目のエネファームで使われている

燃料電池のセル

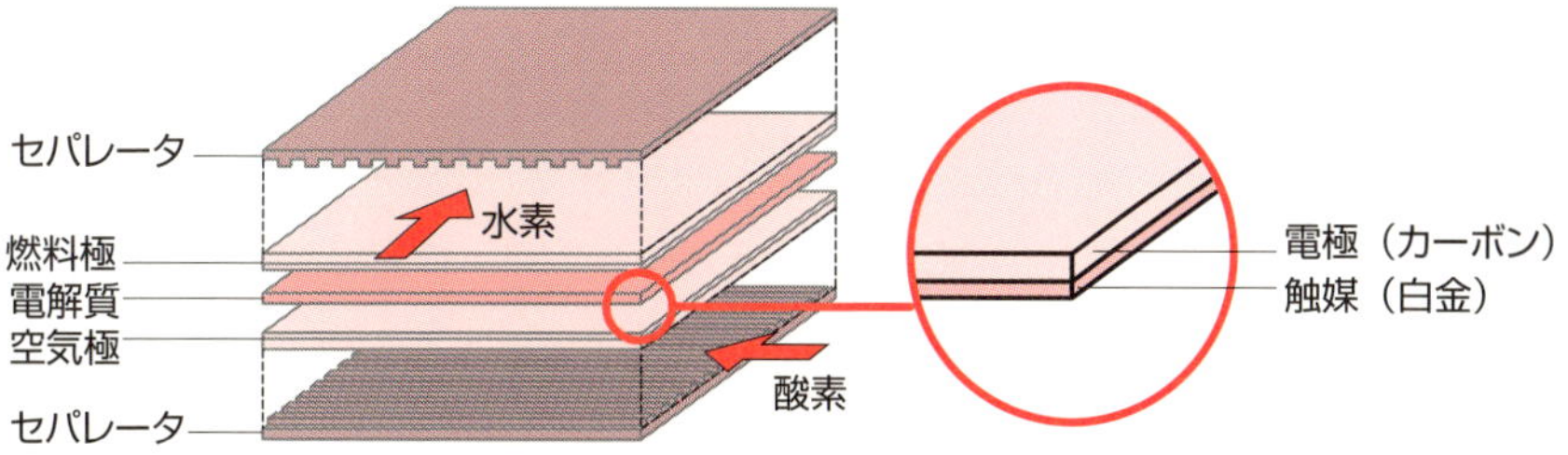
セパレータ
水素
燃料極
電解質
空気極
酸素
セパレータ
電極（カーボン）
触媒（白金）

燃料電池のセル内の化学反応

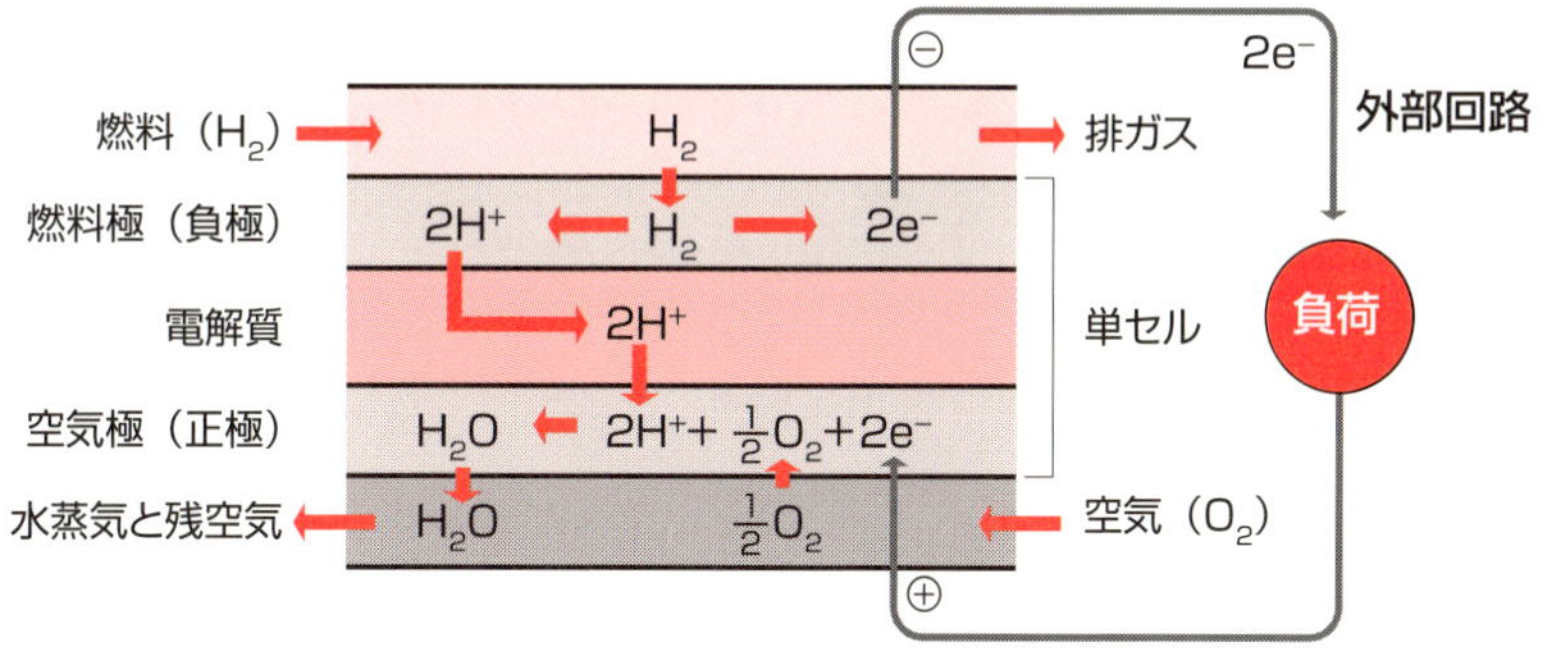
⊖
$2e^-$
外部回路
燃料（H_2）
H_2
排ガス
燃料極（負極）
$2H^+$
H_2
$2e^-$
電解質
$2H^+$
単セル
負荷
空気極（正極）
H_2O
$2H^+ + \frac{1}{2}O_2 + 2e^-$
水蒸気と残空気
H_2O
$\frac{1}{2}O_2$
空気（O_2）
⊕

エネファームのシステム概要

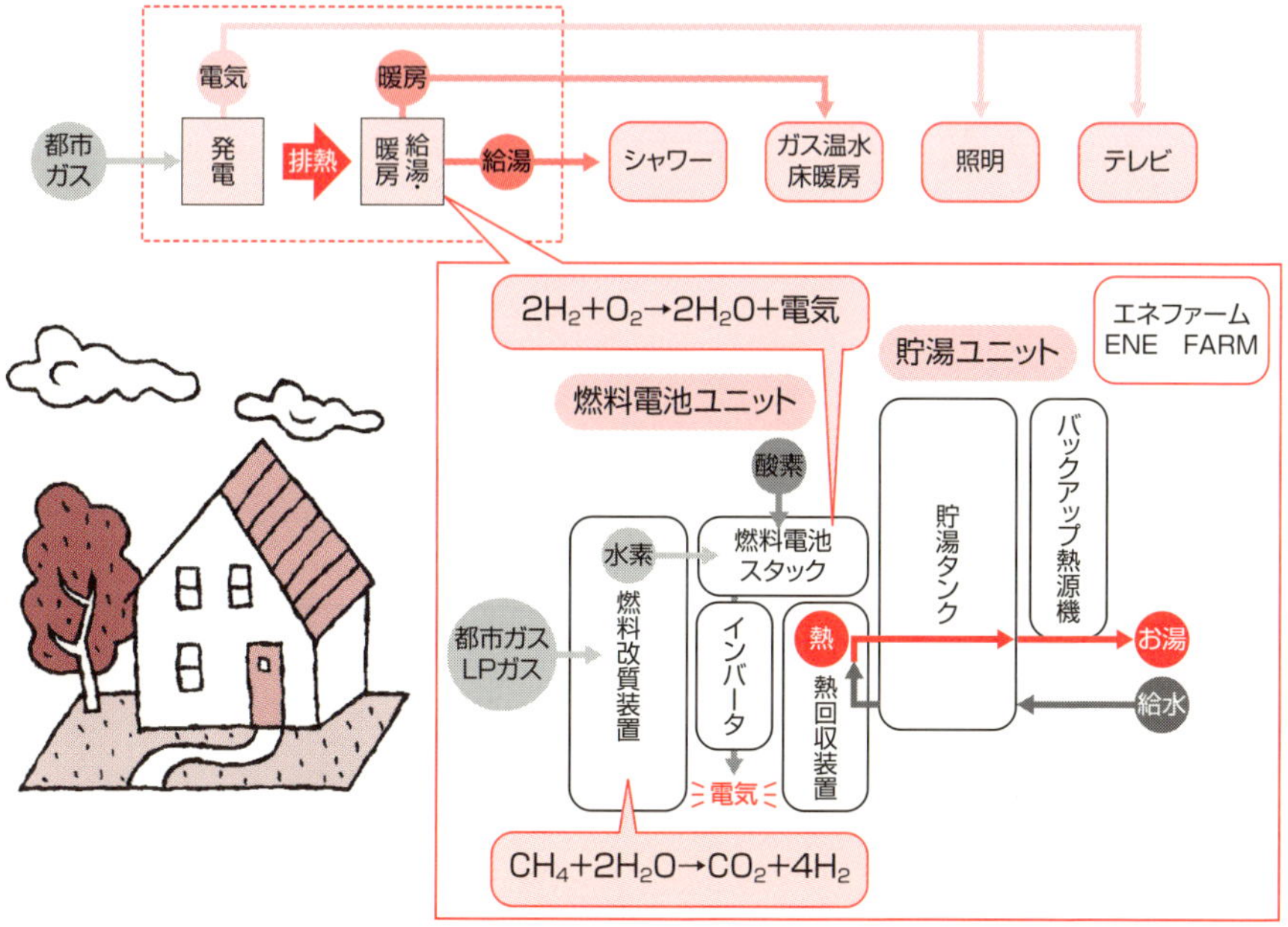
電気
暖房
都市ガス
発電
排熱
給湯・暖房
給湯
シャワー
ガス温水床暖房
照明
テレビ
$2H_2 + O_2 \rightarrow 2H_2O$+電気
エネファーム ENE FARM
貯湯ユニット
燃料電池ユニット
酸素
水素
燃料電池スタック
貯湯タンク
バックアップ熱源機
都市ガス LPガス
燃料改質装置
インバータ
熱
熱回収装置
お湯
給水
電気
$CH_4 + 2H_2O \rightarrow CO_2 + 4H_2$

55 自動車用の本命、固体高分子型燃料電池PEFC

高分子膜と電極と白金触媒は、三位一体に！

固体高分子型燃料電池は、電解質に高分子膜を用いた燃料電池です。60～90℃という低温で反応するため高温対策が不要で、液体を用いないので保守も容易で小型化できます。自動車用燃料電池の本命として開発が進められています。

低温で使える高分子膜として代表的なものがナフィオンなどの陽イオン交換膜です。イオン交換膜とは、同符合のイオンをのみを通過させる目的の膜のことで、イオンを交換する目的のものではありません。ナフィオンはポリテトラフルオロエチレンの化学安定性とトリフルオロメタンスルホン酸（以降TfOHと記す）の強酸性を併せ持つH^+伝導体です。TfOHは超強酸の一種で、硫酸や過塩素酸よりも強い酸です。ナフィオンの高次構造は、親水性のTfOHが集まって、幅1nm程度のH^+が通る通路を形成していると考えられています（左図上）。H^+が伝導するメカニズムは複雑で、Grotthuss機構というモデルで説明されます。

電極の機能は、①化学反応を起こさせること、②水素、酸素および水を効率よく輸送すること、③電子を流すこと、です。固体高分子型燃料電池は動作温度が低いので、化学反応の速度を上げるために白金触媒を使います。白金は水素の酸化と酸素の還元に優れています。

現在よく用いられている電極は、表面積の大きいカーボンブラック（炭素微粉末）に白金微粒子を担持したもので、燃料極と空気極の両方に用いられています。酸素還元反応は水素酸化反応よりも遅いので、空気極により多くの白金微粒子が担持されます。H^+の授受を効率よく行うためには、高分子電解質と電極と白金触媒とが密着していなければなりません。いくら触媒を担持しても、密着していないことには、反応に有効な触媒にはなりません。

「高分子膜と電極と白金触媒は、三位一体に！」です。

要点BOX

- ●高分子膜の中にH^+の化学的な通路を形成
- ●炭素電極に白金微粒子を担持し反応速度増大
- ●高分子膜と電極と白金触媒は、三位一体に！

プロトンH^+交換膜とは

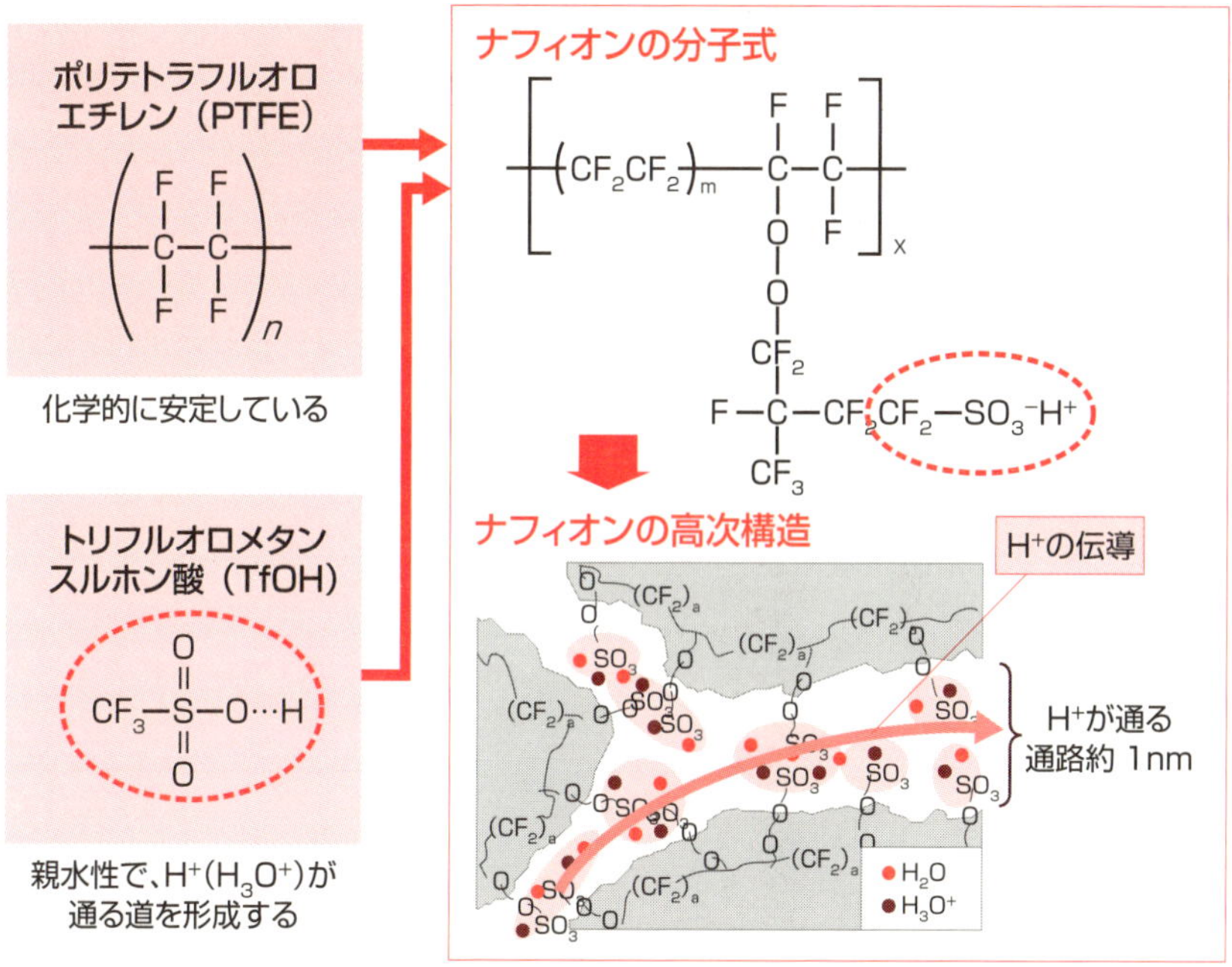

ポリテトラフルオロエチレン（PTFE）
化学的に安定している
トリフルオロメタンスルホン酸（TfOH）
$CF_3-S(=O)_2-O\cdots H$
親水性で、H^+(H_3O^+)が通る道を形成する
ナフィオンの分子式
CF_2
$F-C-CF_2CF_2-SO_3^-H^+$
CF_3
ナフィオンの高次構造
H^+の伝導
H^+が通る通路約 1nm
H_2O
H_3O^+

固体高分子型燃料電池の電極の役割およびH^+授受の様子

(1) 化学反応を起こさせること。
(2) 水素、酸素および水を効率よく運ぶこと。
(3) 導電性が高い（電子を流す）こと。

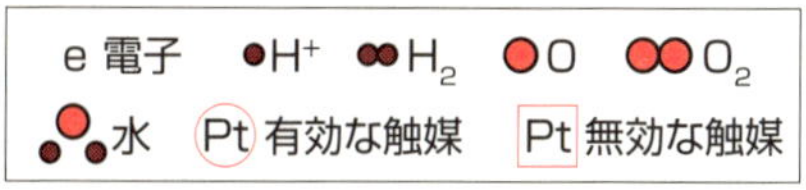

e 電子
H^+
H_2
O
O_2
水
Pt 有効な触媒
Pt 無効な触媒

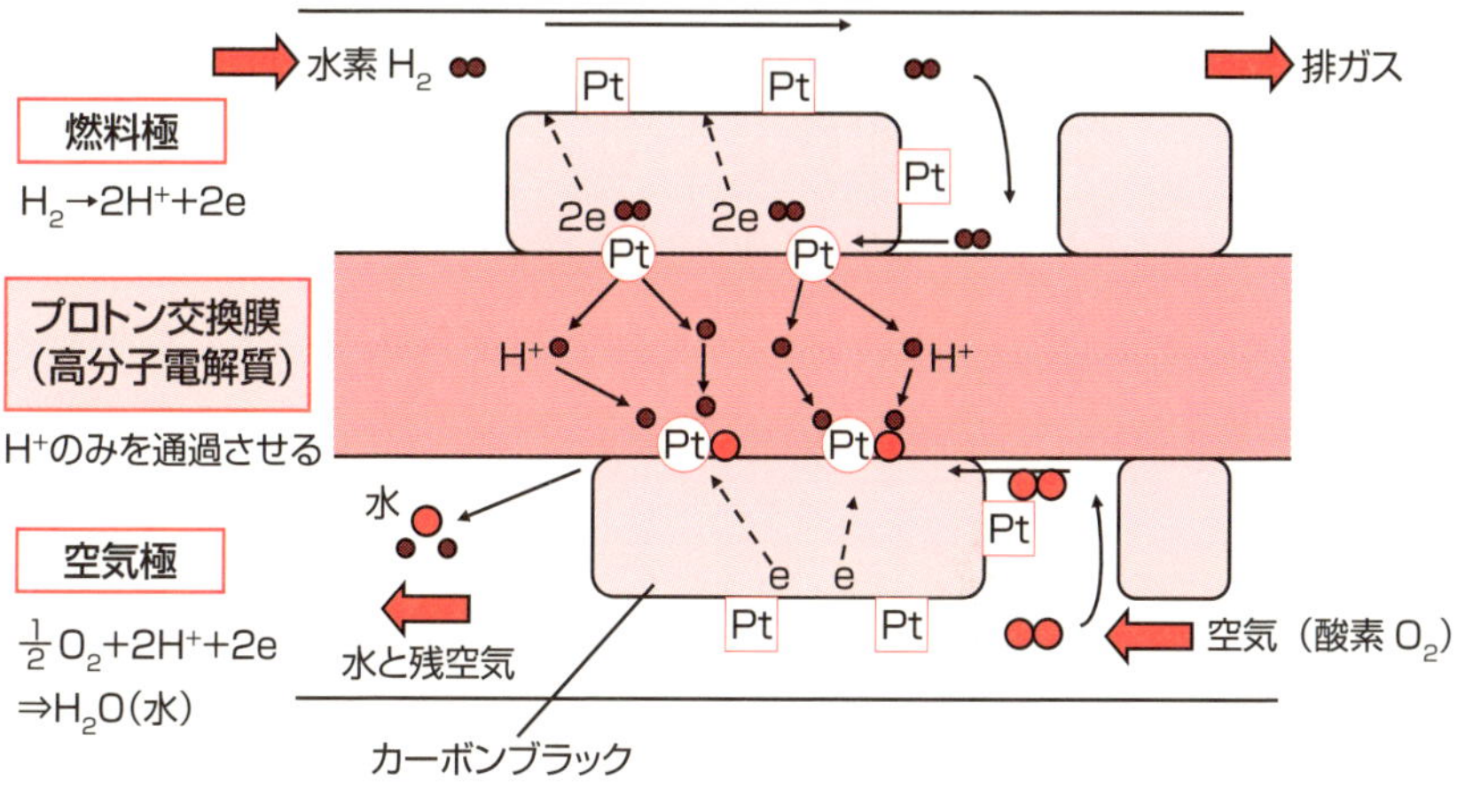

水素 H_2
排ガス
燃料極
$H_2 \rightarrow 2H^+ + 2e$
Pt
2e
プロトン交換膜
（高分子電解質）
H^+のみを通過させる
H^+
水
e
空気極
$\frac{1}{2}O_2 + 2H^+ + 2e$
$\Rightarrow H_2O$(水)
水と残空気
空気（酸素 O_2）
カーボンブラック

56 MIRAIは、自動車の未来を切り開くか？

排出物は水だけ、究極のエコカー燃料電池車

燃料電池自動車（Fuel Cell Vehicle）は、搭載した燃料電池で水素と酸素の化学反応によって発電した電気エネルギーを使って、モータを回して走る自動車です。内燃機関自動車が、ガソリンスタンドで燃料を補給するように、燃料電池自動車は水素ステーションで燃料となる水素を補給します。燃料電池自動車には次の特徴があります。①走行時に排出する物質は水だけです。ガソリン車やディーゼル車のように、大気汚染の原因となる二酸化炭素、一酸化炭素、窒素酸化物、炭化水素、ベンゼンおよび浮遊粒子状物質は、まったく排出しません。②エネルギー効率が、現状ガソリン車の15～20％に対して、30％以上と高い。低出力領域でも高効率を維持できます。③燃料の水素の原料として、天然ガスやエタノールなど石油以外の多様な原料が利用できるため、将来に危惧される石油枯渇問題を気にする必要がありません。④燃料電池自動車は、電気化学反応によって発電するため、内燃機関自動車のようにエンジン音がなく、静かに走ることができます。⑤電気自動車は長時間の充電が必要で、1回の充電で走行できる距離は200㎞程度と短いです。それに対して燃料電池車は、水素充填時間は3分程度、1回の燃料充填で走行できる距離は600㎞以上と、ガソリン車と同等です。この5つが特徴です。燃料電池自動車には、水素ステーションから直接水素を充填する「直接水素型」と、メタノールなどの原料を充填して車載改質器で水素を製造する「車上改質型」の二種類あります。現時点では「直接水素型」が有望です。水素の車上での貯蔵方法として、高圧水素タンク、水素吸蔵合金および液体水素タンクの3方式があります。燃料電池自動車は、燃料電池だけでも走行できますが、別の二次電池やキャパシタを併用したハイブリッド方式も考えられており、将来的にはこの方式が有望であると言われています。

要点BOX

- ●エネルギー効率が高い
- ●水素は多様な原料から製造可能
- ●燃料充填時間と航続距離はガソリン車と同等

燃料電池自動車のしくみ

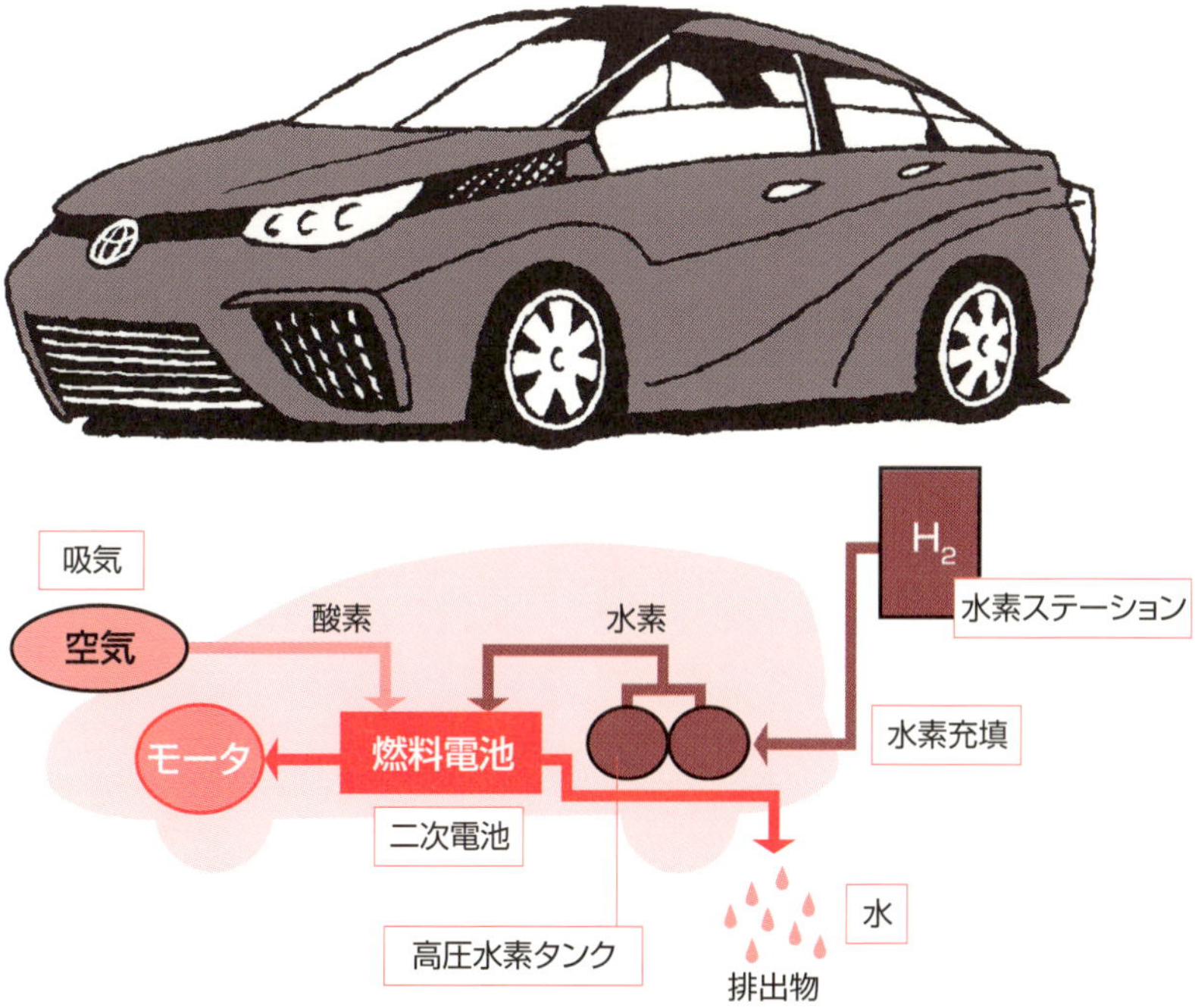
吸気
空気
酸素
水素
H2
水素ステーション
モータ
燃料電池
水素充填
二次電池
水
高圧水素タンク
排出物

航続距離とトータルコストの関係（燃料電池自動車と電気自動車の比較）

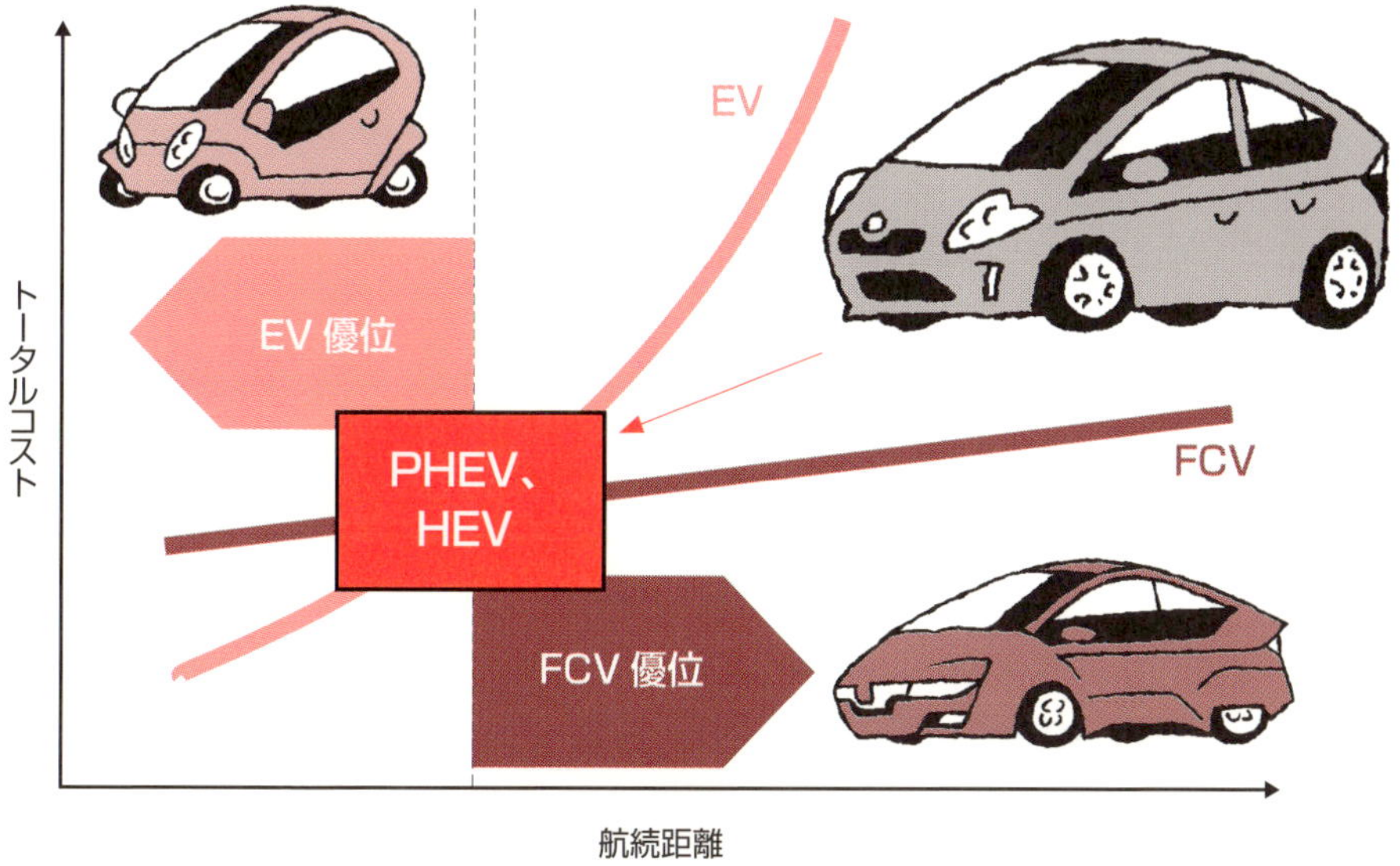
トータルコスト
EV
EV 優位
PHEV、
HEV
FCV
FCV 優位
航続距離

57 ポストリチウムイオン電池は何だ？

リチウム・硫黄電池と金属・空気電池

電動車用電池の歴史の流れは、鉛電池⇨ニッケル水素電池⇨リチウムイオン電池と進み、エネルギー密度は向上してきました（現状100～150Wh／kg）。しかし1回の充電での走行距離をガソリン車並にするには600Wh／kg程度必要となり、この値はリチウムイオン電池では達成困難と見られています。ポストリチウムイオン電池の可能性がある二つの革新的電池について、開発課題などを紹介します。

(1)リチウム・硫黄電池：ポストリチウムイオン電池として、正極に硫黄Sを負極に金属リチウムを用いたリチウム・硫黄電池が挙げられます。硫黄正極および金属リチウム負極は、従来の正極、負極と比較して10倍以上の理論容量を有するため、これを併用することで目標達成の可能性があると期待されています。硫黄正極の課題としては、電子伝導性が良好でないことと、リチウムと反応して生成するポリ硫化リチウムが有機電解液に溶解してサイクル劣化することが挙げられます。これらの課題に対して精力的に研究が進められています。平成26年8月、東北大学は三菱ガス化学との共同研究により、蓄電性能が極めて向上する硫黄正極および金属リチウム負極を併用した全固体リチウム・硫黄電池の開発に成功したと、プレス発表しています。

(2)金属・空気電池：リチウム・硫黄電池よりもさらなる高エネルギー密度が期待できる電池として、金属・空気電池が挙げられます。金属・空気電池の動作原理を左下図に示しますが、燃料電池のように空気中の酸素を正極活物質として活用するため、正極活物質の重量は理論上ゼロとなり、重量当たりのエネルギー密度が飛躍的に高くなります。金属・空気電池は、既に補聴器などの一次電池として実用化されています。二次電池として用いるには、燃料電池では必要ない充電過程つまり空気極での酸素発生反応も取り扱う必要があるなどの難課題があります。

要点BOX

●理論容量が抜群のリチウム・硫黄電池
●一次電池では実用化済み、金属・空気電池

全固体リチウム・硫黄電池とは

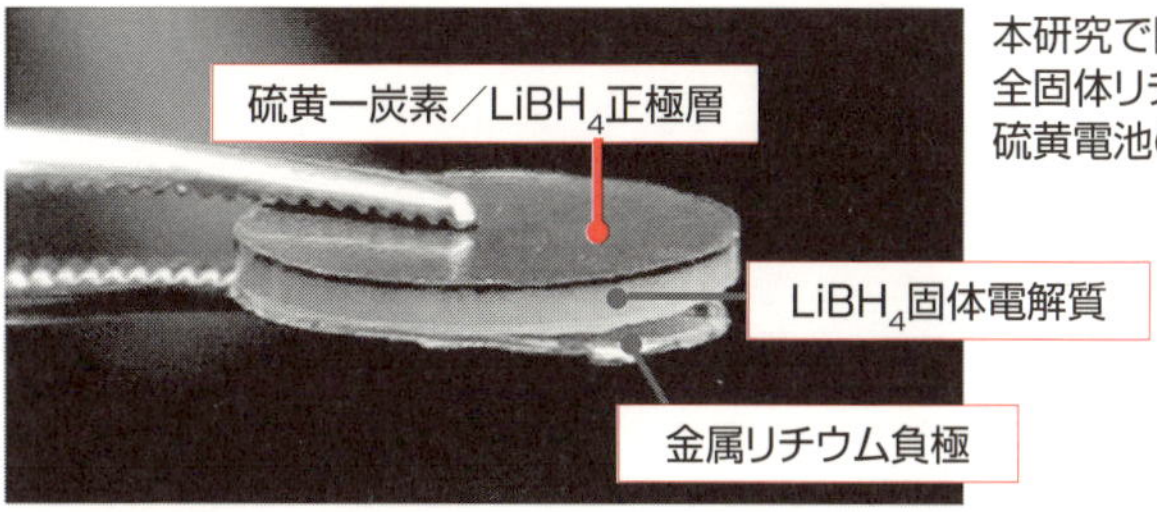
硫黄ー炭素／$LiBH_4$正極層
$LiBH_4$固体電解質
金属リチウム負極

本研究で開発した全固体リチウム・硫黄電池の写真

充放電プロファイル

20回の繰り返し放充電後も硫黄正極重量あたりのエネルギー密度は1590Whkg^{-1}（比容量820mAhg^{-1}）と高い値であった。少なくとも45回の繰り返し放充電動作に成功したが、硫黄正極重量あたりのエネルギー密度は1410Whkg^{-1}（比容量730mAhg^{-1}）と、安定に電池動作することを確認した。

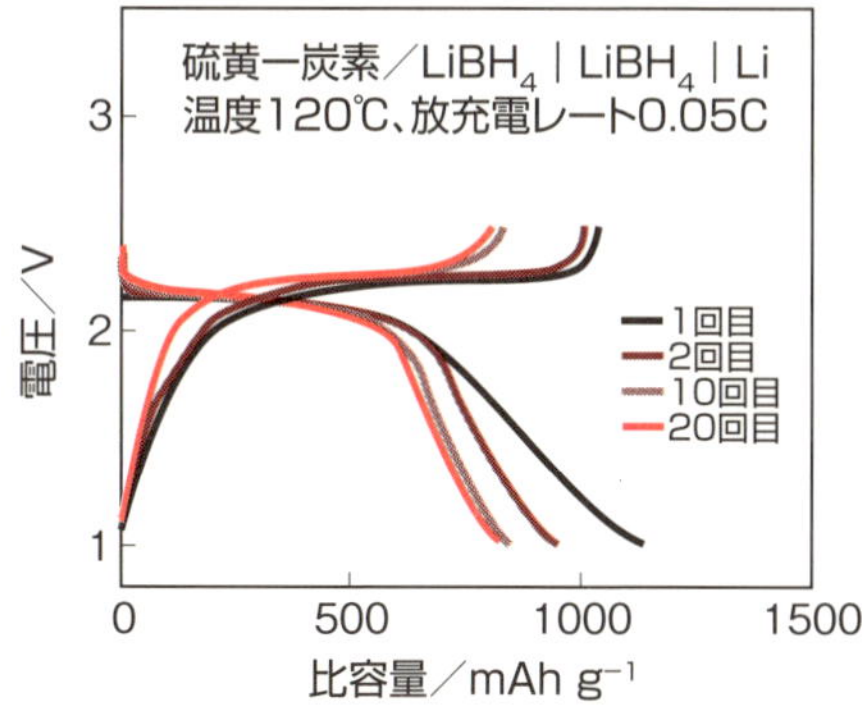
硫黄ー炭素／$LiBH_4$｜$LiBH_4$｜Li
温度120℃、放充電レート0.05C
3
2
1
電圧／V
0
500
1000
1500
比容量／mAh g^{-1}
1回目
2回目
10回目
20回目

出典：東北大学原子分子材料科学高等研究機構が平成26年8月26日にプレス発表した内容

金属・空気二次電池のとは

金属・空気二次電池の原理

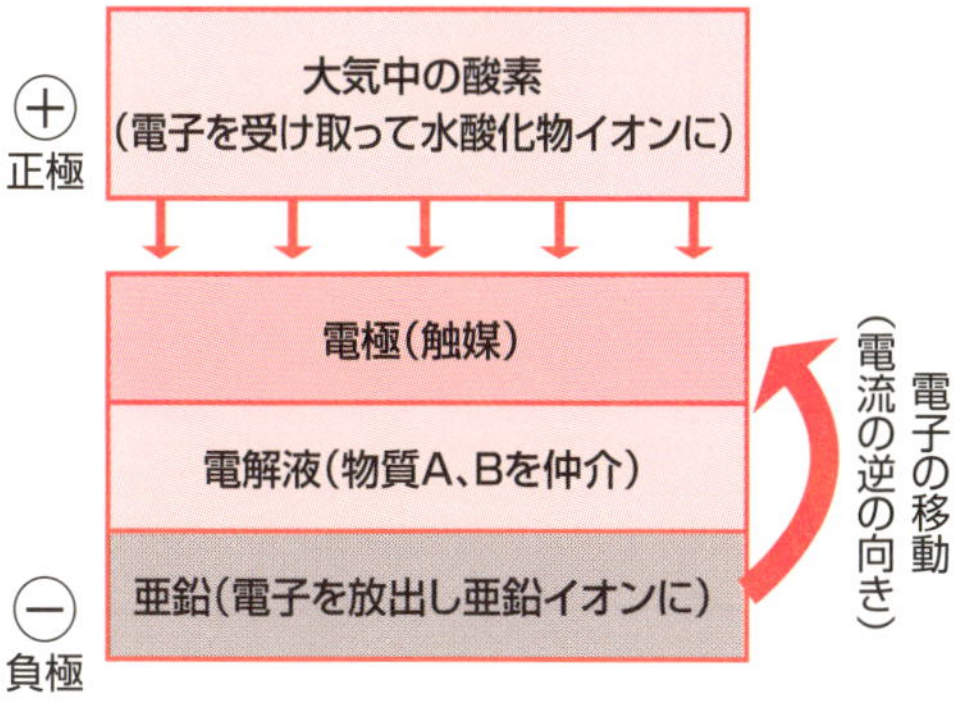
大気中の酸素
（電子を受け取って水酸化物イオンに）
＋
正極
電極（触媒）
電解液（物質A、Bを仲介）
亜鉛（電子を放出し亜鉛イオンに）
－
負極
電子の移動
（電流の逆の向き）

1
ポストリチウム電池

金属・空気一次電池は補聴器用として実用化済

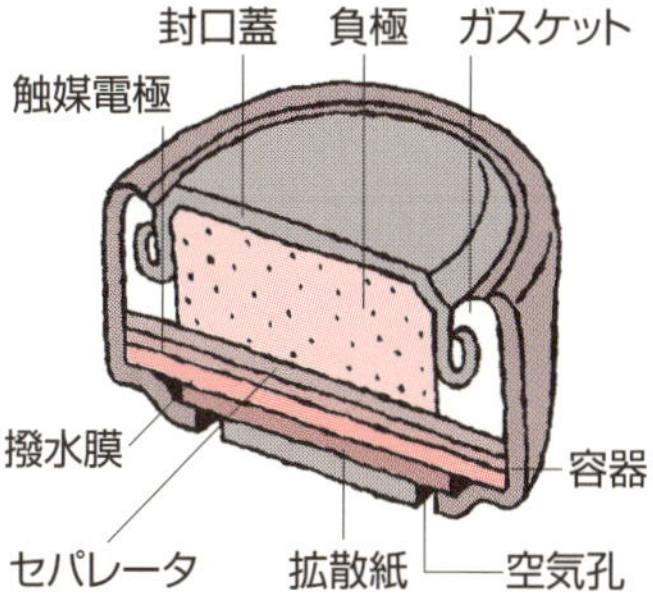
封口蓋
負極
ガスケット
触媒電極
撥水膜
容器
セパレータ
拡散紙
空気孔

Column

自動車の育ての親ヘンリー・フォード〜自動車大量生産方式（フォードシステム）を確立

ヘンリー・フォード（1863〜1947）は、農場を経営する父の元に生まれました。しかし農業には関心を示さず、いつしか自動車をつくる夢を抱くようになりました。彼はトーマス・エジソンが創業したエジソン照明会社で技術者として働いた時期があり、エジソン本人に対して自分の夢を熱く語ったそうです。

彼は1903年にフォード・モータ・カンパニーを創業しました。彼は自動車を発明したわけではありませんが、アメリカの多くの中流の人達が購入できる安価な自動車をつくる、自動車の大量生産方式を確立しました。「フォードシステム」と呼ばれるものです。

現在においても、自動車生産方式の基本はフォードシステムにあります。このシステムは、流れ作業による大量生産方式のことでオートメーション方式と呼ばれることもあります。素材がベルトコンベアーによる流れ作業のなかで機械加工され、組み立てられて完成部品となります。完成された多種類の部品が、一定速度で動く最終組み立てラインの各工程に供給され、組み立てられて自動車が次々と完成していくシステムです。このシステムで生産されたT型フォードは1908年に発売され、以降1927年まで基本的なモデルチェンジのないまま、約1500万台が生産されました。4輪自動車でこれを凌いだのは、ポルシェ博士が設計したフォルクスワーゲンタイプ1（2100万台）だけです。

トヨタ生産方式もフォードシステムと同様、流れ作業を基本にしています。その違いは部品の在庫に対する考え方です。フォード式は大量の部品倉庫が必要なのに対して、トヨタ式は「ジャストインタイム」で在庫は最少に留めます。

フォードは化学に対しても興味を示し、大豆などの農産物からバイオプラスチックを作ったり、ガソリンではなくエタノールを燃料として用いることを試みましたが、広く普及はすることにはなりませんでした。

第8章

自動車の軽量化を支えるプラスチック材料とその成形技術

58 ノーベル賞を取ったポリプロピレン樹脂の重合技術

バンパーなど車に最も多く用いられている樹脂

ポリプロピレン（以下PP）は比重が小さく自動車に最も多く用いられている樹脂です。イタリアのナッタは、1954年チーグラー触媒をベースに改良を重ね、それまで重合が困難とされたPPの重合に成功しました。ナッタの成功は、化学工業発展の歴史において以下の三つの意義がありました。

一つ目は、石油資源の有効活用です。ポリエチレンの原料であるエチレンは、石油を蒸留して得られるナフサを熱分解して得られます。ナフサ熱分解工程では、エチレンとプロピレンの両方が生成されます。エチレンからは既にポリエチレンが生産されていましたが、ナッタがPPの重合に成功するまではプロピレンはその用途がなく廃棄していました。この廃棄していたプロピレンが活用される様になったのです。

二つ目の意義は、立体規則性高分子の合成です。PPには、側鎖であるメチル基（$-CH_3$）の立体規則性配列により①アイソタクチックPP（iPP）②シンジオタクチックPP（sPP）③アタクチックPP（aPP）の三つの形態が存在します。iPPは、メチル基が同じ向きそろった「立体規則性」を持っているため、結晶性が高く、耐熱性、剛性、衝撃性など材料性能が、この三つの形態の中ではダントツに優れています。従って、ポリプロピレンを重合するときの重要ポイントは、「立体規則性」のあるiPPの収率をいかに上げるかにあります。ナッタは当初約35%であったiPPの収率を、四塩化チタンを三塩化チタンに替えることにより約85%に向上させました。現在では、99%に近いところまで技術改良が進んでいます。

三つ目は、立体規則性高分子の合成法の発見は、PPだけでなく他の高分子の製造法も飛躍的に向上させました。この業績によりチーグラーとナッタの二人は揃って、1963年にノーベル化学賞を受賞しています。PPは自動車のバンパー、インパネ、エンジン冷却ファンなど、多くの部品に用いられています。

要点BOX
- 「高分子の立体規則性」の制御がポイント
- PP重合技術の発明でノーベル賞を受賞
- バンパーなど車に最も多く使われている樹脂

ナフサ熱分解工程（エチレンプラント）の概要

ナフサとは、炭素数が6以下の直鎖飽和炭化水素。
ナフサ熱分解工程は、エチレンとプロピレンを主な目的物とする工程。

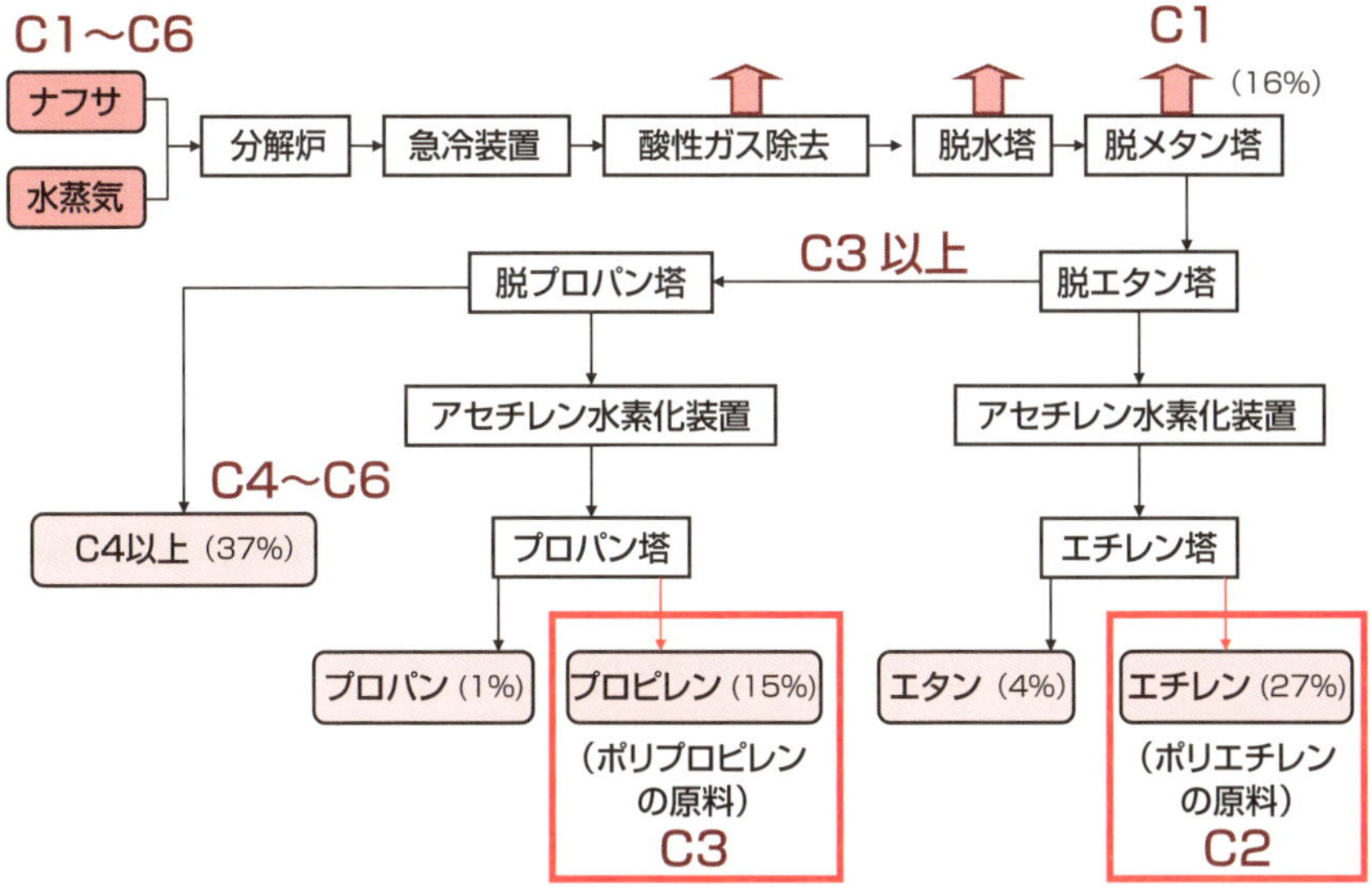
C1～C6
ナフサ
水蒸気
分解炉
急冷装置
酸性ガス除去
脱水塔
脱メタン塔
C1
（16%）
脱エタン塔
C3 以上
脱プロパン塔
アセチレン水素化装置
アセチレン水素化装置
C4～C6
C4以上（37%）
プロパン塔
エチレン塔
プロパン（1%）
プロピレン（15%）
（ポリプロピレンの原料）
C3
エタン（4%）
エチレン（27%）
（ポリエチレンの原料）
C2

ポリプロピレンとは

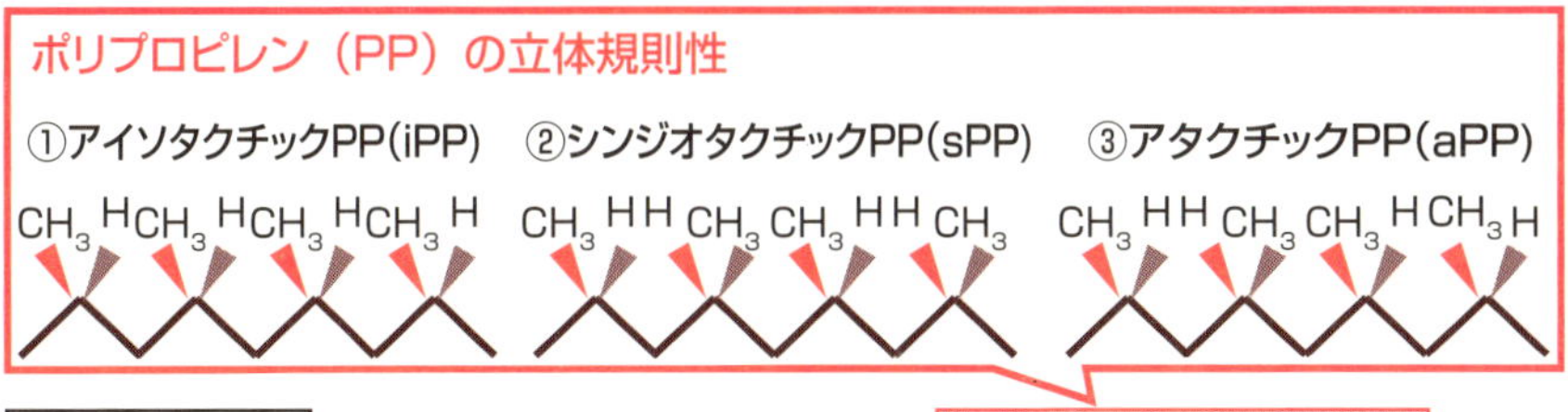
ポリプロピレン（PP）の立体規則性
①アイソタクチックPP(iPP)
②シンジオタクチックPP(sPP)
③アタクチックPP(aPP)
CH_3 H CH_3 H CH_3 H CH_3 H
CH_3 H H CH_3 CH_3 H H CH_3
CH_3 H H CH_3 CH_3 H CH_3 H

プロピレン
$CH_2=CHCH_3$
重合（チーグラー・ナッタ触媒）
ポリプロピレン
$(-CH-_2CHCH_3-)n$

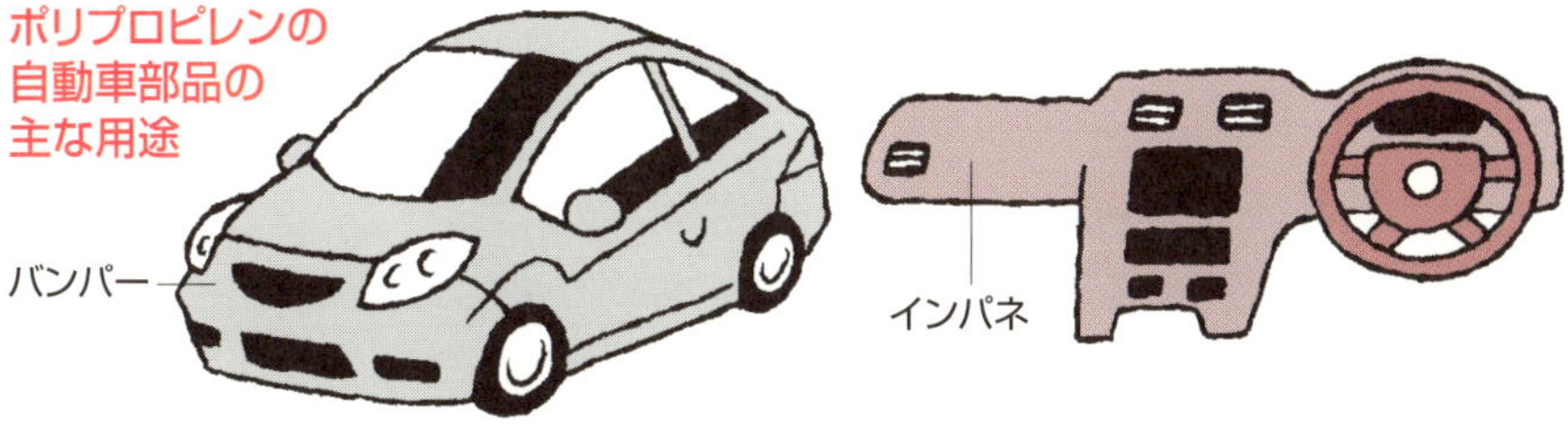
ポリプロピレンの
自動車部品の
主な用途
バンパー
インパネ

59 自動車をより高性能にするエンプラ

分子構造を工夫して耐熱性向上

ポリプロピレンPPは、自動車に最も多量に採用されている樹脂材料です。自動車で使われている樹脂材料はPPのような汎用性樹脂以外に、更に材料性能の優れたエンジニアリングプラスチック（以降エンプラ）やスーパーエンプラと呼ばれる材料が適材適所に用いられています。これらの材料は耐熱性などの性能を向上するために、分子構造そのものを工夫して新規構造の高分子を創出しています。例えばデュポン社の天才化学者カロザースは、ナイロン66という従来にはない分子構造を頭の中で描き、その合成に成功したのです。第2次世界大戦直前の1938年に〝石炭と水と空気〟からつくられた完全な人口繊維として工業化されました。

このようにナイロン系とかポリエステル系のエンプラは、最初は人工繊維として世の中に送り出され、その後成形材料としても使われるようになりました。エンプラの厳密な定義はありませんが、一般には100℃以上の環境に長期間曝されても、充分な強度を保持するものを指します。特に五大エンプラと称されているポリアセタール、ポリフェニレンオキシド、ポリブチレンテレフタレート、ナイロン（ポリアミド）及びポリカーボネイトは、自動車にもよく採用されており「走る、曲がる、止まる」などの性能向上に貢献しています。

エンプラという言葉はデュポン社が1960年にポリアセタールを初めて上市したときに使われるようになりました。エンプラ1号はナイロンでは無くポリアセタールです。PPなどの汎用樹脂は「この素材はどこに使えるか？」という考えで用途拡大が図られましたが、エンプラは市場の要求特性に合わせてテーラーメイド的に材料物性が造り込まれました。その後、結晶性樹脂ではPEEK、非晶性樹脂はポリイミドなどの耐熱性が150℃を越えるスーパーエンプラと称される材料が開発されました。高価ではありますが、自動車でも適宜採用されています。

要点BOX
- ●自動車にも使われている5大エンプラ
- ●汎用プラ→エンプラ→スーパーエンプラ

自動車をより高性能に〜エンジニアリングプラスチック

材料性能	非晶性プラスチック	ガラス転移点(℃)	結晶性プラスチック	平衡融点(℃)
スーパーエンジニアリングプラスチック				
	PI(ポリイミド)	320	PEEK(ポリエーテルエーテルケトン)	350
	PAI(ポリアミドイミド)	275	PTFE(ポリ四フッ化エチレン)	346
	PES(ポリエーテルスルホン)	230	PPS(ポリフェニレンスルフィド)	290
エンジニアリングプラスチック				
	PC(ポリカーボネイト)	151	PA(ナイロン)	260
	PPO(ポリフェニレンオキシド)	104〜120	PBT(ポリブチレンテレレート)	227
			POM(ポリアセタール)	183
汎用プラスチック				
	PMMA(ポリメタクリル酸メチル)	105	PP(ポリプロピレン)	188
	PVC(ポリ塩化ビニル)	87	PE(ポリエチレン)	140
	ABS樹脂	80〜125		

カロザース
1938年、「石炭と水と空気」からつくられた完全な人工の繊維ナイロン

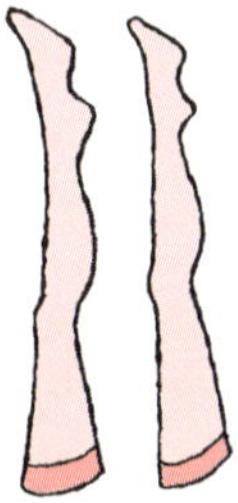

ナイロン製ストッキング

5大エンプラの特徴と自動車での用途

種類	官能基	名称	分子構造と特徴	自動車での用途
エーテル系	$-O-$	POM (ポリアセタール)	耐摩耗性、潤滑性に富む $(-O-CH_2-)_n$	・窓ガラス昇降部品 ・ドア部品 (ギア、アクチュエータ)
エーテル系	$-O-$	PPO (ポリフェニレンオキシド)	寸法精度良好 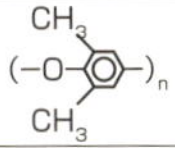	・スピードメータなどのメータ部品
エステル系	$-O-\overset{O}{\overset{\|}{C}}-$	PBT (ポリブチレンテレフタレート)	絶縁性など電気特性良好 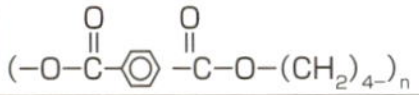	・ワイヤーハーネスコネクタ ・ドア部品
アミド系	$-\overset{H}{\overset{\mid}{N}}-\overset{O}{\overset{\|}{C}}-$	PA6 ナイロン (ポリアミド6)	機械的特性良好 $(-\overset{H}{\overset{\mid}{N}}-(CH_2)_5-\overset{O}{\overset{\|}{C}}-)_n$	・エンジン冷却部品 ・エンジン吸気部品 (インテイクマニホールド)
カーボネイト系	$-O-\overset{O}{\overset{\|}{C}}-O-$	PC (ポリカーボネイト)	透明で衝撃性が高い 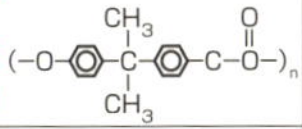	・外装部品 (ドアハンドル) ・ヘッドライトのレンズ
参考		PP (ポリプロピレン)	比重が0.9と最も軽い $(-CH_2CHCH_3-)_n$	・内装部品 ・バンパー

60 「アルミより軽く、鉄より強い」炭素繊維

自動車軽量化の主役

１８７９年に電球がトーマス・エジソンとジョセフ・スワンにより発明されました。エジソンは京都で取れた竹を焼いて作った炭素繊維を用いて、電球の性能を上げました。これが炭素繊維が工業的に使われるようになった最初の出来事です。電球のフィラメントとしてはその後タングステンに取って替わられましたが、炭素繊維は樹脂材料の強化素材として、現在ではスポーツ用途、航空宇宙用途および圧力容器・自動車・風車などの産業用途で大きな市場を得ており、今後も更なる用途拡大が予測されています。

炭素繊維とは、文字通り炭素（黒鉛）が一方向に連なった繊維のことです。炭素繊維は、「アルミより軽く、鉄よりも強い」と謳われ、「軽くて強い」ことが最大の特徴です。比重が1.8で他の材料（鉄7.8、アルミ2.7、ガラス2.5）に比べとても小さいです。また弾性率と強度が大きく、それぞれを比重で割った比弾性率は鉄の10倍、比強度は鉄の7倍と優れた材料性能を有しています。このため、金属に置き換わる軽量化材の本命といわれています。

炭素繊維は、ポリアクリロニトリル（ＰＡＮ）繊維やピッチ繊維を、不活性雰囲気中で蒸し焼きにし、炭素以外の元素（水素や窒素）を脱離してつくられます。現在の市場では、約90％がＰＡＮ系の炭素繊維です。

自動車の樹脂材料ポリプロピレンＰＰやナイロンＰＡなどは、必要に応じて弾性率や強度を向上させるために、現在では主にガラス繊維で強化された複合材料として用いられています。この強化素材として、ガラス繊維の替わりに炭素繊維で強化した複合樹脂材料（ＣＦＲＰ）を、金属の代替材として用いて、自動車の軽量化を図ることが期待されています。欧州を初め世界中の自動車に採用されつつあります。製品（成形品）中での、強化繊維の長さが長いほど物性は向上しますが、生産するときの生産性が悪化してコスト高になるという関係にあります。

要点BOX
- ●アクリル繊維から炭素繊維をつくるPAN系
- ●CFRPは金属に置き換わる軽量化材の本命

炭素繊維の強さ

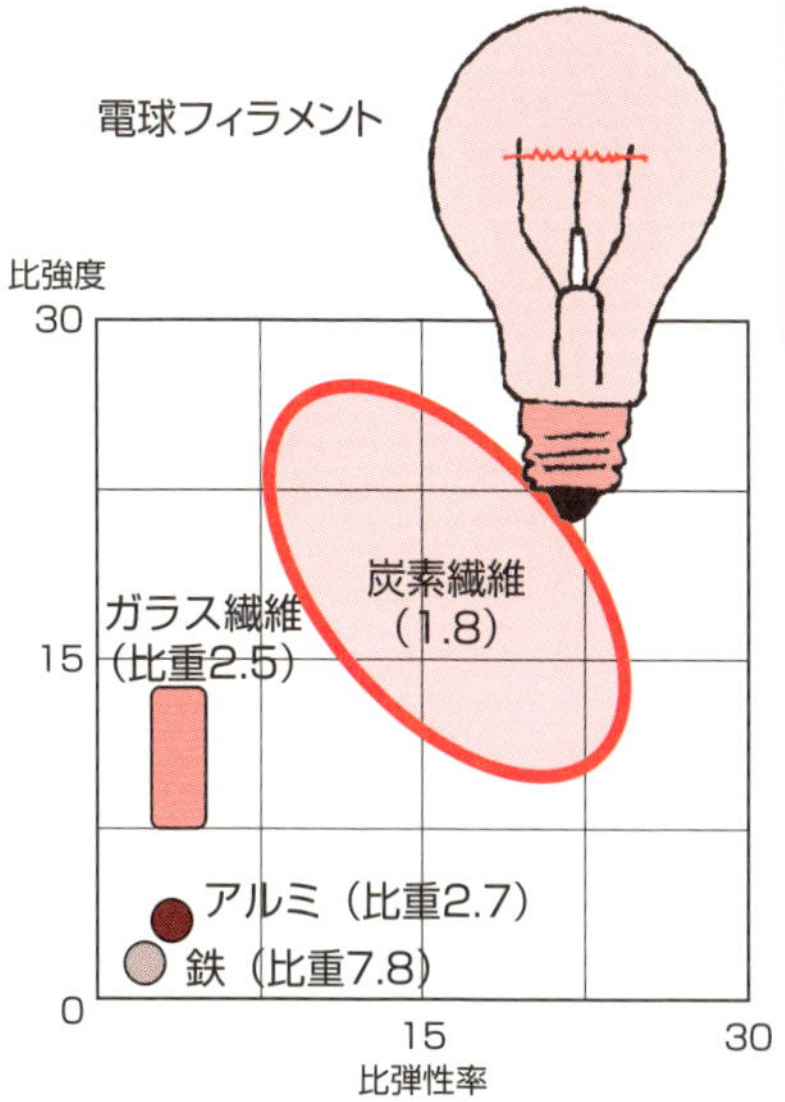

電球フィラメント
比強度
30
15
0
15
30
比弾性率
炭素繊維
(1.8)
ガラス繊維
(比重2.5)
アルミ(比重2.7)
鉄(比重7.8)

「アルミよりも軽く、鉄よりも強い」が、炭素繊維の謳い文句

炭素繊維の強さ

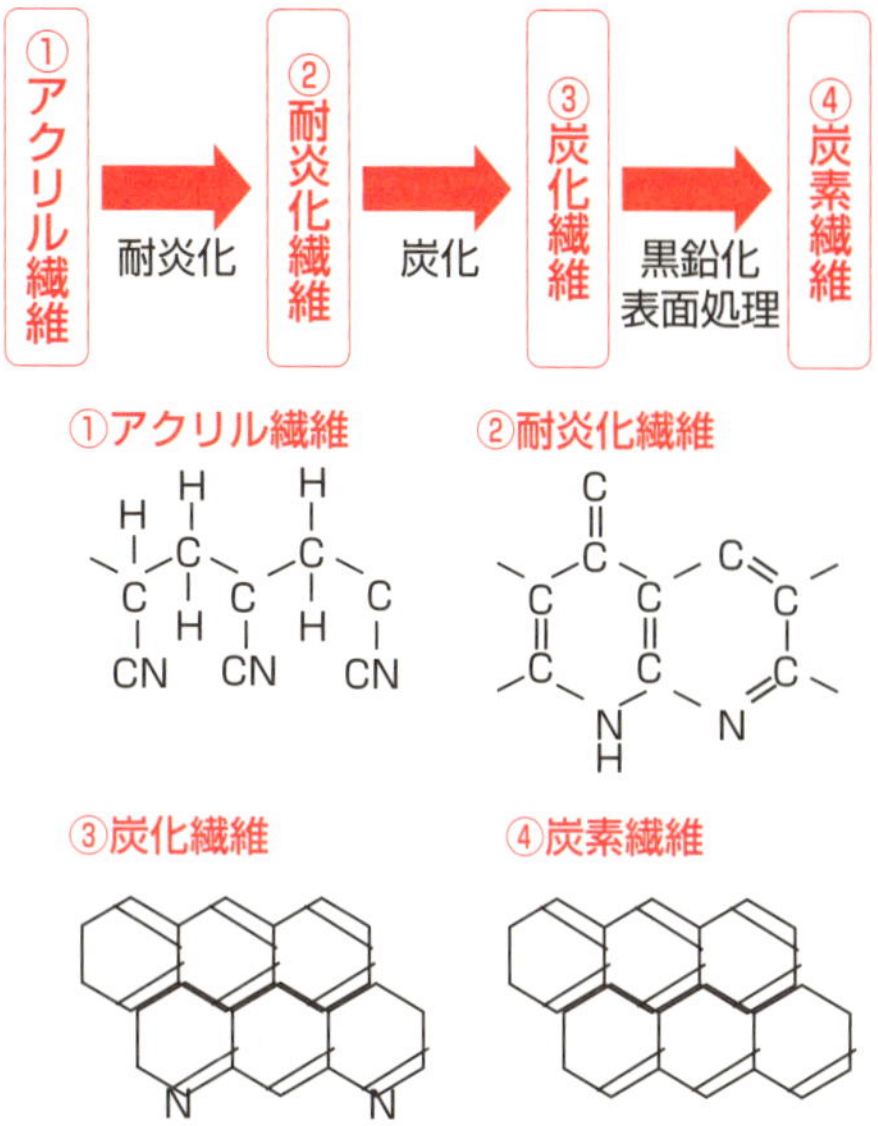

①アクリル繊維
耐炎化
②耐炎化繊維
炭化
③炭化繊維
黒鉛化
表面処理
④炭素繊維
①アクリル繊維
②耐炎化繊維
③炭化繊維
④炭素繊維

NとHを除去して、Cのみ(黒鉛)にする

成形中の強化繊維の長さと材料物性・生産性の関係

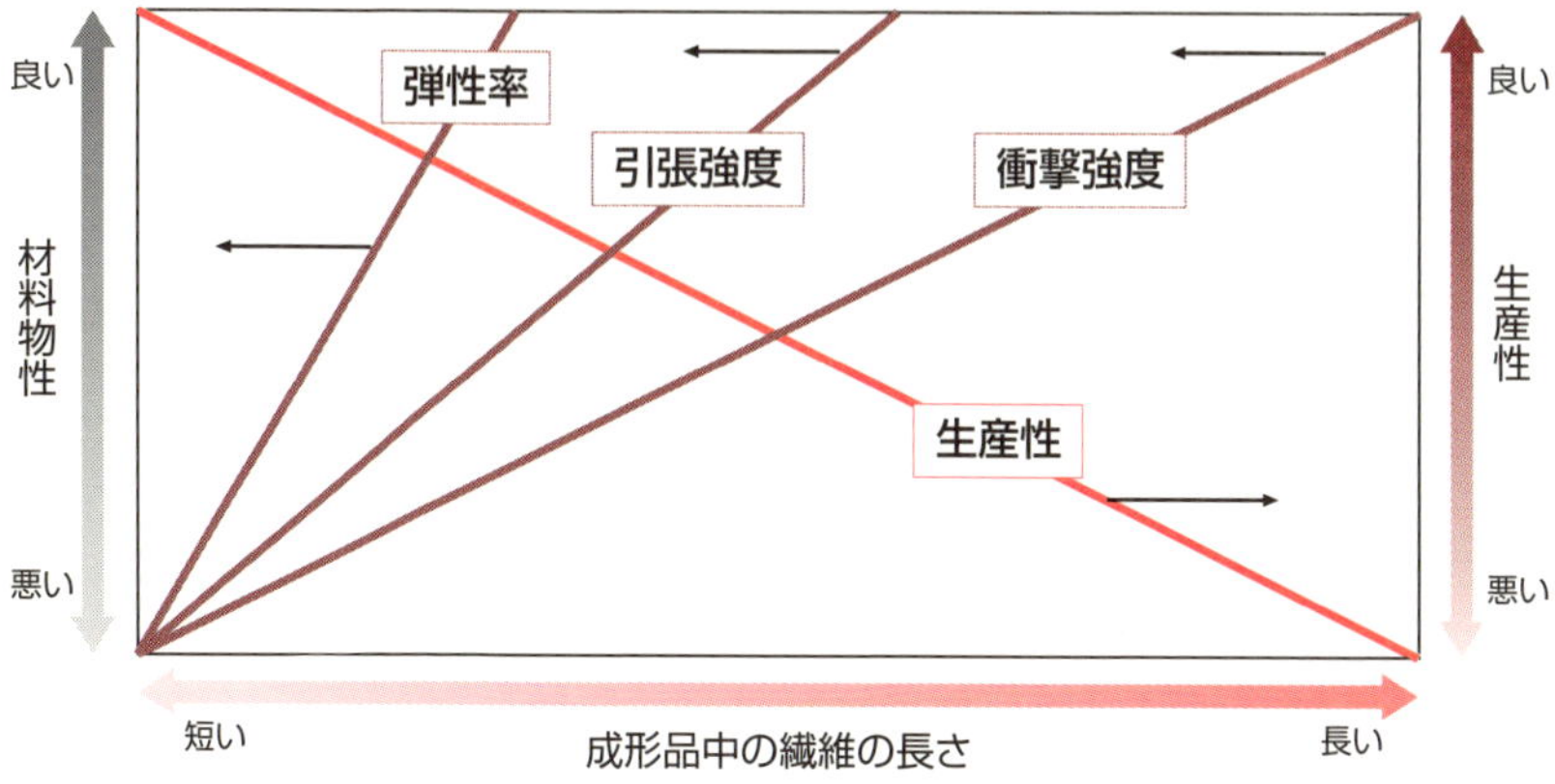

良い
材料物性
悪い
弾性率
引張強度
衝撃強度
生産性
良い
生産性
悪い
短い
成形品中の繊維の長さ
長い

CFRP成形法

射出成形法	プレス成形法	RTM成形法	オートクレーブ成形法	FW法
64項		66項	68項	67項

61 熱は通すが電気は通さない〝えこひいき〟な材料

ハイブリッド車を支えるハイブリッド材料

樹脂材料は鉄などの金属材料に比較すると①耐熱性が低い②強度が弱い、という短所があります。この短所に対してエンプラ、さらにスーパーエンプラといった分子構造そのものを新規な構造にした高分子が開発されました。また高分子単独の改良では限界があるので、ガラス繊維や炭素繊維で強化した複合樹脂材料が開発されてきたことを説明しました。金属に対する樹脂のそれ以外の特徴として、③電気を通さない④熱を伝えにくい（熱伝導率が小さい）が挙げられます。これらは必ずしも短所ではなく、むしろこの特徴を長所として活かせる電気的絶縁性や保温性が求められる製品に、樹脂材料は積極的に用いられています。

しかし最近、電気的絶縁性は確保しながらも熱だけを伝え放熱性を良くしたいというニーズが増えています。例えばパソコンの筐体は一般的な樹脂材料を用いる場合、熱伝導性が悪く、パソコン内部で発熱した熱を逃がしにくくなります。放熱性をあげてパソコン性能をもっと向上させたい、というニーズがあります。LED照明機器や液晶ディスプレーの照明機器でも同様なニーズがあります。自動車でも、大小さまざまなモータを使っておりモータの銅巻き線から発熱した熱を迅速に外に逃がしたいというニーズがあります。このニーズを受けて「電気的絶縁性」と「高熱伝導性」を兼ね備えたセラミック材料を、樹脂材料の中に均等に分散させた〝高熱伝導性樹脂〟と呼ばれるハイブリッド材料が開発され実用化されています。金属は自由電子があるため、熱と同時に電気も伝えてしまいます。樹脂は熱も電気も伝えにくいです。これに対してセラミック材料は格子振動による熱伝導のため、熱はよく伝えるが電気は伝えないという特徴を有し、本ハイブリッド材料はこの特徴をうまく活用しているのです。ちなみに世の中で最も熱を伝えやすい物質は、金属ではなくてダイヤモンドです。

要点BOX

- 高熱伝導性と電気的絶縁性の両立させるハイブリッド材料
- 格子振動が熱を伝える

物質の熱伝導率と体積抵抗の関係

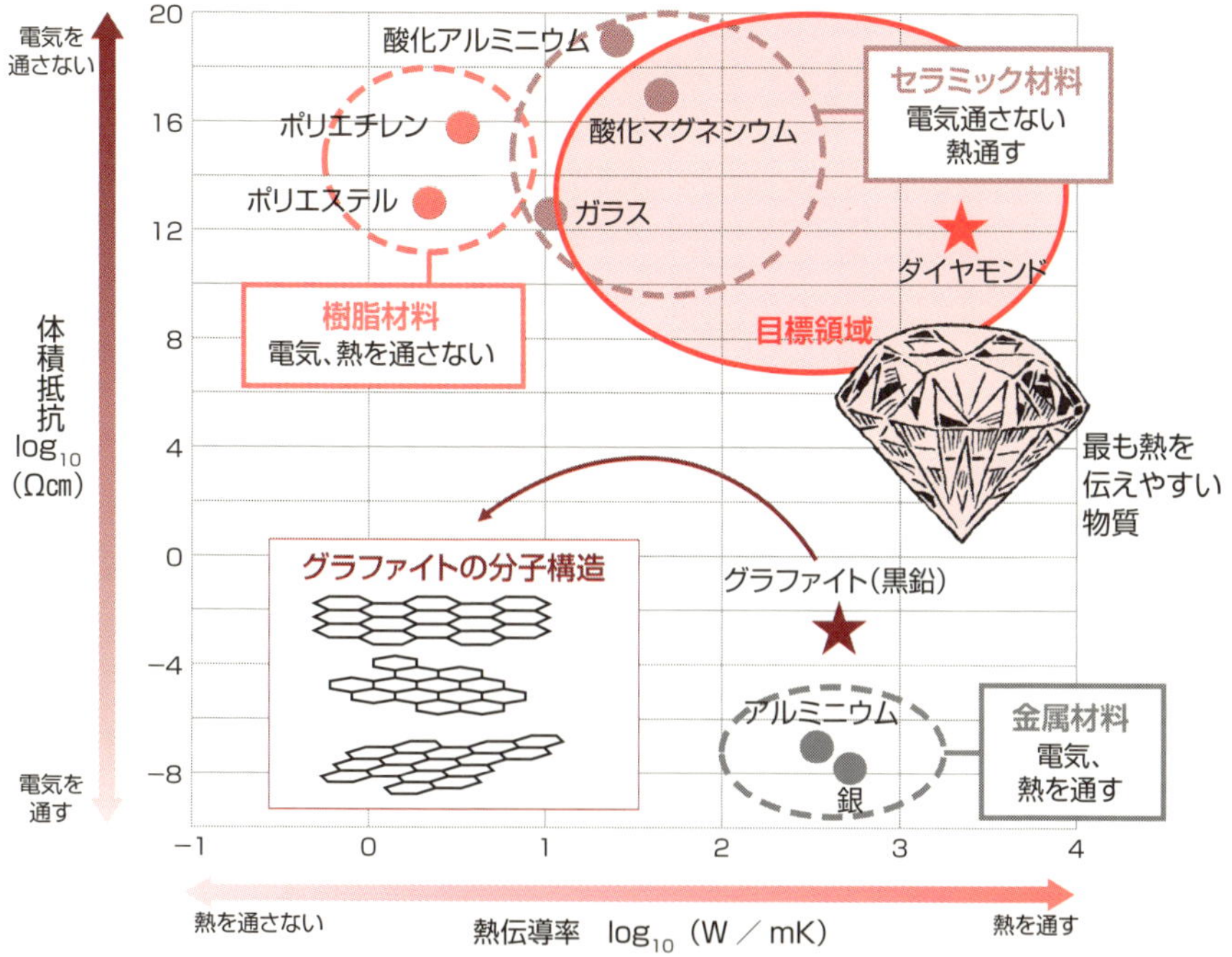
電気を通さない
体積抵抗 log10 (Ωcm)
電気を通す
20
16
12
8
4
0
−4
−8
酸化アルミニウム
ポリエチレン
酸化マグネシウム
ポリエステル
ガラス
セラミック材料
電気通さない
熱通す
ダイヤモンド
樹脂材料
電気、熱を通さない
目標領域
最も熱を
伝えやすい
物質
グラファイトの分子構造
グラファイト(黒鉛)
アルミニウム
銀
金属材料
電気、
熱を通す
−1
0
1
2
3
4
熱を通さない
熱伝導率 log10 (W/mK)
熱を通す

熱伝導のメカニズム

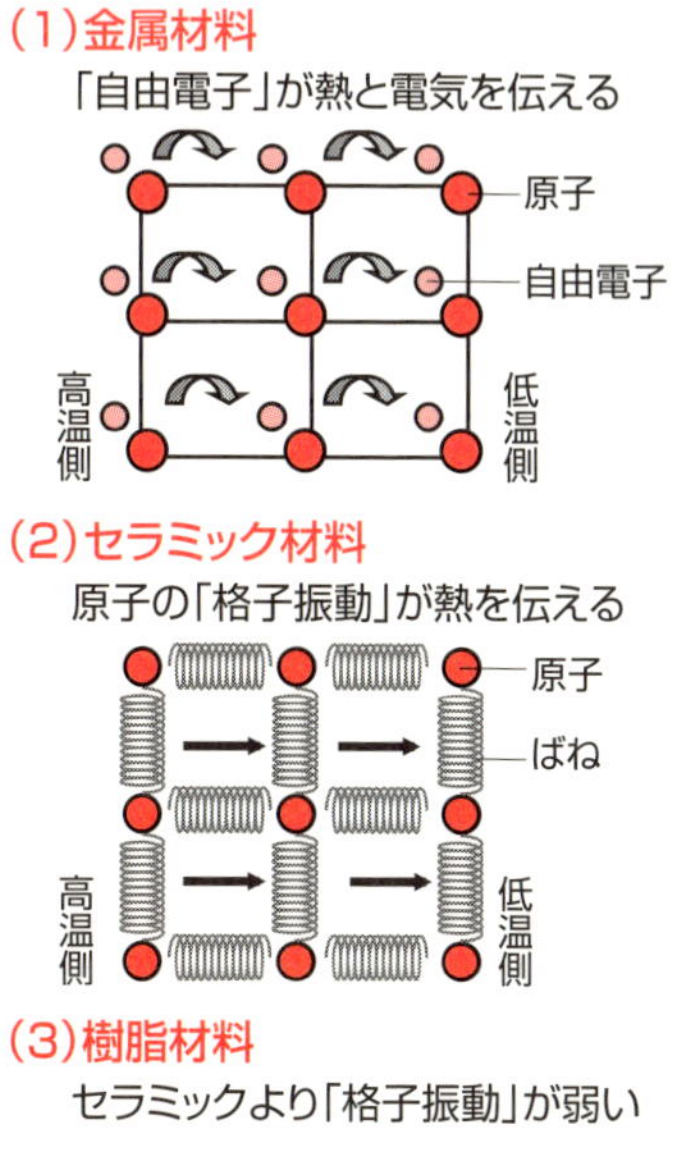
(1)金属材料
「自由電子」が熱と電気を伝える
原子
自由電子
高温側
低温側
(2)セラミック材料
原子の「格子振動」が熱を伝える
原子
ばね
高温側
低温側
(3)樹脂材料
セラミックより「格子振動」が弱い

「熱伝導性」と「電気絶縁性」を両立するハイブリッド材料の構造

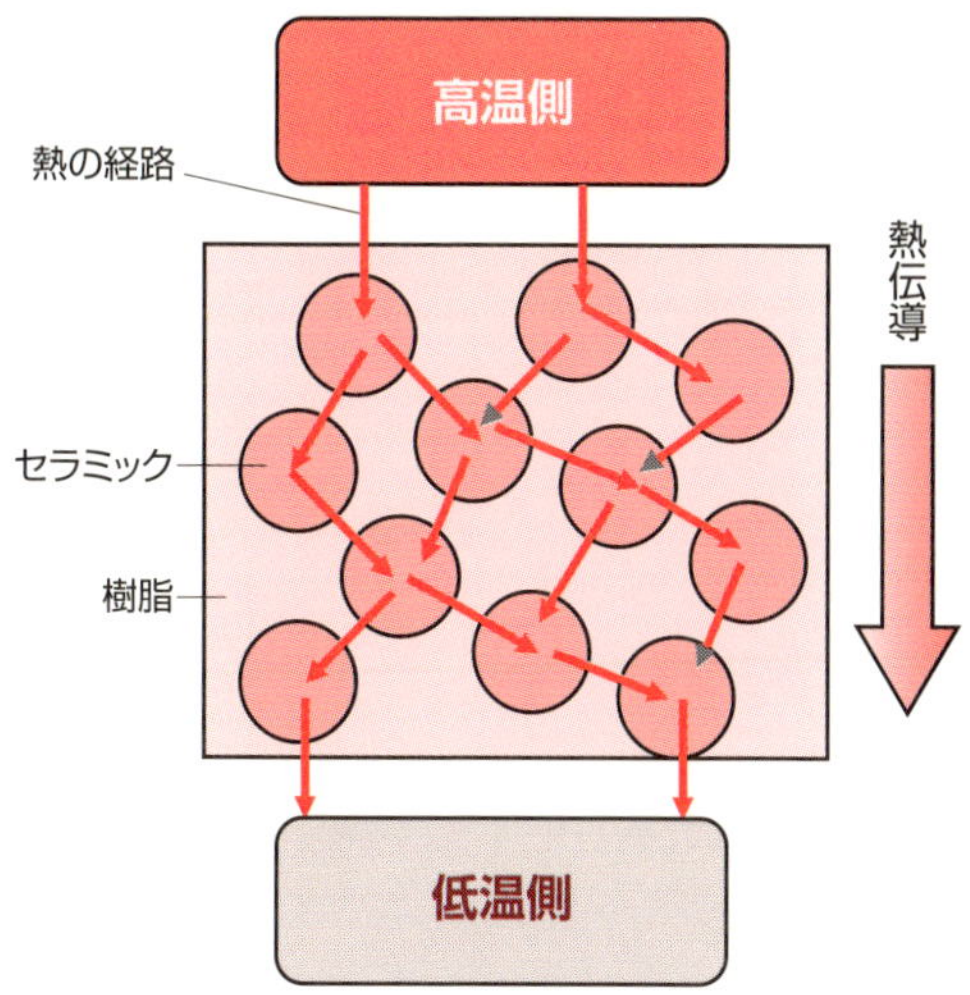
高温側
熱の経路
熱伝導
セラミック
樹脂
低温側

62 「流す・形にする・固める」が成形技術の基本

「形にする」方法は、多種多様

プラスチック材料の成形技術は「高温化などによって流動性を与えたプラスチック材料に、最終製品とほぼ同じ形状を付与し、固体化して取り出す技術」のことです。具体的には、①流す（プラスチック材料に流動性を与える）②形にする（所定の形状にする）③固める（所定の形状のままで固体化する）という三つのプロセスで構成されています。

①の高温化による「流す」プロセスで、〝流動性を与えられた〟樹脂材料に、力を加えて所定の形状に成形するのが「形にする」プロセスです。プラスチック成形法は、この形にする方法が様々あり、次のように分類されています。⑴型の三次元形状を転写する方法①雄型と雌型の両型を用いて、両型間に所定の三次元形状（キャビティ）を予め作成しておき、その空間に材料を加圧しながら閉じ込める方法。射出成形や圧縮成形など。②雌型だけを用い、雌型の表面に材料を加圧しながら張り付ける方法。ブロー成形や真空成形など。⑵ダイ（絞り口）の二次元形状を転写する方法。流動性のある材料をダイから押し出して、予めダイに作成してある所定の二次元形状を連続的に転写する方法。押出し成形、引抜き成形、フィルム成形、紡糸成形など。

これらの方法の中で⑴①は、金属の成形プロセスと類似します。射出成形は、アルミダイカストや鉄の鋳造に、圧縮成形は鍛造成形に相当します。しかし⑴①以外の方法は、溶融金属では実現困難で、樹脂材料ならではの工法といえるでしょう。なぜ樹脂材料だけがブロー成形や押出し成形できるのでしょうか？それは樹脂材料のみが粘弾性挙動を示し、流動性を有している状態においても流体としての性質だけでなく、固体としての弾性的な性質をもっているからなのです。これらの工法は樹脂材料のこの特徴をうまく活かしているのです。以降、自動車分野で実際に用いられている成形法について説明します。

要点BOX

- ●高温化して材料を流しやすくする「流す」
- ●想い通りの形をつくる「形にする」
- ●成形品を冷却して「固める」

プラスチック材料の形状を付与する主な方法

(1)①射出成形法

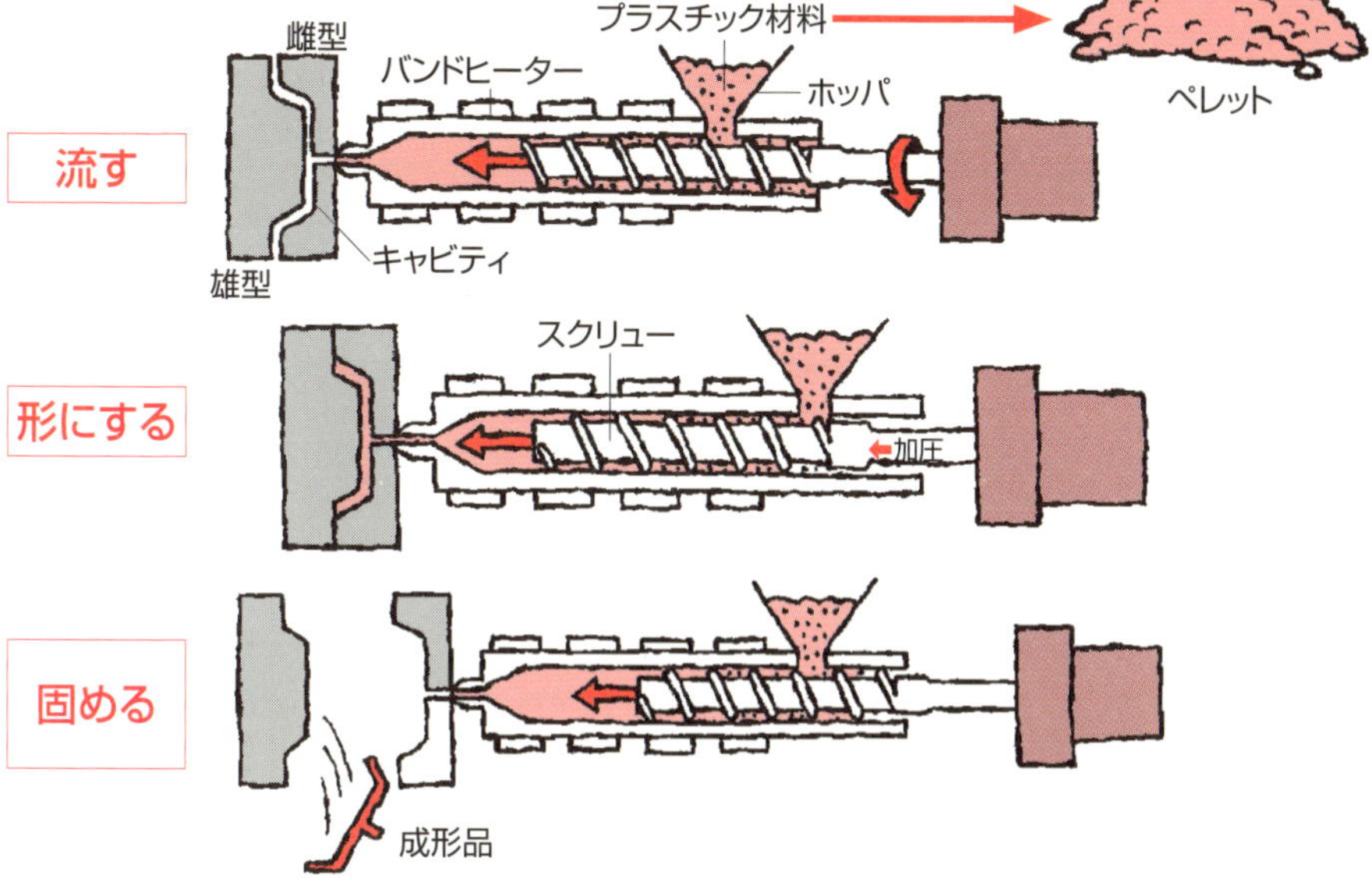
流す
形にする
固める
雌型
雄型
バンドヒーター
キャビティ
プラスチック材料
ホッパ
ペレット
スクリュー
加圧
成形品

(1)②ブロー成形法

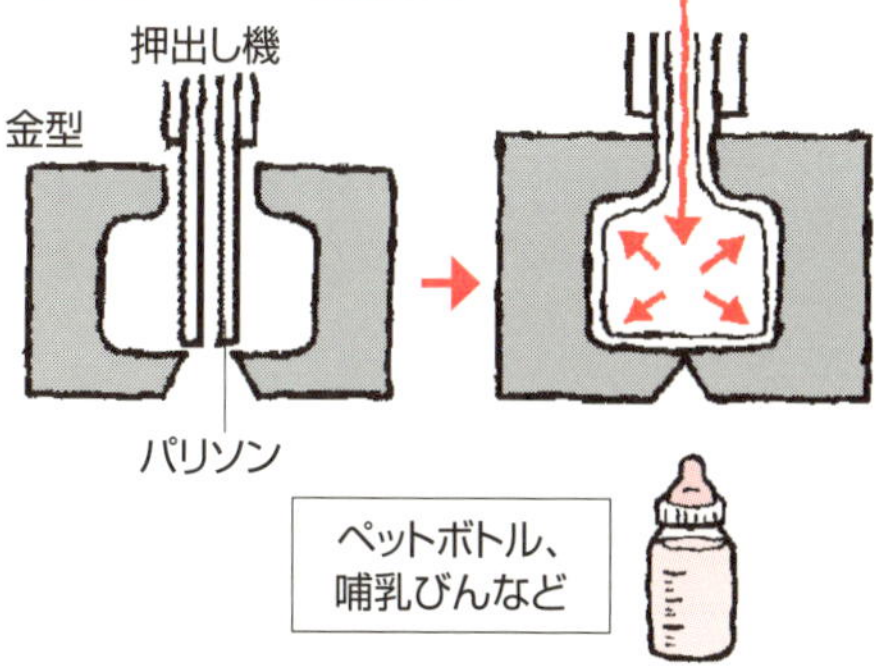
空気圧
押出し機
金型
パリソン
ペットボトル、
哺乳びんなど

(1)②真空成形法

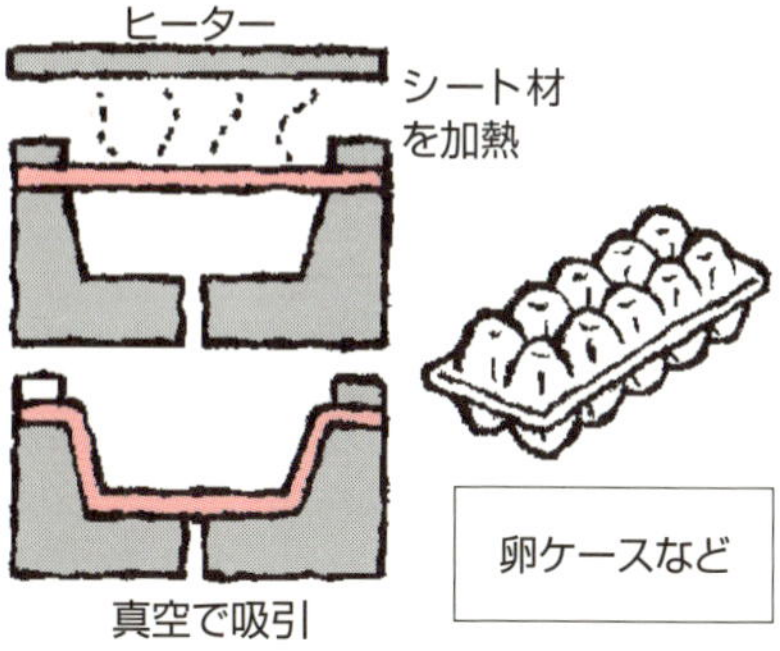
ヒーター
シート材
を加熱
真空で吸引
卵ケースなど

(2)押出し成形法

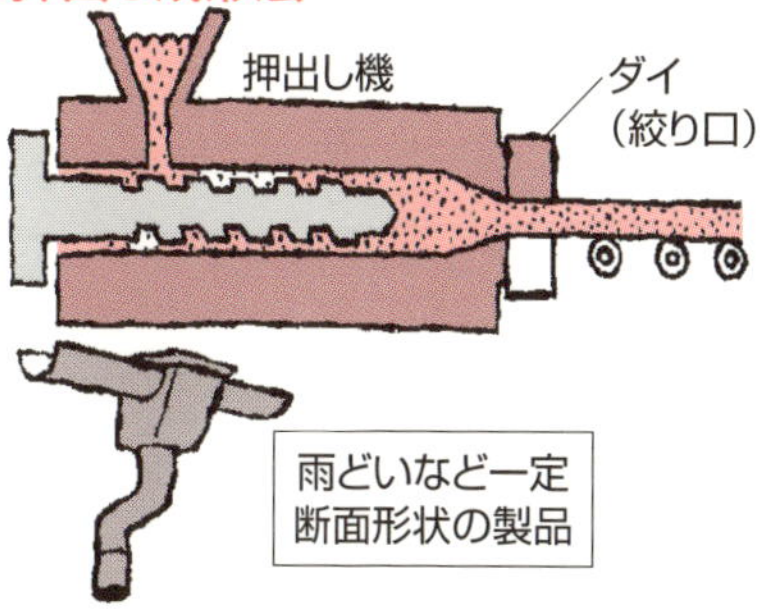
押出し機
ダイ
（絞り口）
雨どいなど一定
断面形状の製品

(2)フィルム成形法

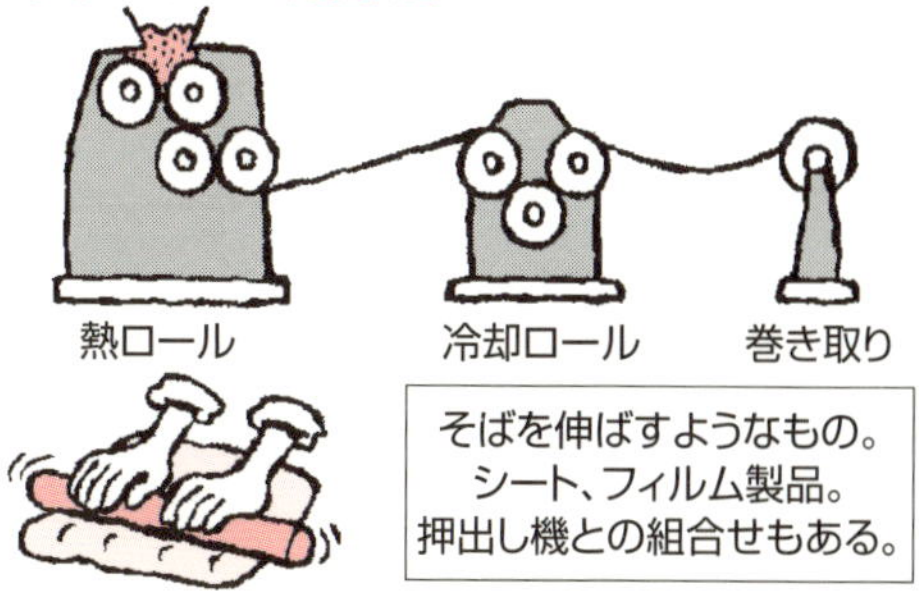
熱ロール
冷却ロール
巻き取り
そばを伸ばすようなもの。
シート、フィルム製品。
押出し機との組合せもある。

63 プラスチック成形の原点、押出し成形

マカロニをつくる方法で車のモールもできる

押出し機が、モノづくりに利用されたのは18世紀です。ヨーロッパでは産業革命以前から興っていた食品産業のマカロニなどの製造で、ラム式押出し機が世界で最初に用いられました。ラム式はラムの往復による間欠運転であるため、現在のような連続成形ができません。またスクリューによるせん断発熱もなく、必要熱エネルギーを押出しバレルからの熱伝導に頼っていたため、材料温度は均一にならず、しかも可塑化能力も劣っていました。

その後19世紀中頃、電気通信でのイノベーション勃興が、押出し機の初期の発展に大きな影響を与えました。1866年にフランス人のWolfeによって現在の押出し機の基本形をなすスクリュ式押出し機が開発され、ゴムの電線被覆が工業化されました。1939年に、ドイツの企業がプラスチック用の単軸スクリュー押出し機として、スクリュー長さ、バレル温度制御及びスクリュー回転数制御などの機能面で、現在と同レベルの装置を製造しました。バレルに内蔵されたスクリューが回転することにより、樹脂材料を前方に輸送したり、回転に伴うせん断エネルギーで樹脂温度を高温化させるという基本原理は、次に説明する射出成形法やブロー成形法にも用いられており、いわば樹脂成形の原点と呼べる原理です。

押出し成形法は一定断面形状の製品をつくる方法です。マカロニやスパゲッティには色々な断面形状がありますが、ダイスを予めその形状に加工しておき、その形状を連続的に転写してつくります。自動車部品では、ウィンドモールなどのモール製品が押出し成形によって生産されています。つくり方の原理はマカロニと同じです。材料が天然高分子の小麦粉(多糖類)か合成高分子(樹脂)か、食べられるか食べられないかの違いだけです。一つのダイスに、押出し成形機を複数台組み合わせることにより、同一断面に異なった樹脂材料を配置させることができます(左下図)。

要点BOX

- 樹脂ではなく、マカロニが最初の押出し品
- 押出し成形は一定断面形状製品をつくる方法
- 自動車モール製品は押出し成形でつくられる

マカロニのつくり方

マカロニ製造工程

1.小麦をひいて粉にする

↓

2.水を加えて混練する（生地をつくる）

↓

3.圧力を加えてマカロニを押出す

↓

4.切断する（回転カッター）

↓

5.乾燥する

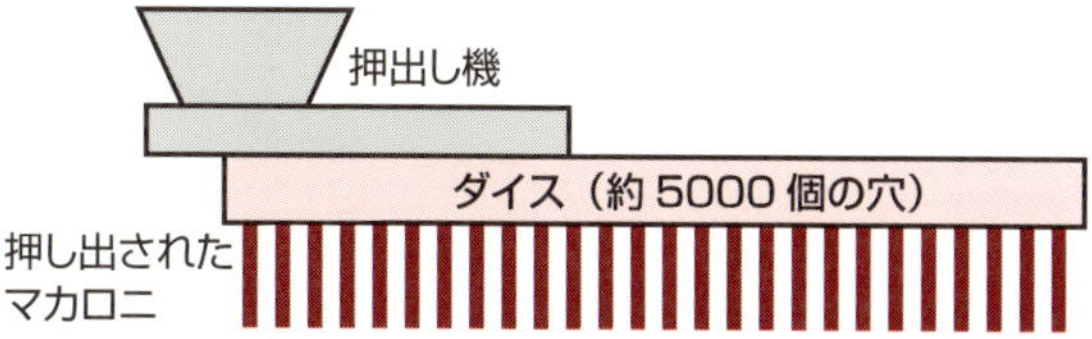
押出し機
ダイス（約5000個の穴）
押し出されたマカロニ

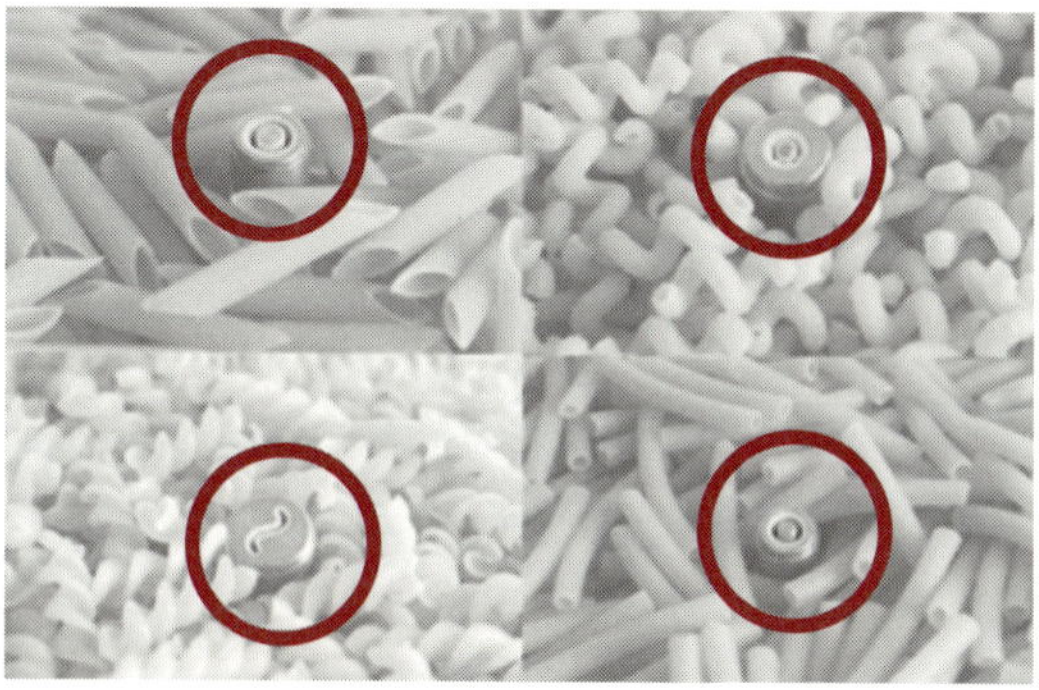

マカロニの種類によりダイスの形状は異なります

写真:日清製粉(株)ホームページより

自動車のモール製品の例…ウィンドモール

ウィンドモールとは、自動車のボディとガラス間の隙間を被覆するための部品です。その中でウィンドシールドモールには、走行時の風切り音やコスレ音を防止する機能があります。ポリ塩化ビニル、オレフィン系エラストマーなどの樹脂材料が用いられます。

ウィンドシールドモールの断面

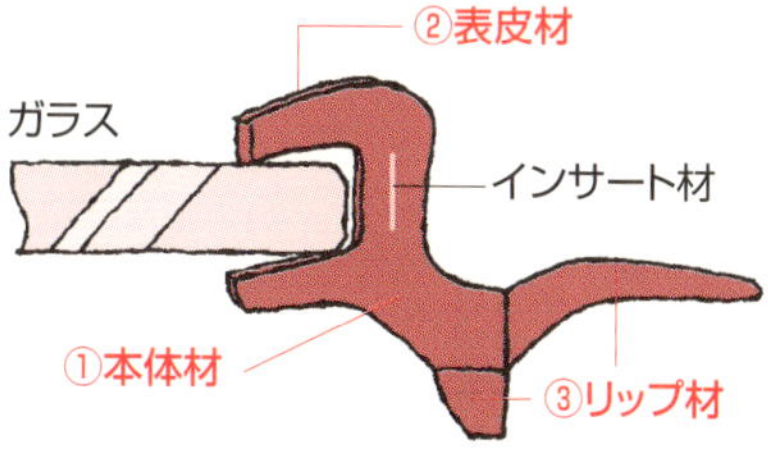
②表皮材
ガラス
インサート材
①本体材
③リップ材

各構成樹脂材料の主目的

①本体材:ガラスとの嵌合い力の確保
②表皮材:デザイン性および耐候性
③リップ材:ガラスおよびボディとのコスレ音防止

64 樹脂成形法のエース、射出成形法

射出成形機でも自動車と同様に進む電動化

　射出成形の歴史の源流は、1850〜70年代の金属ダイカストマシンに辿りつきます。ダイカストマシンは、その射出機構が元来プランジャー方式であるため、誕生当時の樹脂射出成形機も「プランジャー方式」に基づき開発されました。しかしこの成形機は熱安定性が非常に悪く、ほとんど普及しませんでした。この問題を克服するためにドイツにおいて1936年に、材料をより溶けやすくするために、トーピードを内蔵した加熱シリンダー機構の「トーピード内蔵プランジャー方式」が、第1世代の実用射出成形機として開発されました。また可塑化能力（生産性）向上の目的で1948年にアメリカにおいて、射出プランジャーとは別に、予備可塑化装置としてスクリュー押出し装置を用いた「スクリュープリプラ方式」が第2世代として開発されました。さらに1950年代に入ると、射出機構の簡素化や低コストを目的に、スクリューとプランジャーを一体化し、スクリュを往復させる「インラインスクリュー方式（62項左上図）」の第3世代の研究開発が始まりました。1957年にアメリカで、1958年にドイツで実用化されました。いずれの方式においても、駆動源は油圧です。

　この三つの方式の中で、インラインスクリュ方式はその後幾多の改良を経て、その簡潔な構造による品質・コストのメリットが市場を捉え、今日の主流となっています。

　押出し成形法は一定断面の2次元形状の製品をつくる方法でした。それに対して射出成形法は雄型・雌型を用いて3次元形状の製品をつくれるため、多くの自動車樹脂部品は本工法によっています。自動車エンジンルーム内の主な樹脂部品を示します。6章で自動車の電動化の動向を説明しましたが、射出成形機にも同様な動きが見られます。省エネの観点で、駆動源に油圧を用いる油圧機から、駆動源に電動モータを用いる電動成形機へのシフトが行われています。

要点BOX

- 射出成形法は3次元形状の製品をつくれる
- 自動車の多くの樹脂部品は射出成形法による
- 自動車と同様射出成形機も電動化の動きあり

射出成形機の開発の歴史

世代	方式	駆動源	年	国
第0世代	プランジャー方式	油圧	1872年	アメリカ
第1世代	トーピード内蔵 プランジャー方式	油圧	1936年	ドイツ
第2世代	スクリュー プリプラ方式	油圧	1948年	アメリカ
第3世代	インライン スクリュー方式	油圧	1957年〜58年	アメリカ、ドイツ
	インライン スクリュー方式	電動モータ	1984年	日本

自動車のトレンド

エンジン車 → 電動モータ車

射出成型機のトレンド

油圧駆動 → 電動モータ駆動

トーピード内蔵プランジャー方式

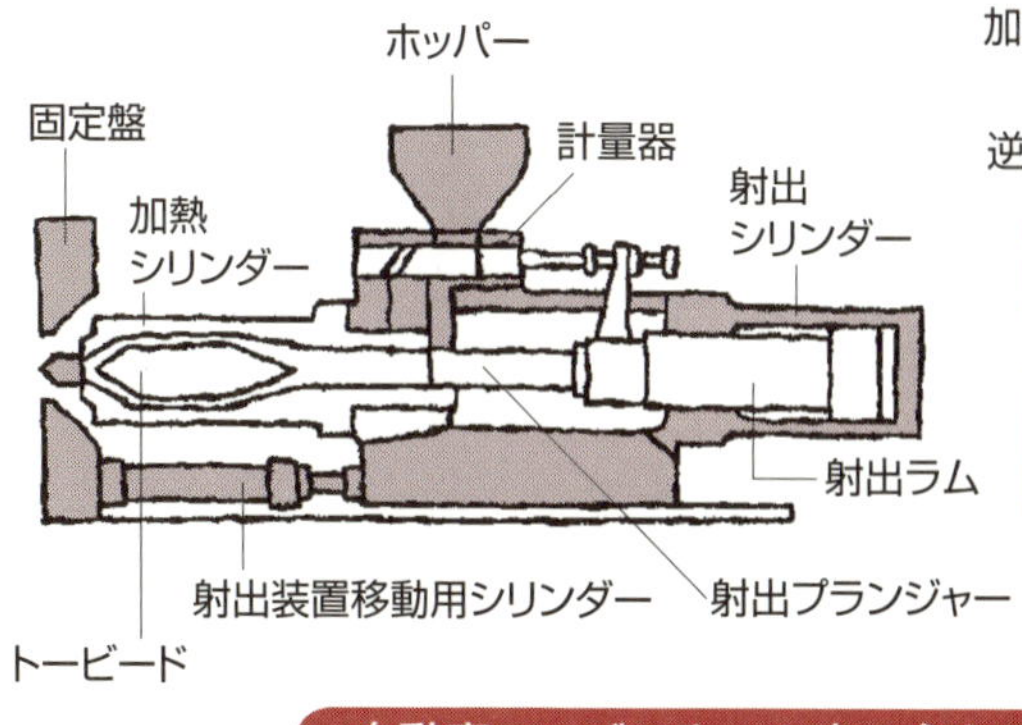
ホッパー
固定盤
計量器
加熱
シリンダー
射出
シリンダー
射出ラム
射出装置移動用シリンダー
射出プランジャー
トーピード

スクリュープリプラ方式

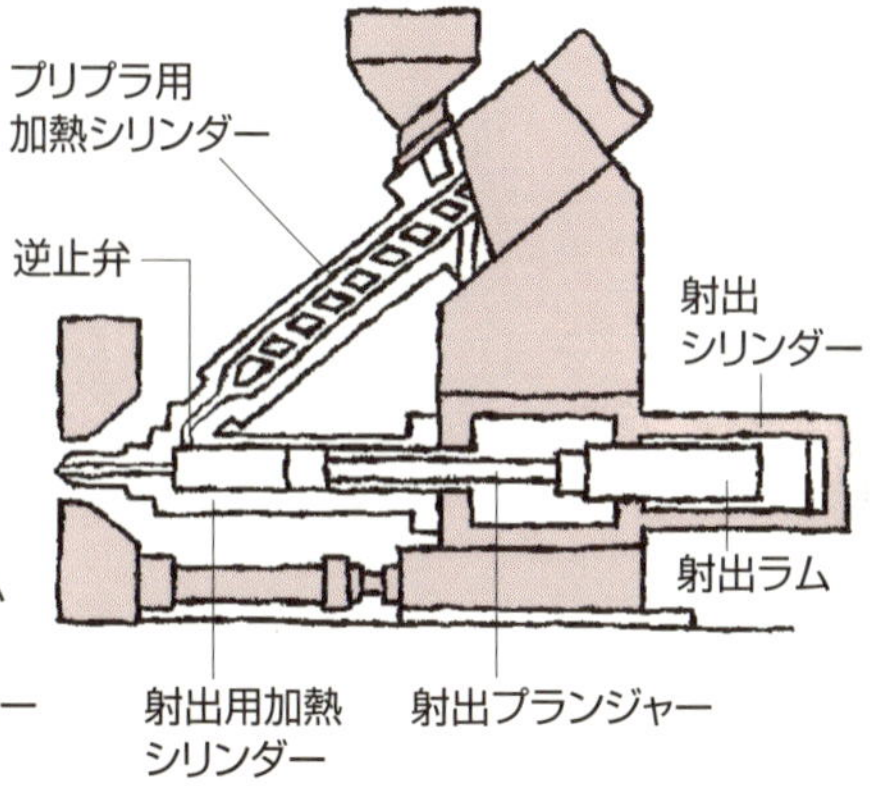
プリプラ用
加熱シリンダー
逆止弁
射出
シリンダー
射出ラム
射出用加熱
シリンダー
射出プランジャー

自動車エンジンルーム内の主なプラスチック製部品

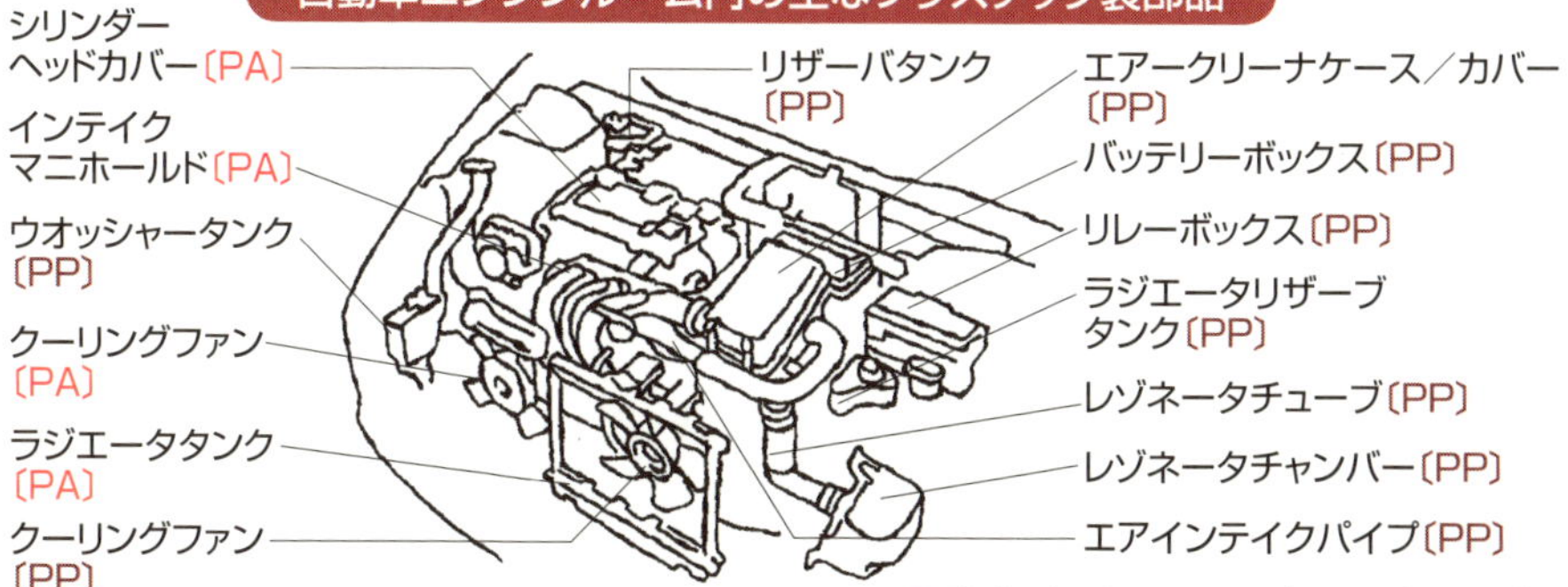
シリンダー
ヘッドカバー〔PA〕
インテイク
マニホールド〔PA〕
ウオッシャータンク
〔PP〕
クーリングファン
〔PA〕
ラジエータタンク
〔PA〕
クーリングファン
〔PP〕
リザーバタンク
〔PP〕
エアークリーナケース／カバー
〔PP〕
バッテリーボックス〔PP〕
リレーボックス〔PP〕
ラジエータリザーブ
タンク〔PP〕
レゾネータチューブ〔PP〕
レゾネータチャンバー〔PP〕
エアインテイクパイプ〔PP〕

〔PP〕ポリプロピレン　〔PA〕ポリアミド（ナイロン）

65 古代からあるブロー成形でハイテク燃料タンクをつくる

三次元の中空形状の製品をつくる方法

　ブロー成形とは中空の製品をつくる成形法です。材料をガラスまで拡張すると、ブロー成形の歴史は、紀元前1世紀半ばの古代まで遡ります。〝吹きガラス技法〟は、東地中海のフェニキア人によって発明され、花瓶やつぼなどが作られるようになりました。吹きガラスは、細い鉄のパイプの先に溶けたガラスを漬けて、息を吹き込んでガラスを丸く膨らませる技法です。現在でも工芸品などで用いられています。材料を樹脂材料に限定すると、一気に19世紀まで時代を駆け昇ります。ブロー成形の歴史は、ボトルの歴史である、といっても過言ではなく、今日ではポリエチレンテレフタレート（PET）ボトルが多量に生産されています。ボトル成形は、当初はシンプルな押出しブロー成形が中心でしたが、最近ではボトルの機能を向上するために多層ブロー成形がボトル成形の主流となっています。PET樹脂と酸素を透過させない機能性樹脂とを多層化することにより、飲料水の酸化劣化を防止します。この技術を応用して、自動車のガソリンタンクの樹脂化が進んでいます。

　従来のガソリンタンクはすべて金属製でしたがそれに対して樹脂製タンクは、①軽量化できる②錆びない③形状自由度が高く、省スペース化が図れる④錆び防止の鉛コートが不要で環境にやさしい、という長所があり、欧州では約90％、米国では約70％が樹脂製です。ガソリンからは炭化水素分子が揮発しており、これも大気汚染の原因の一つになっています。金属製タンクからは、この揮発炭化水素分子が大気中に出ることはありません。しかしポリエチレン（PE）の単一材料を使ったタンクでは、揮発分子が大気中に出て行くという課題があります。PE高分子の間には隙間が多くあり、小さな揮発炭化水素分子はこの隙間から抜け出て行くからです。この課題を解決したのが炭化水素を透過させない樹脂との多層ブロー成形技術なのです。

要点BOX

- 樹脂ブロー成形の歴史は、ボトルの歴史
- 自動車ガソリンタンクは多層ブロー成形でつくられている

ブロー成形の原点～吹きガラス技法

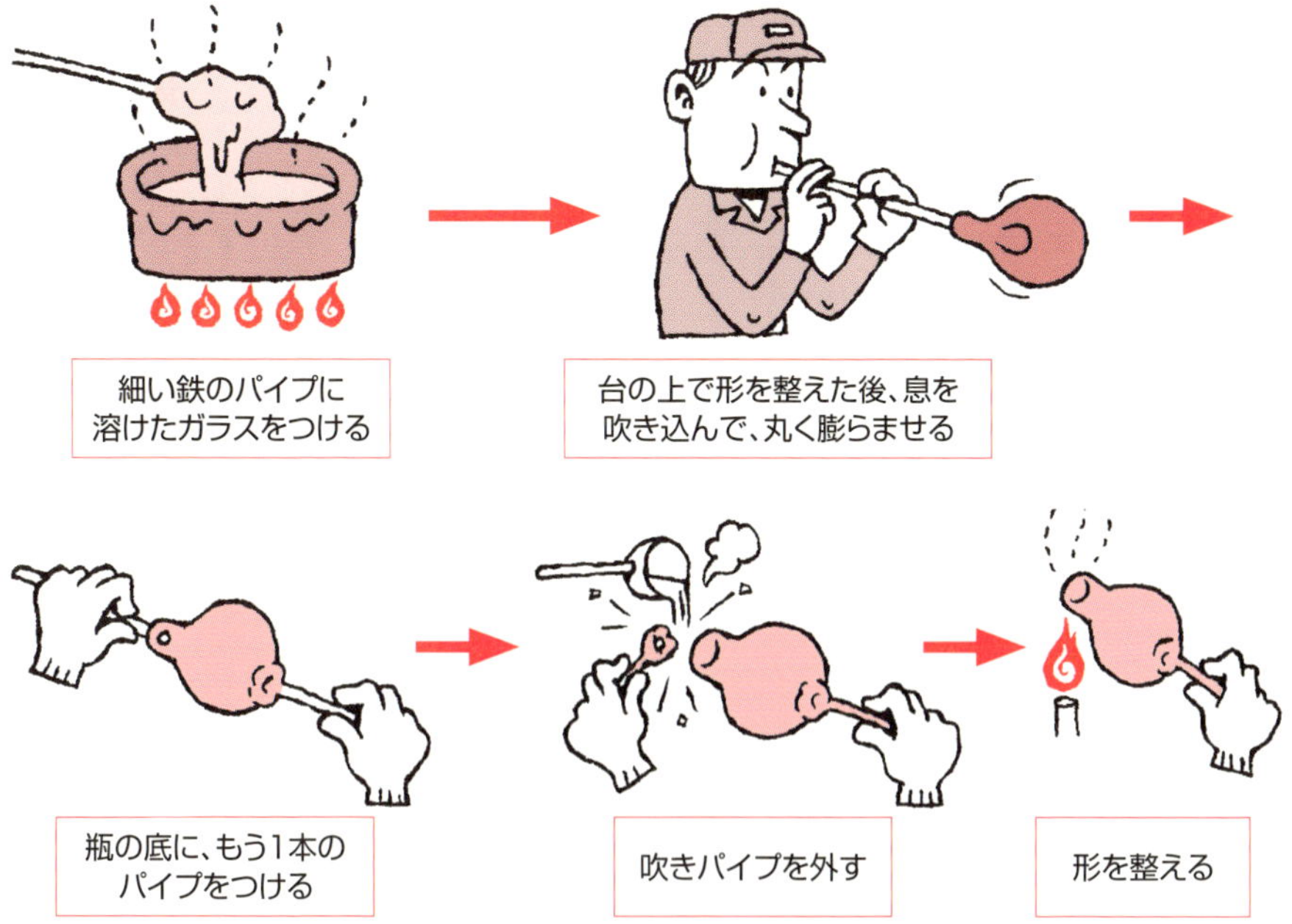
細い鉄のパイプに
溶けたガラスをつける
台の上で形を整えた後、息を
吹き込んで、丸く膨らませる
瓶の底に、もう1本の
パイプをつける
吹きパイプを外す
形を整える

多層ブロー成形でつくられる製品

ペット（PET）ボトルの材料構成

酸素を吸収するバリヤー材とPET材との多層構造にすることにより、ボトル内への酸素の侵入を防ぎ、飲料水の劣化を防ぐ。

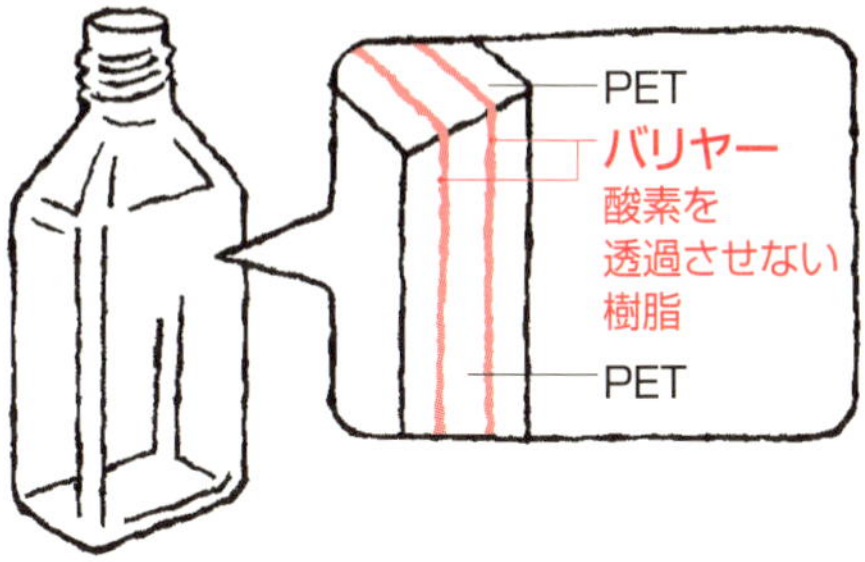
PET
バリヤー
酸素を
透過させない
樹脂
PET

自動車燃料タンクの材料構成

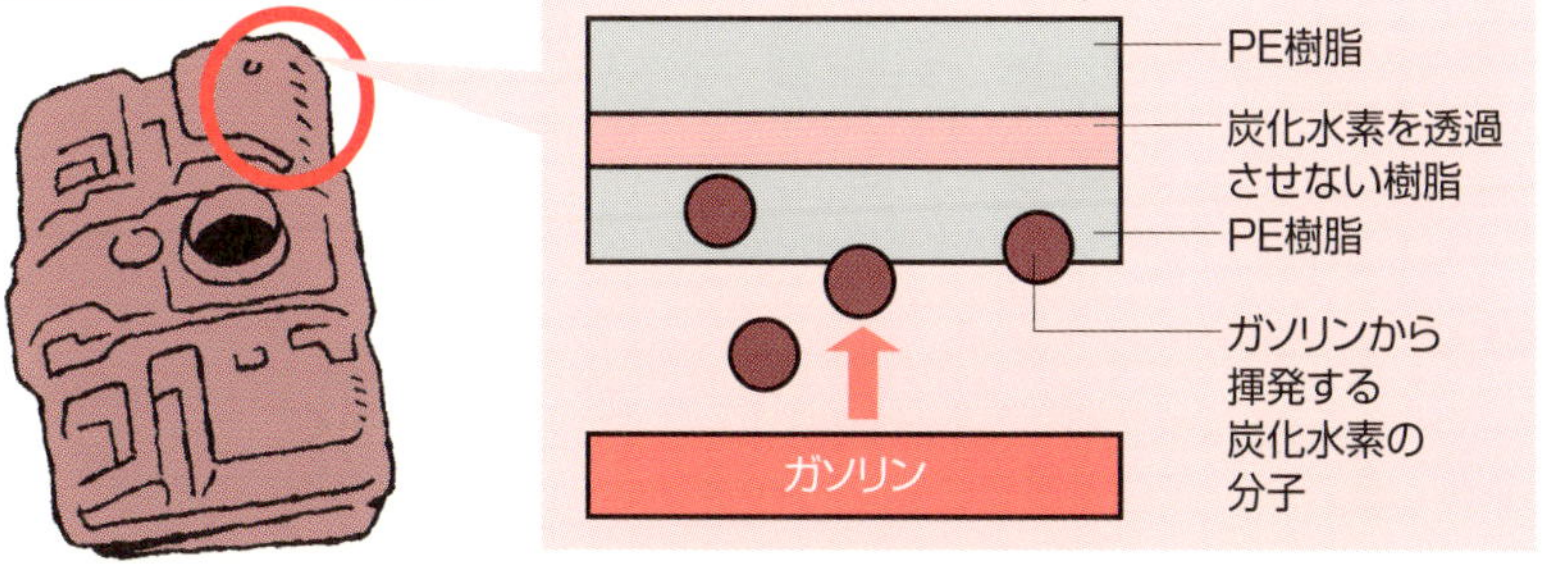
PE樹脂
炭化水素を透過
させない樹脂
PE樹脂
ガソリンから
揮発する
炭化水素の
分子
ガソリン

66 BMWの電気自動車にも使われたRTM

炭素繊維強化樹脂CFRPの成形技術(1)

60項にて、自動車の軽量化の主役は〝アルミよりも軽くて、鉄よりも強い〟炭素繊維であると説明しました。現在、自動車に使われているPPやナイロン樹脂は、必要に応じて弾性や強度を向上させるために、ガラス繊維で強化された複合材料として用いられています。この強化素材としてガラス繊維の替りに炭素繊維用いた複合樹脂材料CFRPが、金属の代替材として、自動車軽量化の本命として期待されています。

　左上図にCFRPの主な成形方法を整理しました。この項ではRTMを説明します。RTM(resin transfer molding)とは、1940年代に欧州で開発された技術で、日本では1980年頃に、ユニットバスや浄化槽などの生産で普及し始めました。RTMの工程概要を左下図に示します。最初に連続繊維を製品形状に合わせてプリフォームしておきます。次にこのプリフォームした連続繊維を下型にセットします(正確にはその前に離型剤を塗布します)。型を閉めた後に、ポンプ式の注入機により液状の熱硬化性樹脂材料を金型に注入し、プリフォームした連続繊維の隙間に樹脂を含浸させます。その後高温に設定してある金型から伝わる熱により、樹脂が硬化反応をして重合と成形が完了します。

　RTMの問題点として、成形サイクルが長い(2時間程度)ことが挙げられます。樹脂の硬化時間だけでも約30分も要します。そこで硬化時間を短縮の目的で、1985年頃に反応性の高い2液系の材料が開発されました。ポリウレタンやポリウレア樹脂などです。この材料開発に成形設備の改良が加わり、現在では成形サイクルは10分を切るものも現れました。この2液系の材料を用いた第2世代のRTMは、一般的にはS-RIMと呼ばれています。最近は樹脂の含浸性を向上するために、型内を真空減圧する技術がいくつか開発されています。BMWの電気自動車i3のキャビンはRTMで造られています。

要点BOX

- 連続繊維に液状の熱硬化樹脂含浸させる方法
- 1液系のRTM(第1世代)
- 2液系のS—RIM(第2世代)

炭素繊維強化樹脂CFRPの主な成形方法

炭素連続繊維	中間基材	成形方法
 連続繊維ロービング		FW成形 ・熱硬化性樹脂
	 プリプレグ	オート・クレーブ成形 ・熱硬化性樹脂
	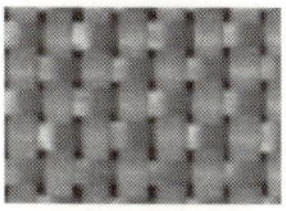 プリフォーム	RTM ・熱硬化性樹脂
	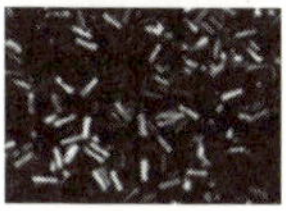 チョップド繊維（切断した繊維）	射出成形、プレス成形 ・熱可塑性樹脂

BMWの電気自動車「i3」

CFRP製の軽量キャビン

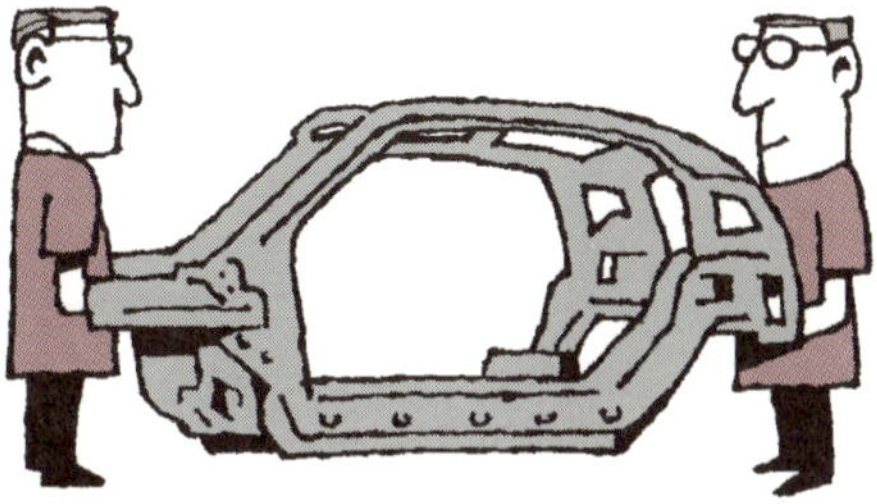

RTM（レジントランスファーモールディング）法の概要

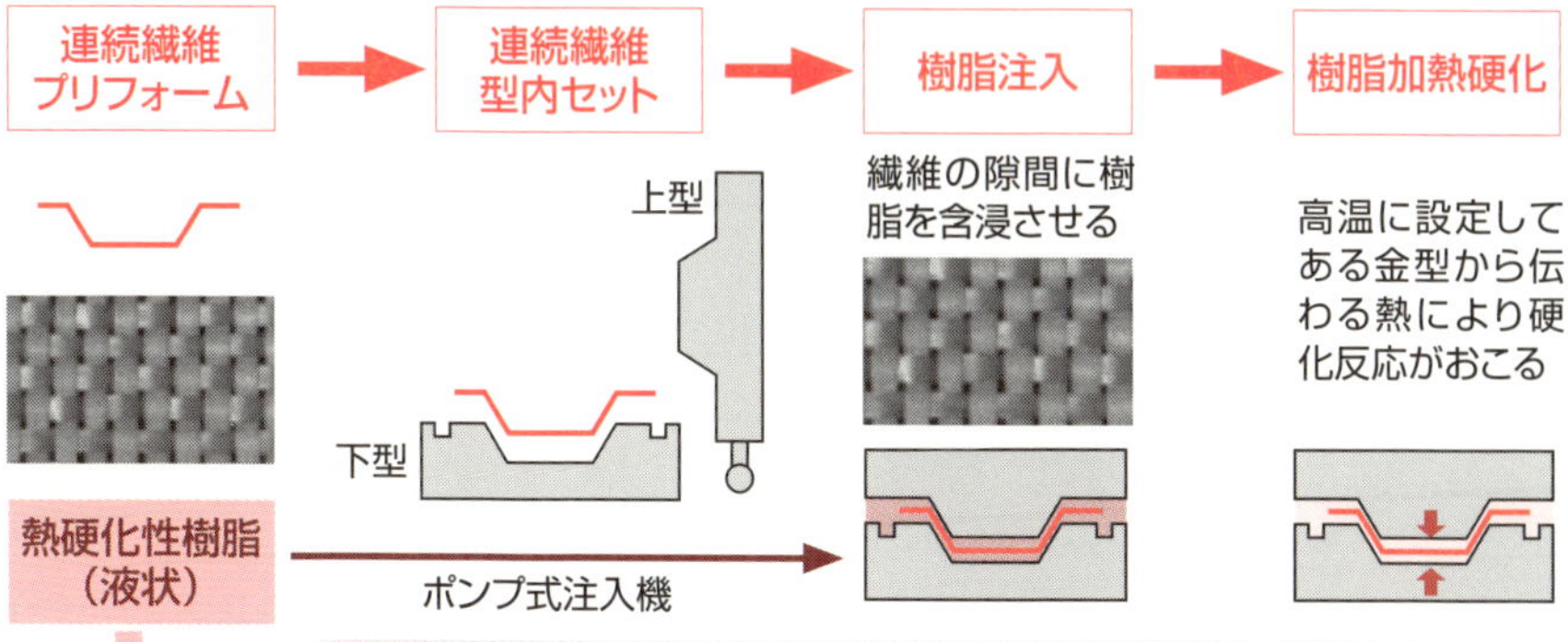
連続繊維プリフォーム
連続繊維型内セット
樹脂注入
樹脂加熱硬化
上型
下型
繊維の隙間に樹脂を含浸させる
高温に設定してある金型から伝わる熱により硬化反応がおこる
熱硬化性樹脂（液状）
ポンプ式注入機

RTM（1液）（第1世代）
・不飽和ポリエステル　・ビニルエステル
・エポキシ樹脂　・フェノール樹脂

S-RIM（2液）（第2世代）
・ポリウレタン　・ポリウレア樹脂
・ジシクロペンタン

S-RIM（structual reaction molding）

67 燃料電池車ＭＩＲＡＩの水素タンクの製造方法ＦＷ

炭素繊維強化樹脂ＣＦＲＰの成形技術(2)

ＦＷ（フィラメント・ワインディング）成形法の最初の工程は、炭素繊維の連続繊維のロービングを数十本引き揃えて、マトリックス樹脂（硬化していない液状の樹脂）を含浸させながら、製品形状をほどこしたマンドレルと呼ばれる回転している芯材（金型）に、所定の厚さまで連続的に巻き付ける、本工法の核となる工程です。巻き付けるときは、巻く角度やテンションを制御します。第2の工程は、オーブンなどの加熱装置で樹脂を硬化（重合）させます。第3の工程で、マンドレルを取り外して成形品を得ます。

ＦＷ成形の長所としては、切断することなく連続的に巻き付けるため、繊維の連続性が確保でき、また前節で説明したＲＴＭと比較して繊維含有率を高くできるため、強度が大きいことです。短所は、工法の原理上形状の自由度がとても低いことです。

ＦＷ成形法の歴史は、熱硬化性樹脂の他の圧縮成形などに比べると浅く、1960年頃にアメリカにおいて航空宇宙分野で工業化が始まりました。ＦＷ成形でつくられる製品は、強化繊維の特徴である引張り方向の強度を最大限に有効活用できるため、多くの分野で利用されています。航空宇宙分野のロケットモーターケースや航空機搭載用飲料水タンクなどに、航空宇宙分野以外ではゴルフクラブのシャフト、釣竿及び印刷機のロールなどでも用いられています。本工法でのマトリックス樹脂はエポキシ樹脂が主に用いられています。

自動車においては、軽量化ニーズに対応して、プロペラシャフトが鋼材から本工法により、ＣＦＲＰに置換されています。また2014年12月に発売されたトヨタ自動車の燃料電池車ＭＩＲＡＩで、700気圧の高圧に耐えられる水素ガスタンクの製造方法に本工法が用いられています。このタンクは内面層はナイロン、外面層はガラス繊維強化樹脂そして中間層にＣＦＲＰを用い、タンクの軽量化を図っています。

要点BOX

- ●連続的にぐるぐると巻き付ける工法
- ●強度は高いが、形状自由度が低い
- ●燃料電池自動車の高圧水素タンクの製造方法

FW(フィラメント・ワインディング)成形プロセスの概要

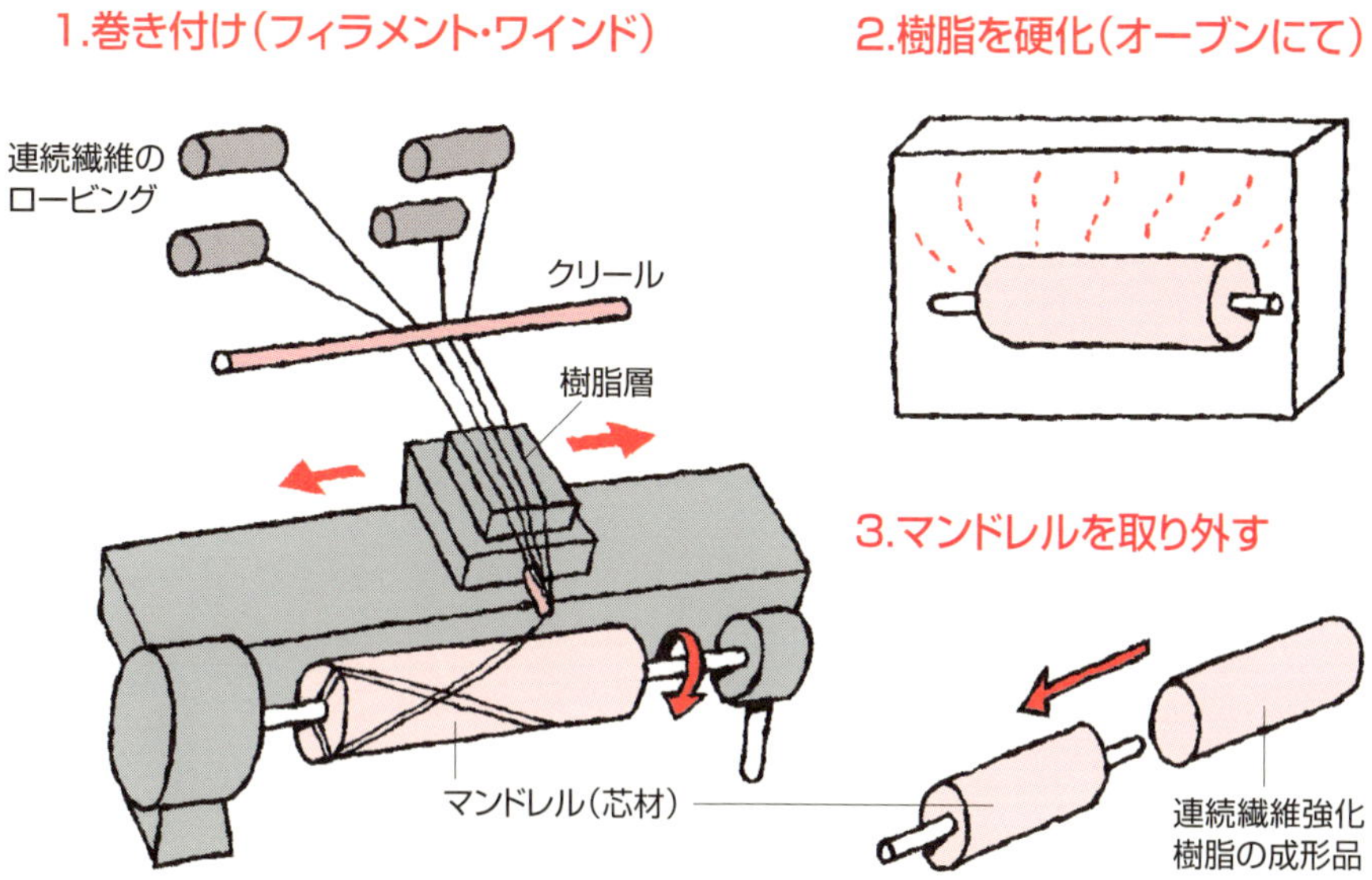
1.巻き付け(フィラメント・ワインド)
連続繊維の
ロービング
クリール
樹脂層
マンドレル(芯材)
2.樹脂を硬化(オーブンにて)
3.マンドレルを取り外す
連続繊維強化
樹脂の成形品

トヨタ自動車燃料電池車MIRAI

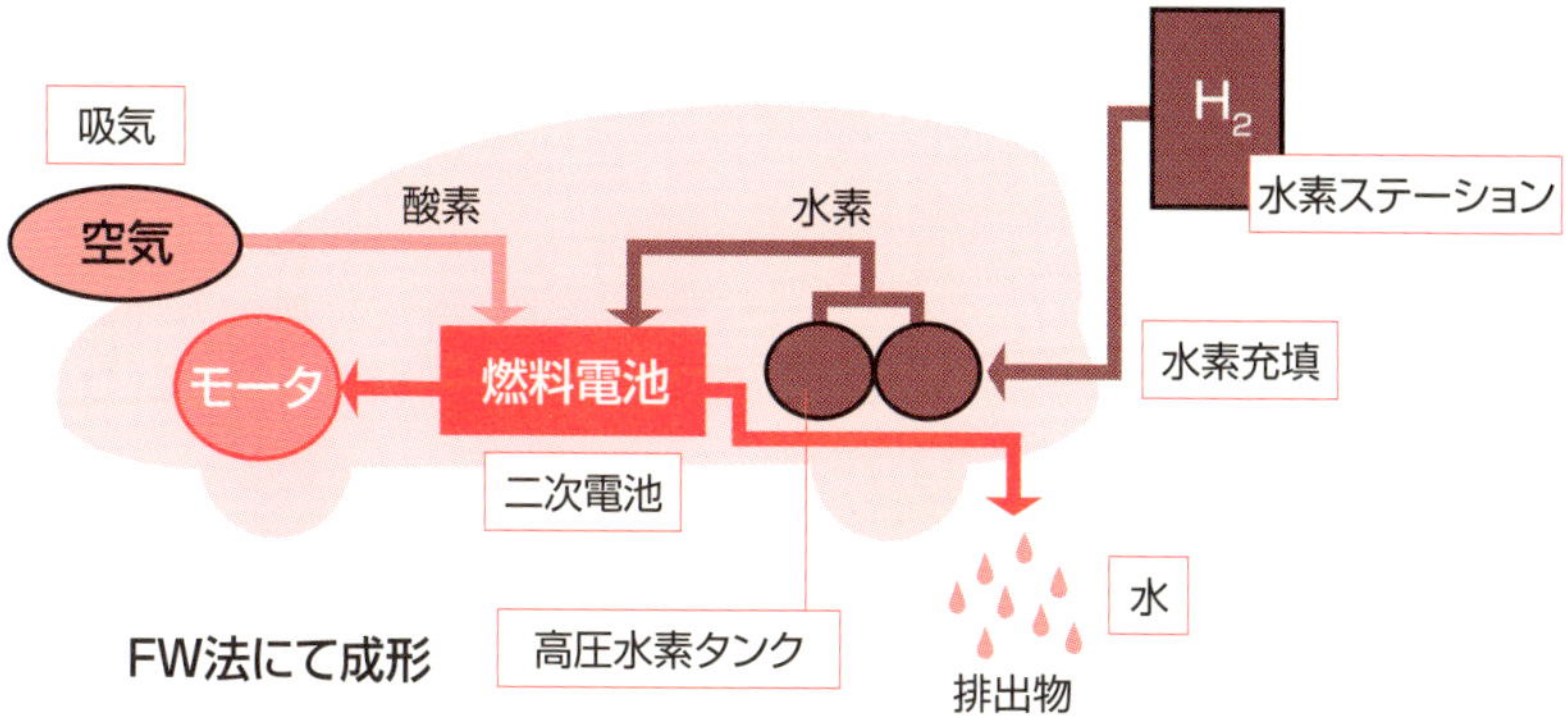
吸気
空気
酸素
水素
H_2
水素ステーション
モータ
燃料電池
水素充填
二次電池
水
FW法にて成形
高圧水素タンク
排出物

68 航空機をつくるオートクレーブ法で車ができるか？

炭素繊維強化樹脂ＣＦＲＰの成形技術(3)

オートクレーブとは、内部を高圧力にすることが可能な耐圧性の釜や装置、またはその装置を用いて行なう処理を意味します。プリプレグとは、一方向に引き揃えた連続繊維や織布に、樹脂を予め含浸させ、半硬化させたシート状の素材のことです。

プリプレグ・オートクレーブ成形とは左上図に示すように、プリプレグに真空用バッグフィルムを被せて、真空減圧した後に、オートクレーブ装置にて加圧・加熱して、硬化成形する方法です。１９４０年代以来のガラス繊維強化プラスチックを用いたハンドレイアップやスプレーレイアップの技術から始まり、品質と生産性を改善するために真空バック成形が開発され、さらなる高機能化を図る目的で１９７０年の前半に、本工法が開発されました。現在では、航空宇宙産業分野において、航空機の主翼、尾翼などの大型複雑形状製品に適用されています。材料としては、ガラス繊維から炭素繊維に移行しています。連続繊維とマトリックス樹脂を一体化したプリプレグは、オートクレーブ成形における品質と生産性の向上を図るために開発された中間素材です。繊維含有率と繊維の配向を制御でき、また積層も容易なため、成形品の部分的な補強材としても活用できます。オートクレーブ成形は、航空機のように薄肉大面積で複雑形状の製品には適していますが、バッチ式であること、設備が大がかりであること、プリプレグの積層など手作業が多く生産性が悪くバッグフィルムなどの副資材費用が高価なことなど、短所も多く、他の産業ではあまり用いられていません。炭素連続繊維で強化した熱硬化性樹脂の自動車への２０１０年以降の主な適応事例を左下表にまとめました。より厳しくなっている環境規制に対応する手段として、軽量化を図るために本材料の採用が日欧で増加しています。成形法としてはオートクレーブ成形の事例は少なく、66項で説明したＲＴＭが最も多くなっています。

要点BOX

- 航空機の主翼、尾翼など大型複雑形状に適用
- 自動車での採用例は少ない

プリプレグ・オートクレーブ成形のプロセスの概要

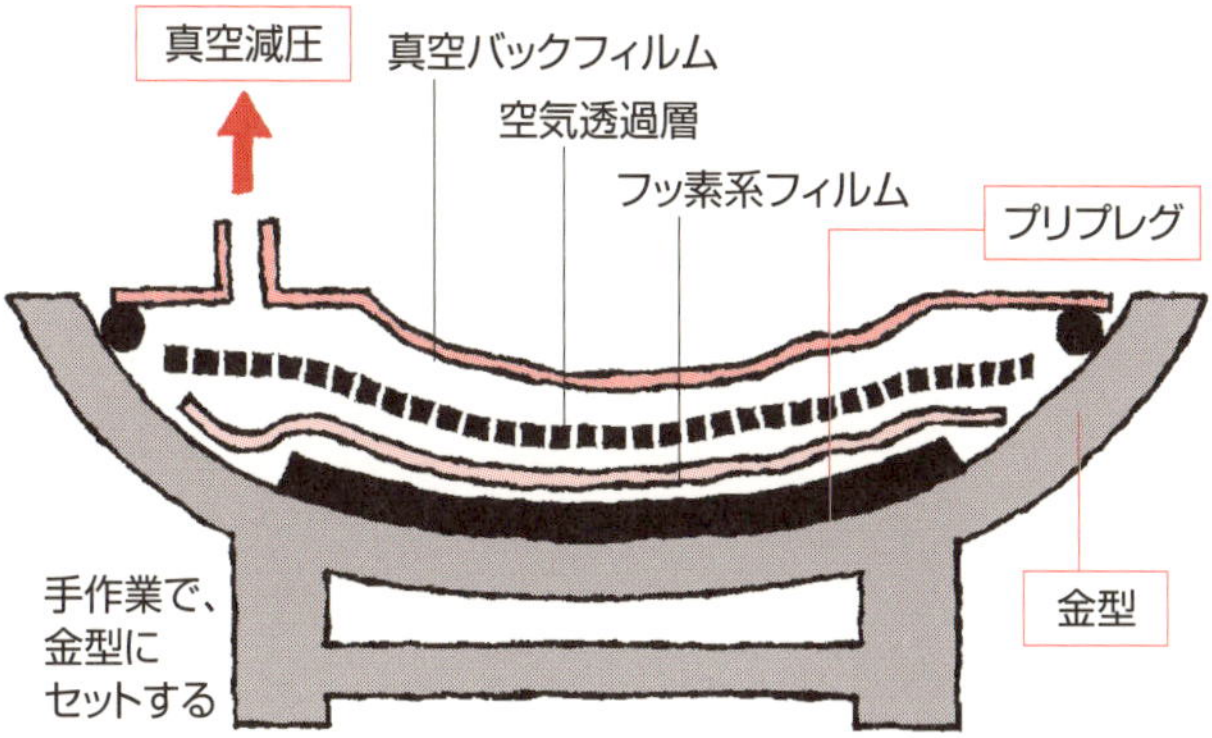
真空減圧
真空バックフィルム
空気透過層
フッ素系フィルム
プリプレグ
金型
手作業で、
金型に
セットする

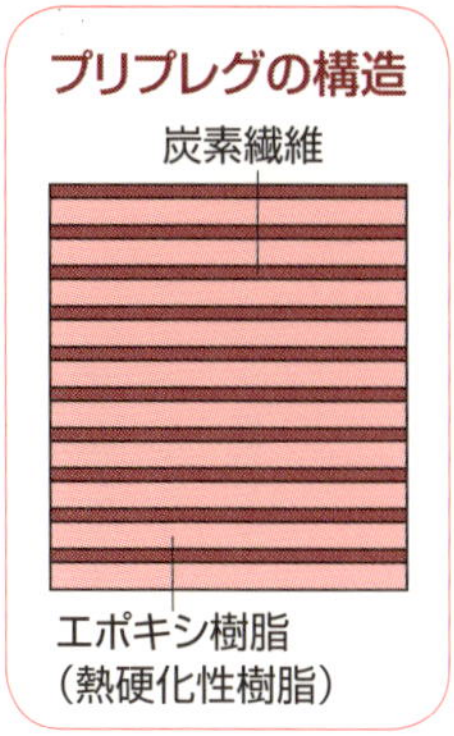
プリプレグの構造
炭素繊維
エポキシ樹脂
(熱硬化性樹脂)

LFAのCFRP製キャビンの
一部がオートクレーブ法で
つくられている
レクサス　LFA

自動車へのCFRPの主な適応事例

社名	トヨタ自動車	ランボルギーニ	マクラーレン	富士重工業	ダイムラー	BMW	トヨタ自動車
発売年	2010年	2011年	2011年	2011年	2012年	2013年	2014年
車名	レクサスLFA	Aventador LP 700-4	MP4-12C	インプレッサ WRX	Mercedes-Bentz SL	電気自動車 i3	燃料電池車 MIRAI
適応箇所	キャビン	キャビン	キャビン	ルーフ	後部リッド	キャビン	水素タンク
成形法	オートクレーブ RTM SMC	オートクレーブ RTM	RTM	RTM	RTM	RTM	フィラメント・ワインディング

GM中興の祖、アルフレッド・スローン ～モデルチェンジとフルラインナップ戦略

アルフレッド・スローン（１８７５～１９６６）は、ゼネラルモーターズで33年間社長と会長を務め、同社を世界最大の自動車メーカーに成長させました。初期のフォードはT型フォードに代表されるように、一つの車種だけを世界中で大量生産するという戦略を採りました。

これに対してスローンは、既存車種を何年か毎にモデルチェンジするマーケティング手法を採りました。モデルチェンジによって消費者の手元にある車は直ぐ時代遅れになり、買い替え需要を促進し新車が売れ続けるという、今日では常識となった手法を初めて確立しました。また低価格帯から高価格帯まで消費者のあらゆる希望を満たすフルラインナップ体制を整えました。このため複数ブランドを所有し、最下位にシボレーを、最上位にキャディラックを位置づけ、T型フォードに対抗しました。これによりＧＭの大衆車のオーナーが、より高価格の車種に乗り換えようとする時に、他社へ顧客を逃がすことなく、再びＧＭの中のブランドから選んでもらうことができるようになりました。

１９２０年代の初め、アメリカで最大の自動車会社であったフォードは、スローンのこのようなマーケティング手法を拒んで、T型フォードのみの大量生産と低コスト化に固執する戦略を採りました。その結果、モデルチェンジとフルラインナップ戦略を採ったＧＭに軍配が上がり、１９３０年代には自動車業界の頂点に立ちました。

スローンがトップのときのＧＭは、世界一の規模と世界有数の利益を誇る製造業として君臨しました。

彼は社会貢献にも心を砕き、１９３４年に非営利組織スローン財団を設立し、その後理想的な経営者を育成するために、マサチュセッツ工科大学にＭＩＴスローンスクールオブマネジメントという全米屈指のビジネススクールを開設しました。彼の著書「ＧＭとともに（My Years with GM）」は、著名な経営哲学書です。

【参考文献】

「トコトンやさしい石油の本 第2版」　藤田和男　日刊工業新聞社
「有機工業化学」　戸嶋直樹、馬場章夫　朝倉書店
「自動車技術ハンドブック2　環境・安全編」　自動車技術会
「自動車技術ハンドブック8　生産・品質編」　自動車技術会
「自動車技術ハンドブック10　設計（EV，ハイブリッド）編」　自動車技術会
「トコトンやさしい発酵の本」　協和発酵工業　日刊工業新聞社
「新化学Ⅱ」　野村祐次郎ら　数研出版
「読み切り化学史」　渡辺啓、竹内敬人　東京書籍
「化学の歴史」　アイザック・アシモフ　筑摩書房
「自動車工学―基礎―」　自動車技術会
「トコトンやさしい化学の本」　井沢省吾　日刊工業新聞社
「プラスチック成形加工学の教科書」　井沢省吾　日刊工業新聞社
日清製粉㈱ホームページ
「プラスチック成形加工学Ⅳ先端成形加工技術」　プラスチック成形加工学会　シグマ出版
トヨタ自動車ホームページ
「プラスチックエージ」　2014年5月　長岡猛
「トコトンやさしいゴムの本」　奈良功夫　日刊工業新聞社
「高分子の基礎知識」　東京工業大学　日刊工業新聞社
ブリヂストンデータ2014年
「トコトンやさしい塗装の本」　中道敏彦、坪田実　日刊工業新聞社
「光化学―基礎と応用―」　村田滋　東京化学同人
「自動車メカニズムの基礎知識」　橋田卓也　日刊工業新聞社
「プラスチックの自動車部品への展開」　岩野昌夫　日本工業出版

今日からモノ知りシリーズ
トコトンやさしい
自動車の化学の本

NDC 537.1

2015年6月22日　初版1刷発行

ⓒ著者　井沢 省吾
発行者　井水 治博
発行所　日刊工業新聞社
東京都中央区日本橋小網町14-1
(郵便番号103-8548)
電話　書籍編集部　03(5644)7490
販売・管理部　03(5644)7410
FAX　03(5644)7400
振替口座　00190-2-186076
URL　http://pub.nikkan.co.jp/
e-mail　info@media.nikkan.co.jp
印刷・製本　新日本印刷(株)

●DESIGN STAFF
AD――――――――志岐滋行
表紙イラスト――――黒崎　玄
本文イラスト――――榊原唯幸
ブック・デザイン ―― 矢野貴文
(志岐デザイン事務所)

●
落丁・乱丁本はお取り替えいたします。
2015 Printed in Japan
ISBN　978-4-526-07433-2　C3034

●定価はカバーに表示してあります

●著者略歴
井沢 省吾(いざわ しょうご)
1958年、愛知県東海市に生まれる。1984年、名古屋大学工学部大学院化学工学科修士課程修了。同年、自動車部品メーカーに入社。以降、プラスチックの成形加工技術の研究・開発に従事する。
著書:「トコトンやさしい化学の本」「プラスチック成形加工学の教科書」(日刊工業新聞社)